输电线路现场作业
实 训 技 术

主　编　崔建业
副主编　虞　驰　应　健

中国水利水电出版社
www.waterpub.com.cn
·北京·

内 容 提 要

本书包括十二部分，主要内容有输电青工安规培训，输电线路检修、巡视作业基础安全知识，输电线路检修、验收知识，输电线路故障分析，输电线路测量，输电线路红外检测，输电线路接地电阻测量，绝缘子、金具串识别及组装，输电线路运维知识，高压电力电缆知识，输变电工程导线及地线压接技术，输电运检室竣工图纸及竣工资料查阅方法等。

本书主要适用于输电专业员工培训使用，也可供电力行业从业人员参考借鉴。

图书在版编目（CIP）数据

输电线路现场作业实训技术 / 崔建业主编. -- 北京：
中国水利水电出版社，2021.4
ISBN 978-7-5170-9543-9

Ⅰ．①输… Ⅱ．①崔… Ⅲ．①输电线路－技术培训－
教材 Ⅳ．①TM726

中国版本图书馆CIP数据核字(2021)第069917号

书　　　名	**输电线路现场作业实训技术** SHUDIAN XIANLU XIANCHANG ZUOYE SHIXUN JISHU	
作　　　者	主　编　崔建业 副主编　虞　驰　应　健	
出 版 发 行	中国水利水电出版社 （北京市海淀区玉渊潭南路1号D座　100038） 网址：www.waterpub.com.cn E - mail：sales@waterpub.com.cn 电话：(010) 68367658（营销中心）	
经　　　售	北京科水图书销售中心（零售） 电话：(010) 88383994、63202643、68545874 全国各地新华书店和相关出版物销售网点	
排　　　版	中国水利水电出版社微机排版中心	
印　　　刷	天津嘉恒印务有限公司	
规　　　格	184mm×260mm　16开本　18.25印张　444千字	
版　　　次	2021年4月第1版　2021年4月第1次印刷	
印　　　数	0001—2000册	
定　　　价	**86.00元**	

《输电线路现场作业实训技术》
编　委　会

前　言

为大力实施"人才强企"战略，加快培养高素质技能人才队伍，国网金华供电公司输电运检室严格按照国家电网有限公司"集团化运作、集约化发展、精益化管理、标准化建设"的工作要求，充分发挥银线工作室的优势，组织部门一大批有丰富实际工作经验的管理、技术、技能和培训教学专家编写本书。

本书包括十二部分，主要内容有输电青工安规培训，输电线路检修、巡视作业基础安全知识，输电线路检修、验收知识，输电线路故障分析，输电线路测量，输电线路红外检测，输电线路接地电阻测量，绝缘子、金具串识别及组装，输电线路运维知识，高压电力电缆知识，输变电工程导线及地线压接技术，输电运检室竣工图纸及竣工资料查阅方法等，主要适用于新进员工（实习人员）以及工龄在 5 年内的青工培训。

青工及新进员工的培训是企业发展的重要举措，是加快推进国家电网有限公司发展方式和电网发展方式转变的迫切要求，也是有效开展电网企业教育培训和人才培养工作的重要基础，从而全面提升员工队伍素质，保证电网安全稳定运行，对支撑和促进国家电网有限公司可持续发展起到积极的推动作用。

编者

目 录

第一部分

输电青工安规培训

课题：《国家电网公司电力安全工作规程（线路部分）》（以下简称"安规"）。

教学目的：本部分适用于新进员工（实习人员）以及工龄在 5 年内的青工安全培训。通过安规的培训学习，旨在让新进员工（实习人员）能基本掌握初步的生产安全要点，熟悉基本的现场安全措施。让青工在具备一定工作经验的基础上，能结合工作实际，进一步理解和消化安规条款，最终将提升效果应用于生产实际，保障现场安全。

课时：0.5～3 天。

第一章　总　　则

一、作业现场的基本条件

（1）作业现场的生产条件和安全设施等应符合有关标准、规范的要求，工作人员的劳动防护用品应合格、齐备。

生产条件指安全生产条件，满足安全生产条件的要求是生产经营单位的主要负责人应保证本单位安全生产所必需的资金投入生产经营单位新建、改建、扩建工程项目的安全设施，且应当与主体工程同时设计、同时施工、同时投入生产和使用，生产经营单位安全设备的设计、制造、安装、使用、检测、改造和报废应当符合国家标准或者行业标准，生产经营单位应对安全设备进行经常性维护、保养，并定期检测，保证正常运转等。

安全设施是指为防止生产活动中可能发生的人员误操作、人身伤害或外因引发的设备（施）损坏而设置的安全标志、设备标识、安全警示线和安全防护的总称。如安规附录 I 标识牌式样、设备双重名称标识牌、设备铭牌、安全围栏、安全电压照明、电缆孔洞阻燃材料封堵等。此外，还包括安全装置（如继电保护、安全自动装置，起重机卷扬限制器、过负荷限制器等）、监控装置（如 SF_6 气体泄漏报警仪、电气设备温度监测装置等）、环境保护装置（如通风装置、除湿装置等）、消防设施（如变压器灭火装置等）等也是安全生产条件的重要内容。

劳动防护用品是指保护劳动者在生产过程中的人身安全与健康所必备的一种防御性装备，如安全帽、防尘口罩、护目镜、阻燃防护服、导电鞋、绝缘鞋、绝缘手套、安全带等，对于减少职业危害起着相当重要的作用。作业人员的劳动防护用品是保障安全作业的基本物质条件，应符合国家劳动卫生部门的相关规定，包括采购、存放、使用、定期检查、试验、报废等环节的管理要求。各单位应制订符合本单位实际情况的管理制度。合格是指劳动防护用品的质量符合标准、适用；齐备是指劳动防护用品的数量、种类符合当时作业的实际需要，并充分考虑适量的备品。

（2）经常有人工作的场所及施工车辆上宜配备急救箱，存放急救用品，并应指定专人经常检查、补充或更换。

电力生产工作场所存在各类危险因素，如触电、高处坠落、机械伤害、自然灾害等，由于各种原因未能得到有效控制时会发生人员伤害的突发情况，需要在经常作业的场所配备必要的存放急救用品的急救箱，施工车辆也宜配备急救箱。

各单位应根据实际情况自行规定哪些场所或施工车辆上应配备急救箱，并制订相应的管理制度，包括检查、补充和更换的具体要求以及根据实际工种需求、现场环境、季节特点，配备相应的、常用的急救用品。

（3）现场使用的安全工器具应合格并符合有关要求。

安全工器具属于生产条件范畴，确保安全工器具合格是现场作业安全的必备条件之一。因此，应符合国家、行业和国家电网有限公司的相关要求。其使用、保管、检查和试验要求参见《国家电网公司电力安全工器具管理规定（试行）》（国家电网安监〔2005〕516号），具体试验要求参见安规附录K、附录L、附录M和附录N，相关试验方法参照国家、行业有关标准和《电力安全工器具预防性试验规程（试行）》（国电发〔2002〕777号）。

（4）各类作业人员应被告知其作业现场和工作岗位存在的危险因素、防范措施及事故紧急处理措施。

二、作业人员基本条件

（1）经医师鉴定，无妨碍工作的病症（体格检查每两年至少一次）。

（2）具备必要的电气知识和业务技能，按工作性质熟悉安规的相关部分，并经考试合格。

（3）具备必要的安全生产知识，学会紧急救护法，特别要学会触电急救。

（4）进入作业现场应正确佩戴安全帽，现场作业人员应穿全棉长袖工作服、绝缘鞋。

三、教育和培训

（1）各类作业人员应接受相应的安全生产教育和岗位技能培训，经考试合格上岗。

（2）作业人员对安规应每年考试一次。因故间断电气工作连续三个月以上者，应重新学习安规，并经考试合格后，方能恢复工作。

（3）新参加电气工作的人员、实习人员和临时参加劳动的人员（管理人员、非全日制用工等），应经过安全知识教育后方可下现场参加指定的工作，并且不得单独工作。这些人员通常还不具备必要的岗位技能和专业安全知识，因此下现场前应事先经过基本安全知识教育，在有经验的电气工作人员全程监护下，参加指定的（技术较简单、危险性较小）的工作。

四、权利和义务

任何人发现有违反安规的情况，应立即制止，经纠正后才能恢复作业，各类作业人员有权拒绝违章指挥和强令冒险作业；在发现直接危及人身、电网和设备安全的紧急情况时，有权停止作业或者在采取可能的紧急措施后撤离作业场所，并立即报告。

以上为《中华人民共和国安全生产法》第三章"从业人员的权利和义务"第四十六条和第四十七条规定结合电网实际的细化条款。国家法律赋予了各类作业人员在生产过程中保障生产安全的基本权利。

第二章　保证安全的组织措施

从组织措施上看，一项作业的流程如图 1 - 2 - 1 所示。

图 1 - 2 - 1　作业流程

一、现场勘查制度

什么情况下需要勘查：签发人或负责人认为有必要的。

有必要现场勘查的检修作业是指工作票签发人或工作负责人对该作业的现场情况掌握、了解不够，需在作业前进行勘察的检修作业。但常规的检查、测量、清扫等工作一般不需进行现场勘察。现场勘察的结果是签发工作票和编制安全组织措施、技术措施、安全措施、施工方案的重要依据，因此，现场勘察应由工作票签发人组织，根据工作任务指派工作负责人及相关人员进行现场勘察，并按要求作好记录。

勘查单位：施工、检修单位。

由谁组织：签发人或负责人。

勘查内容：需要停电的范围、保留带电部位、现场条件、环境、其他危险点等。

二、工作票制度

（1）工作票的分类：线路（电缆）第一种、线路（电缆）第二种工作票；带电作业工作票；事故紧急抢修单。

（2）适用范围。

1）第一种工作票：在停电的线路或同杆（塔）架设多回线路中的部分停电线路上的工作；在停电的配电设备上的工作；高压电力电缆需要停电的工作；在直流线路停电时的工作；在直流接地极线路或接地极上的工作。

第一种工作票每张只能用于一条线路或同一个电气连接部位的几条供电线路或同（联）杆塔架设且同时停送电的几条线路。

2）第二种工作票：带电线路杆塔上且与带电导线最小安全距离不小于相关规定的工作；在运行中的配电设备上的工作；电力电缆不需要停电的工作；直流线路上不需要停电的工作；直流接地极线路上不需要停电的工作。

第二种工作票对同一电压等级、同类型工作，可在数条线路上共用一张工作票。

3）带电作业工作票：带电作业或邻近带电设备距离在规定范围内的工作。

带电作业工作票对同一电压等级、同类型、相同安全措施且依次进行的带电作业，可在数条线路上共用一张工作票，其中安全措施相同主要是指满足安全距离和组合间隙要求、使用同规格的绝缘工具、进出电场的方法相同等。

4）事故紧急抢修单：事故紧急抢修应填用工作票或事故紧急抢修单。非连续进行的事故修复工作应使用工作票。

事故紧急抢修一般指24h能完成的事故紧急抢修工作，其目的是防止事故扩大或尽快恢复供电，可不用工作票，但应使用事故紧急抢修单。工作负责人应根据抢修任务布置人的要求及掌握到的现场情况填写安全措施，到抢修现场后再勘察，补充完善安全措施。工作开始前应得到工作许可人的许可。符合事故紧急抢修工作定义、短时间可以恢复且连续进行的事故修复工作，可用事故紧急抢修单。未造成线路、电气设备被迫停运的缺陷处理工作不得使用事故紧急抢修单，而应使用工作票。

（3）在工作期间，工作票应始终保留在工作负责人手中。

（4）不使用工作票时，可按口头或电话命令执行。

测量接地电阻、修剪树枝、杆塔底部和基础等地面检查、消缺工作，涂写杆塔号、安装标示牌等，工作地点在杆塔最下层导线以下，并能保持安全距离的工作。

（5）使用要求：一个工作负责人不能同时执行多张工作票。若一张工作票下设多个小组工作，每个小组应指定小组负责人（监护人），并使用工作任务单。工作任务单一式两份，由工作票签发人或工作负责人签发，一份工作负责人留存，另一份交小组负责人执行。工作任务单由工作负责人许可。工作结束后，由小组负责人交回工作任务单，向工作负责人办理工作结束手续。

为了确保工作负责人精力集中、监护到位，避免工作负责人将几张工作票的工作任务、时间、地点、安全措施等混淆，工作负责人在同一时间内只能执行一张工作票。多小组工作形式，适用于长线路或同一个电气连接部位上多个小组的共同作业，且工作票所列安全措施一次完成的工作。采用这种方式时，应使用工作任务单，由工作负责人统一向调度办理许可和终结手续。工作任务单与工作票安全要求相同，因此，工作任务单既可由工作票签发人签发，也可由工作负责人签发。工作任务单一式两份：一份由工作负责人留存，便于对各小组进行监督及全面掌握工作情况；另一份交小组负责人执行，用于明确小组的任务和安全措施要求。工作任务单上应写明工作任务、停电范围、工作地点的起止杆号及安全措施（注意事项）。因工作负责人掌握整个线路的停、送电的情况和接地线等安全措施布置的完成情况，故工作负责人应担任工作任务单的许可人。工作任务单的许可和终结由小组负责人与工作负责人办理。工作票许可后，再许可工作任务单；所有工作任务单结束汇报后，工作票方可终结。

（6）填写要求：工作票应一式两份，内容应正确，填写应清楚，不得任意涂改。如有个别错、漏字需要修改时，应使用规范的符号，字迹应清楚。为了防止工作票上填写与签发内容的字迹（如双重名称、编号、动词、时间等）随意修改和使用过程中字迹褪色，同时为了工作票归档保存，应使用水笔、钢笔或圆珠笔。如果工作票填写不清楚或任意涂改，在执行过程中可能由于识别或理解错误，导致安全措施不完善、工作任务不明确，危及人身、设备安全。

（7）签发要求。

1）用计算机生成或打印的工作票应使用统一的票面格式。由工作票签发人审核无误，手工或电子签名后方可执行。工作票一份交工作负责人，另一份留存工作票签发人或工作许可人处。工作票应提前交给工作负责人。

2）一张工作票中，工作票签发人和工作许可人不得兼任工作负责人。

一张工作票中分别设工作票签发人和工作负责人，主要是为了对工作票中所填的各项内容进行审核，相互把关，确保其准确性，故工作票签发人和工作负责人不得相互兼任。一张工作票中分别设工作许可人和工作负责人，主要是为了停电、验电挂接地、工作许可、工作终结和恢复送电的各项流程得以正确无误地实施，故工作许可人和工作负责人不得相互兼任。线路作业，工区值班员担任工作许可人时，工作票签发人和工作许可人可以相互兼任。

（8）有效期：第一、第二种工作票和带电作业工作票的有效时间，以批准的检修期为限。

（9）延期：第一种工作票需办理延期手续，应在有效时间尚未结束以前由工作负责人向工作许可人提出申请，经同意后给予办理；第二种工作票需办理延期手续，应在有效时间尚未结束之前由工作负责人向工作票签发人提出申请，经同意后给予办理。第一、第二种工作票的延期只能办理一次，带电作业工作票不准延期。

（10）工作票所列几种人员的基本条件与安全责任见表1-2-1。

表1-2-1　　　　　　　　几种人员的基本条件与安全责任

项目	签发人	许可人	负责人	专责监护人	工作班成员
基本条件	工作票签发人应由熟悉人员技术水平、熟悉设备情况、熟悉安规，并具有相关工作经验的生产领导人、技术人员或经本单位分管生产领导批准的人员担任。工作票签发人名单应书面公布	工作许可人应由有一定工作经验、熟悉安规、熟悉工作范围内的设备情况，并经工区（所、公司）生产领导书面批准的人员担任	工作负责人（监护人）应由有一定工作经验、熟悉安规、熟悉工作范围内的设备情况，并经工区（所、公司）生产领导书面批准的人员担任。工作负责人还应熟悉工作班成员的工作能力	专职监护人应是有相关工作经验，熟悉设备情况和安规的人员	
安全责任	审查工作必要性和安全性；工作票上所填安全措施是否正确完备；所派工作负责人和工作班人员是否适当和充足	审查工作必要性；线路停、送电和许可工作的命令是否正确；许可的接地等安全措施是否正确、完备	正确安全地组织工作；负责检查工作票所列安全措施是否正确、完备，是否符合现场实际条件，必要时予以补充；工作前对工作班成员进行危险点告知，交代安全措施和技术措施，并确认每一个工作班成员都已知晓；严格执行工作票所列安全措施；督促、监护工作班成员遵守安规、正确使用劳动防护用品和执行现场安全措施；工作班成员精神状态是否良好，变动是否合适	明确被监护人员和监护范围；工作前对被监护人员交代安全措施，告知危险点和安全注意事项；监督被监护人员遵守安规和现场安全措施，及时纠正不安全行为	熟悉工作内容、工作流程，掌握安全措施，明确工作中的危险点，并履行确认手续；严格遵守安全规章制度、技术规程和劳动纪律，对自己在工作中的行为负责，互相关心工作安全，并监督安规的执行和现场安全措施的实施；正确使用安全工器具和劳动防护用品

专责监护人是指不参与具体工作、专门负责监督作业人员现场作业行为是否符合安全规定的责任人员。进行危险性大、较复杂的工作，如临近带电线路、设备、带电作业及夜间抢修等作业，仅靠工作负责人无法监护到位，因此除工作负责人外还应增设监护人；在带电区域（杆塔）及配电设备附近进行非电气工作时，如刷油漆、绿化、修路等，也应增设监护人。专责监护人主要监督被监护人员遵守安规和现场安全措施，及时纠正不安全行为。因此，专责监护人应掌握安规，熟悉设备和具有相当的工作经验。

工作班成员要认真参加班前会、班后会，认真听取工作负责人（或专责监护人）交代的工作任务，熟悉工作内容、工作流程，掌握安全措施，明确工作中的危险点，并履行确认手续，这是确保作业安全和人身安全的基本要求。工作班成员应自觉遵守安全规章制度、技术规程和劳动纪律。服从工作负责人的分配和统一指挥，对自己在工作中的行为负责，不违章作业，互相关心工作安全，并监督安规的执行和现场安全措施的实施，这是作业人员的权利和义务。正确使用安全工器具及劳动安全保护用品，并在使用前认真检查，这是作业人员保证安全作业的重要措施。

三、工作许可制度

（1）许可要求：填用第一种工作票进行工作，工作负责人应在得到全部工作许可人的许可后，方可开始工作。

（2）许可方式：当面通知、电话下达、派人送达。

电话下达时，工作许可人及工作负责人应记录清楚明确，并复诵核对无误。对直接在现场许可的停电工作，工作许可人和工作负责人应在工作票上记录许可时间，并签名。

（3）严禁约时停、送电。约时停电是指在线路（设备）停电检修工作中，工作许可人与工作负责人之间未按照安规规定的流程办理许可手续，按预先约定时间停电。约时送电是指在线路（设备）停电检修工作中，工作许可人与工作负责人之间未按照安规规定的流程办理终结手续，按预先约定时间送电。约时停电可能会发生线路未停电就进行作业；约时送电可能会造成线路工作尚未结束就对工作的线路送电。此类现象严重危及作业人员和设备的安全，因此，严禁约时停、送电。

四、工作监护制度

（1）交底：工作许可手续完成后，工作负责人、专责监护人应向工作班成员交代工作内容、人员分工、带电部位和现场安全措施，进行危险点告知，并履行确认手续，装完工作接地线后，工作班方可开始工作。工作负责人、专责监护人应始终在工作现场，对工作班人员的安全进行认真监护，及时纠正不安全的行为。在线路停电时进行工作，工作负责人在班组成员确无触电等危险的条件下，可以参加工作班工作。

（2）何时需要设定专责监护人？工作票签发人或工作负责人对有触电危险、施工复杂容易发生事故的工作，应增设专责监护人和确定被监护的人员。

（3）专责监护人或工作负责人需离开现场时的注意事项见表1-2-2。

表 1-2-2 专责监护人或工作负责人需离开现场时的注意事项

情形	专 责 监 护 人	工 作 负 责 人
暂时离开	专责监护人临时离开时，应通知被监护人员停止工作或离开工作现场，待专责监护人回来后方可恢复工作	工作负责人因故暂时离开工作现场时，应指定能胜任的人员临时代替，离开前应将工作现场交代清楚，并告知工作班成员。原工作负责人返回工作现场时，也应履行同样的交接手续
长时间离开	专责监护人必须长时间离开工作现场时，应由工作负责人变更专责监护人，履行变更手续，并告知全体被监护人员	工作负责人必须长时间离开工作现场时，应由原工作票签发人变更工作负责人，履行变更手续，并告知全体工作人员及工作许可人。原、现工作负责人应做好必要的交接

五、工作间断制度

何种情况下可临时停止工作？在工作中遇雷、雨、大风或其他任何威胁到工作人员安全的情况时，工作负责人或专责监护人可根据情况临时停止工作。

六、工作终结和恢复送电制度

（1）终结报告条件：完工后，工作负责人（包括小组负责人）应检查线路检修地段的状况，确认在杆塔上、导线上、绝缘子串上及其他辅助设备上没有遗留的个人保安线、工具、材料等，查明全部工作人员确由杆塔上撤下后，再命令拆除工作地段所挂的接地线。接地线拆除后，应即认为线路带电，不准任何人再登杆进行工作。多个小组工作，工作负责人应得到所有小组负责人工作结束的汇报。

（2）终结报告内容：工作负责人姓名、某线路上某处（说明起止杆塔号、分支线名称等）工作已经完工，设备改动情况，工作地点所挂的接地线、个人保安线已全部拆除，线路上已无本班组工作人员和遗留物，可以送电。

（3）已终结的工作票、事故紧急抢修单、工作任务单应保存一年。

第三章 保证安全的技术措施

从技术措施上看，操作流程如图 1-3-1 所示。

图 1-3-1 操作流程

一、停电与验电

1. 停电

停电操作均由变电运维单位完成，输电室不涉及直接操作，故只需了解该内容。

2. 验电

在停电线路工作地段装接地线前，要先验电，验明线路确无电压。验电应使用相应电压等级的合格的接触式验电器。直流线路、交流330kV及以上的线路，可使用合格的绝缘棒或专用的绝缘绳验电。验电时，绝缘棒或绝缘绳的金属部分应缓慢接近导线，根据有无放电声和火花来判断线路是否确无电压。验电时应戴绝缘手套。

（1）验电前的准备：验电前，应先在有电设备上进行试验，确认验电器良好；无法在有电设备上进行试验时可用工频高压发生器等确认验电器良好，如果在木杆、木梯或木架上验电，不接地不能指示者，可在验电器绝缘杆尾部接上接地线，但应经运行值班负责人或工作负责人许可。验电时人体应与被验电设备保持规定的距离，并设专人监护。使用伸缩式验电器时应保证绝缘的有效长度。

（2）验电时的原则：对同杆塔架设的多层电力线路进行验电时，应先验低压、后验高压，先验下层、后验上层，先验近侧、后验远侧，禁止工作人员穿越未经验电、接地的10kV及以下线路对上层线路进行验电。线路的验电应逐相（直流线路逐极）进行。

二、接地与个人保安线的操作

接地线与个人保安线的对照见表1-3-1。

表1-3-1　　　　　　　　　　接地线与个人保安线的对照表

项　目	接　地　线	个人保安线
装设目的	接地可防止检修线路、设备突然来电，消除邻近高压带电线路、设备的感应电，还可以放尽断电线路、设备的剩余电荷。三相短路的作用是：当发生检修线路、设备突然来电时，短路电流使送电侧继电保护动作，断路器快速跳闸切断电源；同时，使残压降到最低程度，以确保检修线路、设备上作业人员的人身安全	工作地段如有邻近、平行、交叉跨越及同杆塔架设线路，为防止停电检修线路上感应电压伤人，在需要接触或接近导线工作时，应使用个人保安线
装设要求	禁止工作人员擅自变更工作票中指定的接地线位置。如需变更，应由工作负责人征得工作票签发人同意，并在工作票上注明变更情况	个人保安线应在杆塔上接触或接近导线的作业开始前挂接，作业结束脱离导线后拆除
装设原则	同杆塔架设的多层电力线路挂接地线时，应先挂低压、后挂高压，先挂下层、后挂上层，先挂近侧、后挂远侧；拆除时次序相反。装设接地线时，应先接接地端，后接导线端，接地线应接触良好，连接应可靠，拆接地线的顺序与此相反。装、拆接地线均应使用绝缘棒或专用的绝缘绳。人体不准碰触未接地的导线	装设时，应先接接地端，后接导线端，且接触良好，连接可靠，拆个人保安线的顺序与此相反。个人保安线由作业人员负责自行装、拆
结构组成	成套接地线应由有透明护套的多股软铜线组成，其截面不准小于25mm²，同时应满足装设地点短路电流的要求。禁止使用其他导线作接地线或短路线。接地线应使用专用的线夹固定在导体上，禁止用缠绕的方法进行接地或短路	个人保安线应使用有透明护套的多股软铜线，截面积不准小于16mm²，且应带有绝缘手柄或绝缘部件。禁止用个人保安线代替接地线

三、悬挂标识牌与装设遮栏（围栏）

在城区、人口密集区地段或交通道口和通行道路上施工时的要求：工作场所周围应装设遮栏（围栏），并在相应部位装设标识牌。必要时，派专人看管。线路作业装设围栏的目的是防止非作业人员进入作业现场导致人身伤害。在装设围栏后不能有效阻止行人和车辆时应安排专人进行看管,防止其意外进入。

第四章 线路运行与维护

一、巡视人员的基本条件与巡视基本原则

1. 巡线人员的基本条件

巡线工作应由有电力线路工作经验的人员担任。单独巡线人员应考试合格并经工区(公司、所)分管生产领导批准。

2. 巡视工作的基本原则

(1)电缆隧道、偏僻山区和夜间巡线应由两人进行。汛期、暑天、雪天等恶劣天气巡线,必要时由两人进行。单人巡线时,禁止攀登电杆和铁塔。

(2)雷雨、大风天气或事故巡线,巡视人员应穿绝缘鞋或绝缘靴;汛期、暑天、雪天等恶劣天气和山区巡线应配备必要的防护用具、自救器具和药品;夜间巡线应携带足够的照明工具。

(3)夜间巡线应沿线路外侧进行;大风时,巡线应沿线路上风侧前进,以免触及断落的导线;特殊巡线应注意选择路线,防止洪水、塌方、恶劣天气等对人的伤害,巡线时禁止泅渡。事故巡线应始终认为线路带电,即使明知该线路已停电,也应认为线路随时有恢复送电的可能。

(4)巡线人员发现导线、电缆断落地面或悬挂空中,应设法防止行人靠近断线地点8m以内,以免跨步电压伤人,并迅速报告调度和上级,等候处理。

二、测量工作

(1)接地电阻测量工作要点:杆塔、配电变压器和避雷器的接地电阻测量工作,可以在线路和设备带电的情况下进行;解开或恢复配电变压器和避雷器的接地引线时,应戴绝缘手套;禁止直接接触与地断开的接地线。

(2)带电导线的垂直距离测量要点:带电线路导线的垂直距离(导线弛度、交叉跨越距离),可用测量仪或使用绝缘测量工具测量。禁止使用皮尺、普通绳索、线尺等非绝缘工具进行测量。

三、砍剪树木

(1)在线路带电情况下,砍剪靠近线路的树木时,工作负责人应在工作开始前向全体人员说明:电力线路有电,人员、树木、绳索应与导线保持安全距离。

(2)砍剪树木时,应防止马蜂等昆虫或动物伤人。上树时,不应攀抓脆弱或枯死的树枝,并使用安全带。安全带不准系在待砍剪树枝的断口附近或以上。不应攀登已经锯过或砍过的未断树木。

(3)砍剪树木应有专人监护。待砍剪的树木下面和倒树范围内不准有人逗留,城区、

人口密集区应设置围栏，防止砸伤行人。为防止树木（树枝）倒落在导线上，应设法用绳索将其引向与导线相反的方向。绳索应有足够的长度和强度，以免拉绳的人员被倒落的树木砸伤。砍剪山坡树木应做好防止树木向下弹跳接近导线的措施。

（4）树枝接触或接近高压带电导线时，应将高压线路停电或用绝缘工具使树枝远离带电导线至安全距离。此前禁止人体接触树木。

（5）风力超过 5 级时，禁止砍剪高出或接近导线的树木。

第五章　邻近带电导线的工作

一、在带电线路杆塔上的工作

邻近带电导线的作业如图 1-5-1 所示。

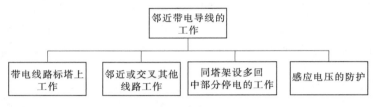

图 1-5-1　邻近带电导线的作业

（1）在带电杆塔上进行测量、防腐、巡视检查、紧杆塔螺栓、清除杆塔上异物等工作，作业人员活动范围及其所携带的工具、材料等，与带电导线最小距离不准小于有关规定。

（2）为防止在同杆塔架设多回线路中误登有电线路及直流线路中误登有电极，应采取以下措施：

1）每基杆塔应设识别标记（色标、判别标识等）和线路名称、杆号。

2）工作前应发给作业人员相对应线路的识别标记。

3）经核对停电检修线路的识别标记和线路名称、杆号无误，验明线路确已停电并挂号接地线后，工作负责人方可发令开始工作。

4）登杆塔和在杆塔上工作时，每基杆塔都应设专人监护。

5）作业人员登杆塔前应核对停电检修线路的识别标记和线路名称、杆号无误后，方可攀登。等杆塔至横担处时，应再次核对停电线路的识别标记与双重称号，确实无误后方可进入停电线路侧横担。

6）在杆塔上进行工作时，不准进入带电侧的横担，或在该侧横担上放置任何物件。

二、邻近高压线路感应电压的防护

（1）在 330kV 及以上电压等级的线路杆塔上作业，应采取防静电感应措施，例如穿戴相应电压等级的全套屏蔽服或静电感应防护服和导电鞋等（220kV 线路杆塔上作业时宜穿导电鞋）。在 ±400kV 及以上电压等级的直流线路单极停电侧进行工作时，应穿全套

10

屏蔽服。

作业人员在330V及以上电压等级的带电线路杆塔上及变电站构架上时，人体即处在电场中。若人体对地绝缘（穿胶鞋等），则对带电体和接地体分别存在电容，由于静电感应引起人体带电，手触铁塔的瞬间会出现放电麻刺。电压越高，产生静电感应电压也越高。为确保作业人员的人身安全，应采取穿着静电感应防护服、导电鞋等防感应电措施。导电鞋具有导电性能，可消除人体静电积聚。作业人员在220kV线路杆塔上作业时穿导电鞋，相当于人体与铁塔等电位，避免人体在接触铁塔时发生放电麻刺。作业人员在穿导电鞋时，不应同时穿绝缘的毛料厚袜及绝缘的鞋垫。

在±400kV及以上电压等级的直流线路单极停电侧进行工作时，由于直流线路输电距离长、极间距离较近、电场场强大等因素，在停电侧线路会产生较大感应电。为了能够有效分流人体的电容电流和屏蔽高压电场，使流过人体的电流控制在微安级水平，作业人员应穿全套屏蔽服。

（2）绝缘架空地线应视为带电体。作业人员与绝缘架空地线的距离不应小于0.4m（1000kV为0.6m）。如需在绝缘架空地线上作业，应用接地线或个人保安线将其可靠接地或采取等电位方式进行。

因绝缘架空地线与带电导线平行架设，且不通过每基杆塔直接接地，会在绝缘架空地线上产生静电和电磁感应电压，其大小与线路电压等级和线路的长度成正比。因此，绝缘架空地线应视为带电体，作业人员与绝缘架空地线之间的安全距离不应小于0.4m（1000kV为0.6m）。若采用接地线或个人保安线方式将其可靠接地，应使用绝缘棒装设的接地线或个人保安线，绝缘棒的长度应满足人员操作时与绝缘地线安全距离的要求。

第六章　杆塔上作业

一、登塔前的注意事项

登塔前：应检查杆塔根部、基础、拉线是否牢固遇有冲刷、起土、上拔或导地线、拉线松动的杆塔，应先培土加固，打好临时拉线或支好架杆后，再行登杆；还应检查登高工具、设施是否完整牢靠。

登杆前检查登杆工具的目的是防止作业人员登杆过程中因工具缺陷而导致危险发生。检查内容包括：试验合格证、工器具受力部位、易磨损的部位磨损情况等，如升降板的绳、板、钩的磨损情况；脚扣的防滑橡皮的磨损情况，金属组件是否存在裂纹和损伤；安全带缝制线、铆钉、金属钩和各部分带体的磨损情况；梯子的防滑垫是否完好、梯档和支柱磨损情况、是否有损伤或裂纹等。杆塔上安装的登高装置，如脚钉、爬梯和固定防坠装置等，在攀登之前和攀登过程中均应检查是否完好齐全。

二、登塔过程中的注意事项

登塔时：禁止携带器材登杆或在杆塔上移位。禁止利用绳索、拉线上下杆塔或顺杆下滑。攀登有覆冰、积雪的杆塔时，应采取防滑措施。

携带作业工器具和材料攀登杆塔过程中，由于人体的重心、作业人员与杆塔之间距离的改变，作业移位过程中易失去平衡或与杆塔部件挂碰导致高坠。

三、杆塔上作业时的注意事项

（1）作业时：应使用后备保护绳或速差自锁器的双控背带式安全带，当后备保护绳超过 3m 时，应使用缓冲器。安全带和后备保护绳应分别挂在杆塔不同部位的牢固构件上，后备保护绳不准对接使用。

保护绳长度超过 3m 时选用带有缓冲器的坠落悬挂安全带，以防止作业人员意外坠落时自身的冲击力对人体造成的伤害。无缓冲器时，对接使用后备保护绳，当坠落高差超过 3m 时会造成作业人员因受较大的冲击力而受伤害。有缓冲器时，对接使用后备保护绳，发生坠落时，两个及以上的缓冲器同时释放增加了坠落距离，同样造成人身伤害。

（2）在相分裂导线上工作时，安全带（绳）应挂在同一根子导线上，后备保护绳应挂在整组相导线上。

（3）杆塔上作业应使用工具袋，较大的工具应固定在牢固的构件上，不准随便乱放。上下传递物件应用绳索拴牢传递，禁止上下抛掷。

（4）杆塔上有人时，不准调整或拆除拉线。

第七章 高处作业

一、高处作业定义

定义：凡在坠落高度基准面 2m 及以上的高处进行的作业，都应视为高处作业。

高处作业的两个要点：①可能坠落范围内最低处的水平面称为坠落高度基准面，基准面不一定是地面；②"有可能坠落的高处"，如果作业面很高，但是作业环境良好，不存在坠落的可能性，则不属于高处作业，如大楼平台上作业，周围有安全的围墙，此时作业就不属于高处作业。

二、安全带的使用要求

（1）安全带的挂钩或绳子应挂在结实牢固的构件或专为挂安全带用的钢丝绳上，并应采用高挂低用的方式。禁止系挂在移动或不牢固的物件上。

安全带的"高挂"是指挂钩挂在高过腰部的地方。安全带应采取高挂低用的方式，在特殊施工环境安全带没有地方挂的情况下，可采用装设悬挂挂钩的钢丝绳，并确保安全可靠。安全带在低挂高用或是挂在移动、不牢固物体上的情况下将无法有效起到保护作用。

（2）高处作业人员在作业过程中，应随时检查安全带是否拴牢。高处作业人员在转移作业位置时不准失去安全保护。钢管杆塔、30m 以上杆塔和 220kV 及以上线路杆塔宜设置防止作业人员上下杆塔和杆塔上水平移动的防坠安全保护装置（上述新建线路杆塔必须装设）。

高处作业过程中随时需要转移工作地点，应随时检查安全带是否拴牢。尤其在移动作业过程中应采取安全带和安全绳配合使用的"双保险"措施。输电线路杆塔上的作业，攀登杆塔、横担上水平移动、导地线上等工作过程，作业人员都需要移动，采取防坠安全保护装置，可以保证杆塔上移位时不失去安全保护。

三、高处作业的注意事项

（1）高处作业应使用工具袋。较大的工具应用绳拴在牢固的构件上，工件、边角余料应放置在牢靠的地方或用铁丝扣牢并有防止坠落的措施，不准随便乱放，以防止从高空坠落发生事故。

（2）在进行高处作业时，除有关人员外，不准他人在工作地点的下面通行或逗留，工作地点下面应有围栏或装设其他保护装置，防止落物伤人。

（3）低温或高温环境下进行高处作业，应采取保暖或防暑降温措施，作业时间不宜过长。

低温作业指在生产劳动过程中，其工作地点平均气温等于或低于5℃的作业。高温作业指在生产劳动过程中，其工作地点平均气温等于或大于25℃的作业。

在冬季低温气候下进行露天高处作业，必要时应在施工地区附近设有取暖的休息处所，取暖设备应有专人管理，注意防火；高温天气下进行露天高处作业时应注意防暑降温，可采取灵活的作息时间，作业时间不宜过长。

四、梯子的使用要求

梯子的使用要求：梯子应坚固完整，有防滑措施。梯子的支柱应能承受作业人员及所携带的工具、材料攀登时的总重量。硬质梯子的横档应嵌在支柱上，梯阶的距离不应大于40cm，并在距梯顶1m处设限高标志。使用单梯工作时，梯与地面的斜角度为60°左右。梯子不宜绑接使用。人字梯应有限制开度的措施。人在梯子上时，禁止移动梯子。

使用软梯、挂梯作业或用梯头进行移动作业时，软梯、挂梯或梯头上只准一人工作。作业人员到达梯头上进行工作和梯头开始移动前，应将梯头的封口可靠封闭，否则应使用保护绳防止梯头脱钩。

第八章　施工机具与安全工器具的使用、保管、检查和试验

一、一般规定

（1）施工机具和安全工器具应统一编号，专人保管。入库、出库、使用前应进行检查。禁止使用损坏、变形、有故障等不合格的施工机具和安全工器具。

（2）安全工器具：是指防止触电、灼伤、坠落、摔跌等事故，保障工作人员人身安全的各种专用工具和器具，如安全帽、安全带、接地线等。

（3）安全工器具经试验合格后，应在不妨碍绝缘性能且醒目的部位粘贴合格证。

二、安全帽与安全带的使用要点

（1）安全帽使用要点：安全帽使用前，应检查帽壳、帽衬、帽箍、顶衬、下颚带等附件完好无损。使用前，应将下颚带系好，防止工作中前倾后仰或其他原因造成滑落。

安全帽是防止头部受外力伤害的防护用品。正确使用安全帽的主要注意事项：①佩戴安全帽前，要检查使用期限，检查各部件齐全、完好后方可使用；②佩戴安全帽，要将颏下系带系牢，帽箍应调整适中，以防帽子滑落或被碰掉；③不能随意对安全帽进行拆卸或添加附件，以免影响其原有的防护性能；④安全帽只要受过一次强力的撞击，就无法再次有效吸收外力，有时尽管外表上看不到任何损伤，但是内部已经遭受破坏，不能继续使用。

（2）安全带使用要点：腰带和保险带、绳应有足够的机械强度，材质应有耐磨性，卡环（钩）应具有保险装置，操作灵活。保险带、绳使用长度在3m以上的应加缓冲器。

第九章　一般安全措施

（1）在带电设备周围禁止使用钢卷尺、皮卷尺和线尺（夹有金属丝者）进行测量工作。

（2）大锤和手锤的锤头应完整，其表面应光滑微凸，不准有歪斜、缺口、凹入及裂纹等情形。大锤及手锤的柄应用整根的硬木制成，不准用大木料劈开制作，也不能用其他材料替代，应装得十分牢固，并将锤头用楔栓固定。锤把上不可有油污。禁止戴手套或单手抡大锤，周围不准有人靠近。在狭窄区域，使用大锤时应注意周围环境，避免反击力伤人。

第二部分

输电线路检修、巡视作业基础安全知识

安全是永恒的主题，输电（电缆）线路检修、巡视作业属于高危工作，线路运检人员更应始终坚持"安全第一，预防为主"的原则方针。新员工对现场环境和设备设施不熟悉、作业过程和操作技能不熟练、遇到突发情况应对经验不足，需不断强化安全意识，不断提高安全技能，不断提升安全管理，助力企业安全生产平稳向好。

开展输电（电缆）线路检修、巡视作业现场作业前，工作负责人应召集作业人员进行"三交三查"工作，即交代工作任务、交代危险点及安全措施、交代技术措施，检查着装、检查安全工器具及个人防护用品、检查精神状态。作业人员应认真听讲，存在疑问及时提出。本部分分四章对检修作业、巡视作业、电缆巡检作业及公共类危险点及预控措施进行详细说明。

第一章 检修作业类危险点及预控措施

一、触电

（一）误登杆塔

1. 危险点描述及事故预想

作业人员因思想麻痹或注意力不集中，未认真听讲，未仔细核对线路色标和双重称号、未正确验电挂接地、未得到许可擅自工作等，错误地将带电线路视为停电线路，造成人身触电伤亡。

常见的复杂杆塔接线如图 2-1-1 所示，触电伤亡事故如图 2-1-2 所示，接地保护范围外工作如图 2-1-3 所示。

2. 危险点预控措施

严格执行安规中保证安全的组织和技术措施，包括工作许可制度、正确验电挂接地、认真核对线路色标和双重称号（图 2-1-4）、严格监护等。

（二）复杂杆塔间隙距离小

1. 危险点描述及事故预想

一是 110kV 线路分支塔、电缆终端等"变形金刚塔"接线复杂（图 2-1-5），带电导线与脚钉、爬梯安全距离小（图 2-1-6），难以满足安规规定的带电登杆作业时的安全距离；二是尽量避免在上层线路停电、下层线路带电的多层电力线路杆塔上开

展打开引流、使用个人保安线等，防止意外脱落造成下层电力线路（含配电）放电，造成触电事故。

图 2-1-1 常见的复杂杆塔接线

国网安质部关于安徽霍邱县供电公司
"4.8"人身伤亡事故快报

2014年4月8日9时25分，国网安徽电力霍邱县供电公司所属集体企业阳光工程公司员工刘××（男，1974年生，中专学历，农电工）在进行10kV酒厂06线倪岗分支线#39杆范围#2台区低电压改造工作，装设接地线的过程中触电，抢救无效死亡。

根据施工计划安排，8日9时左右，工作负责人刘××（死者）和工作班成员王××在倪岗分支线#41杆装设高压接地线两组（其中一组装在同杆架设的废弃线路上，事后核实该废弃线路实际带电，系酒厂分支线）。因两人均误认为该线路废弃多年不带电，当王××在杆上装设好倪岗分支线的接地线后，未验电就直接装设第二组接地线。接地线上升拖动过程中接地端并接地桩头不牢固而脱落，地面监护人刘××未告知杆上人员即上前恢复脱落的接地桩头，此时王××正在杆上悬挂接地线，由于该线路实际带有

图 2-1-2 触电伤亡事故快报

图 2-1-3 接地保护范围外工作

图 2-1-4 认真核对双重称号

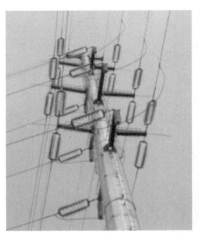

图 2-1-5 "变形金刚塔"

图 2-1-6　脚钉与带电导线距离小

2. 危险点预控措施

一是必须使用绝缘安全带和绝缘绳索；二是提高警惕意识，严格保持安全距离，必要时增设塔上监护人；三是对该类塔型进行安全隐患治理（图 2-1-7）。

（三）处理异物中含金属丝等

1. 危险点描述及事故预想

遮阴网、塑料薄膜等大型异物中，可能夹杂着原用于起加固作用的铁丝，若无防范意识，可能造成触电事故或线路短路跳闸，如图 2-1-8 所示。

图 2-1-7　整改攀爬通道

图 2-1-8　徒手处理异物存在安全隐患

2. 危险点预控措施

一是将带电线路异物视为带电体，采用绝缘杆等并保持足够安全距离，禁止徒手操作，如图 2-1-9 所示；二是处理前仔细检查异物中有无金属丝等；三是处理时应密切关注天气及异物潮湿情况等。

17

(四) 同塔多回线路

1. 危险点描述及事故预想

同塔双回或多回线路一般均为一侧停电、一侧带电检修模式，非绝缘绳索和安全带、预绞丝等较长的工器具材料可能存在与带电体安全距离不满足要求的情况；另外，钢管杆接地线、个人保安线及后备较长的安全带等挂设在杆身位置，脱落后半圆周摆动可能造成带电线路接地故障（图 2-1-10）。

图 2-1-9　用绝缘操杆并保持安全距离　　图 2-1-10　接地线脱落可能造成邻侧线路跳闸

2. 危险点预控措施

工器具材料等必须与带电体保持安规规定的安全距离；钢管杆接地线、个人保安线及后备较长的安全带应注意尽量往停电线路侧挂设，防止脱落摆动造成跳闸事故（图 2-1-11、图 2-1-12）。

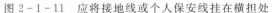

图 2-1-11　应将接地线或个人保安线挂在横担处　　图 2-1-12　个人保安线接地端脱落

二、感应电

(一) 个人保安线安装顺序错误

1. 危险点描述及事故预想

若接地线或个人保安线先安装导线侧再安装接地侧，作业人员将被串入回路。

2. 危险点预控措施

作业时应思想集中，严格按照安规要求的先装接地端、再装导线端的顺序。

（二）个人保安线透明护套破损

1. 危险点描述及事故预想

透明护套有保护软铜线和一定的绝缘作用，当作业人员误碰护套破损处时，将分流个人保安线上的感应电流，可能造成感应电触电（正常情况下，人体电阻远大于接地通道电阻，但若接地端未清除防腐漆等成接地通道不良，分流作用将增大），如图2-1-13所示。

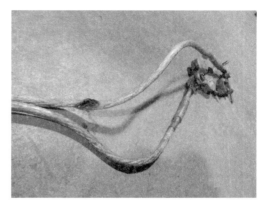

图2-1-13　透明护套被感应电灼伤

2. 危险点预控措施

一是作业前应仔细检查个人保安线等安全工器具，不使用透明护套破损的个人保安线，发现损坏及时更换；二是装设接地端前应将杆塔上的防腐漆刮除。

（三）个人保安线未挂设

1. 危险点描述及事故预想

垂直排列的110kV线路耐张塔及电缆终端塔，上侧导线、跳线或引线对下侧横担安全距离较小，工作经验不丰富的作业人员头部容易触碰上侧未挂个人保安线的导线、跳线或引线造成感应电触电。

2. 危险点预控措施

安全交底时应特别强调该危险点，使作业人员有清晰的危险源辨识能力，作业过程中应保持0.4m以上安全距离（图2-1-14），无法保持的应配合挂设个人保安线（图2-1-15）。

图2-1-14　中相人员应与上侧跳线
保持安全距离

图2-1-15　上侧跳线配合挂设个人保安线

（四）个人保安线意外脱落或虚挂

1. 危险点描述及事故预想

个人保安线意外脱落或虚挂时，工作经验不丰富的作业人员容易出现思想慌乱，盲目重新挂设存在很大的安全风险（图2-1-16、图2-1-17）。

图2-1-16　个人保安线意外脱落　　　　图2-1-17　个人保安线虚挂

2. 危险点预控措施

（1）下导线前应检查保安线是否挂设良好，作业过程中应注意防止脱落。

（2）人体尚未接触导线时，发现个人保安线脱落，应立即返回杆塔按规定重新挂设个人保安线。

（3）若人体已接触导线部位，发现个人保安线脱落，应由其他人员协助重新挂设个人保安线，在个人保安线未重新挂设前，严禁人体任何部位接触个人保安线导线夹头，严禁横担侧作业人员与导线上作业人员直接接触或传递金属物件，严禁导线侧作业人员跨越绝缘子串直接接触铁塔而形成接地回路。

（五）打开引流板作业

1. 危险点描述及事故预想

打开引流板作业只挂设一组个人保安线时，如果作业人员触碰未挂个人保安线侧设备将引起感应电触电。

2. 危险点预控措施

应该在引流板两端均挂好个人保安线或接地线后方可进行作业（图2-1-8）。

（六）架空地线作业

1. 危险点描述及事故预想

一是对绝缘架空地线感应电危害认识不足，其感应电压可达数千伏，感应电流可达上百安，未按要求接地或虚假接地；二是变电站进线档等松弛架设，金具接触电阻较大，虽不是绝缘地线，也存在感应电触电风险。如图2-1-19～图2-1-21所示。

2. 危险点预控措施

绝缘架空地线应始终视为带电体，作业人员与绝缘架空地线的距离应不小于0.4m（±800kV、1000kV为0.6m），如需在绝缘架空地线上作业，应使用专用接地线进行可靠接地后再进行作业，或者采用等电位作业（图2-1-22、图2-1-23）。

图 2-1-18　在引流板两端挂接地线

图 2-1-19　接地端未可靠接地

图 2-1-20　感应电放电

图 2-1-21　构架松弛接地不畅

图 2-1-22　耐张塔绝缘地线接地

图 2-1-23　直线塔绝缘地线接地

在变电站进线档等松弛架设的地线上工作时，应可靠接地后再进行作业，如图 2-1-24 所示。

（七）个人防护措施不到位

1. 危险点描述及事故预想

一是屏蔽服或静电防护服、导电鞋、导电手套等连接不良；二是 220kV 线路带电登杆作业未穿导电鞋（甚至 110kV 线路），身体的感应电可能通过膝盖或手对杆塔、脚钉等放电，或者脚底产生针刺麻电感。

2. 危险点预控措施

屏蔽服或静电防护服、导电鞋、导电手套等应全套连接良好（图2-1-25）；虽然安规8.4.1条规定"220kV线路杆塔上作业时宜穿导电鞋"，但建议"应"穿导电鞋，110kV线路带电登杆作业也建议穿导电鞋，以免出现麻电时过度紧张导致高坠事故。

图2-1-24　接地后再工作（发热冒热气）

图2-1-25　检测屏蔽服导通

三、高坠

（一）未正确使用安全带

1. 危险点描述及事故预想

作业过程中未正确使用安全带包括扣环未扣牢、未采用高挂低用，登塔时安全带松散下挂或中途休息时未系安全带（图2-1-26、图2-1-27）。

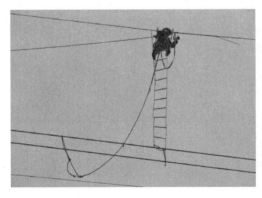

图2-1-26　安全带低挂高用

图2-1-27　安全带下挂

2. 危险点预控措施

一是平常应妥善保管安全带等个人安全工器具，应养成作业前仔细检查的好习惯；二是严格按安规规定使用安全带（图2-1-28、图2-1-29）。

图2-1-28 安全带使用前检查

图2-1-29 正确使用安全带

（二）防坠导轨不能正常使用

1. 危险点描述及事故预想

目前特高压塔均安装防坠导轨，但因分段连接处错位等问题突出，能正常使用的较少（图2-1-30）。特高压塔高，登塔消耗体能大，不能使用防坠导轨存在较大的高坠风险。

2. 危险点预控措施

一是登塔过程中要注意适当休息和合理分配体能，休息时正确使用安全带；二是持续对存在问题的防坠导轨进行整治，优先整治使用频率高的终端塔。

图2-1-30 防坠导轨失效

（三）杆塔横担与主材连接处视线受阻

1. 危险点描述及事故预想

500kV线路杆塔无防坠导轨，"背靠背"主材倾斜角度变换处存在较大的立体连接铁，合适的抓手少，下塔时视线受阻，且无安全带保护，存在极大的高坠风险（图2-1-31）。

图2-1-31 "背靠背"主材倾斜角度变换处高坠风险大

2. 危险点预控措施

不冒险下塔；采取措施进行整治。

（四）穿着防护不到位

1. 危险点描述及事故预想

一是屏蔽服或静电防护服、导电鞋、导电手套等连接不良；二是 220kV 线路带电登杆作业未穿导电鞋（甚至 110kV 线路），身体的感应电可能通过膝盖或手对杆塔、脚钉等放电，或者脚底产生针刺麻电感；三是寒冷季节穿工作大衣等笨重衣物登塔，均可能使作业人员高度紧张而发生高坠。

2. 危险点预控措施

屏蔽服或静电防护服、导电鞋、导电手套等应全套连接良好；虽然安规第 8.4.1 条规定 "220kV 线路杆塔上作业时宜穿导电鞋"，但建议 "应" 穿导电鞋，110kV 线路带电登杆作业也建议穿导电鞋，以免出现麻电时过度紧张导致高坠；冬季避免穿着笨重的棉大衣等。

四、物体打击

（一）未按要求佩戴安全帽

1. 危险点描述及事故预想

高处作业人员未按要求佩戴安全帽，作业过程中容易误撞塔材；低处作业人员未按要求戴安全帽，上方落物时易遭落物打击（图 2-1-32）。

2. 危险点预控措施

按要求佩戴安全帽，如图 2-1-33 所示。

图 2-1-32 作业点下放未戴安全帽　　　　　图 2-1-33 正确佩戴安全帽

（二）高空工器具材料浮搁

1. 危险点描述及事故预想

一是高空工器具材料浮搁（图 2-1-34）易坠落对低处作业人员造成落物打击（验收等与外单位交叉作业时更需注意）；二是在城市道路绿化带中杆塔上作业，携带过多的、不需使用的工器具，增加了高空落物的风险，可能造成下方车辆及人员受损；三是作业点正下方有配电线路的，应特别注意避免个人保安线、接地线等意外掉落，避免配网线路短路故障。

2. 危险点预控措施

高空工器具材料应绑扎牢固；不需使用的工器具材料不带到高空；在道路正上方的作

业应在道路上设置围栏。

（三）下方人员未撤至物体坠落半径外

1. 危险点描述及事故预想

下方人员停留在高空物体坠落半径内时，可能遭受落物打击（图2-1-35）。

图2-1-34　新建线路材料浮搁问题突出　　　图2-1-35　高空物体坠落半径内工作

2. 危险点预控措施

地面人员应撤至物体坠落半径外（图2-1-36），实在无法避免的应避开作业点正下方。

五、动物伤害（马蜂）

1. 危险点描述及事故预想

检修作业类可能造成人员伤害的动物是马蜂，马蜂在杆塔上筑巢并不罕见，且蜂窝隐蔽（图2-1-37），若登塔时不小心惊扰马蜂，易遭到蜂群攻击，可导致高坠、中毒等严重后果。

图2-1-36　人员撤至物体坠落半径外　　　图2-1-37　隐蔽的马蜂窝隐患

2. 危险点预控措施

春夏季节登塔作业前可用木棍敲击杆塔，并仔细观察，发现有蜂窝时立即汇报；若登塔过程中发现蜂窝应立即下塔；若登塔过程中遭遇攻击，应尽可能保持冷静，忍痛下塔，切勿惊慌引起高坠；发现蜂窝应及时安排拆除。

第二章　巡视作业类危险点及预控措施

一、触电

（一）砍剪超高树木

1. 危险点描述及事故预想

为规避线路运维管理责任，部分班组在安全措施不可靠的情况下，对超高树木擅自冒较大安全风险进行处理，若树木倒向不受控倒向带电线路将造成恶劣的人身伤亡事故（图2-2-1、图2-2-2）。

图2-2-1　处理超高树木存在触电风险　　图2-2-2　处理树木触电事故通报

2. 危险点预控措施

一是牢固树立"人身安全第一"的意识，树木距离导线较近时应立即汇报单位，优先采取将线路停电的安全措施或采用激光等先进技术；二是一经发现有擅自处理超高树木的，严肃处理、加重处罚。

（二）导线落地

1. 危险点描述及事故预想

110kV及以上导线落地线路已跳闸停运，巡视过程中可能碰到35kV、10kV配网线路断线落地（图2-2-3）或悬挂在空中，由于其中性点采用非直接接地方式，故障后仍可运行，靠近可能遭跨步电压伤害。

2. 危险点预控措施

作业人员和行人应在断线地点半径8m范围以外，并迅速报告调度和上级，等候处理。

（三）地电网

1. 危险点描述及事故预想

山上巡线道上可能存在用于捕捉野兽的地电网（图2-2-4），这种电压很高，若未断电而误碰，会造成触电伤亡事故。

图 2-2-3 导线落地 图 2-2-4 地电网

2. 危险点预控措施

一是注意观察，提高警惕；二是山区巡视应两人一组；三是发现地电网（违法）时报警。

二、感应电（断接接地引线）

1. 危险点描述及事故预想

测量杆塔接地电阻需断开或恢复杆塔接地引线，若断开最后一根或恢复第一根接地引线未戴绝缘手套，人体将串入回路，可能遭感应电伤害。

2. 危险点预控措施

断开最后一根或恢复第一根接地引线应戴绝缘手套（图 2-2-5）。

三、外力伤害

（一）施工机械撞伤

1. 危险点描述及事故预想

危险点处理现场存在挖机等施工机械，因驾驶人员注意力集中施工作业，且现场噪声大、夜间施工视线不清等，若距离施工车辆近，可能被撞击。

2. 危险点预控措施

一是作业人员应注意与施工车辆保持足够距离，并避免在施工机械尾部；二是作业现场应戴好安全帽（图 2-2-6）。

图 2-2-5 按要求使用绝缘手套 图 2-2-6 避免机械打击伤害

（二）野猪夹

1. 危险点描述及事故预想

山上杂草、落叶深（部分有人为覆草迹象的），巡线道上可能存在用于捕捉野猪的野猪夹，其夹力很强，若被夹住可能造成腿、脚部严重创伤（图2-2-7）。

2. 危险点预控措施

一是使用登山杖等对杂草、落叶深处进行仔细排查（尤其注意巡线道上有人为覆盖杂草迹象处）；二是山区巡视应两人一组；三是发现野猪夹将其带回；四是若被夹住应保持镇定，尽量不要尝试自行解开，应立即电话寻求他人帮助。

（三）树木砸伤

1. 危险点描述及事故预想

砍剪树木一般由辅助用工进行，由于其安全意识不强，下方作业人员可能被砍剪的树木砸伤（图2-2-8）。

图2-2-7 避免野猪夹伤害　　　　　　图2-2-8 避免树木砸伤

2. 危险点预控措施

一是设专人监护，砍剪树木下方和倒树范围内不得有人逗留；二是使用绳索控制倒树方向。

四、动物伤害（蛇、狗、蜂等）

1. 危险点描述及事故预想

动物伤害主要包括蛇、狗、蜂等（图2-2-9～图2-2-11），部分作业人员安全意识淡薄，主动招惹挑衅（抓蛇、逗狗等），一旦遭到袭击，可能导致人身伤亡。

2. 危险点预控措施

一是对小动物心存敬畏，不主动招惹，"狭路相逢"时应避让；二是随身携带蛇药等药品；三是山区巡视应两人一组。

五、高坠（攀登树木作业）

1. 危险点描述及事故预想

砍剪树木一般由辅助用工进行，由于其安全意识不强，若不使用安全带，强行攀登强度不足的树木时，可能发生高坠事故。

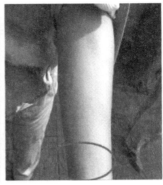

图 2-2-9 蛇、蚂蚁伤害风险

图 2-2-10 毒蛇

图 2-2-11 狗

2. 危险点预控措施

一是辅助用工安全上应实行无差别管理，发生事故同样要负责；二是严格按规定使用安全带（图 2-2-12）；三是应有专人监护，及时制止不安全行为。

六、溺水（游泳）

1. 危险点描述及事故预想

夏季高温，部分爱好游泳的作业人员工作结束后（如等车时）在不熟悉水域的情况下游泳，存在溺水风险（图 2-2-13）。

2. 危险点预控措施

禁止工作时间游泳，若有发现应及时制

图 2-2-12 修剪树木使用安全带

29

止，并教育指正。现场人员发现有人溺水，若无能力进行施救，应大声呼叫、就近寻求帮助，不得盲目下水进行营救，确保自身安全。

图 2-2-13　溺水风险

七、自然灾害

（一）冰雪灾害

一是杆塔覆冰一般不得登高作业；二是特巡应注意交通安全，禁止强令冒险驾驶；三是观冰特巡、融冰观察应避免在线路正下方逗留，避免脱冰伤人；四是线路严重覆冰、脱冰时，存在倒塔断线的可能，巡线人员应保持在倒塔范围外；五是注意防寒保暖。如图 2-2-14～图 2-2-17所示。

图 2-2-14　覆冰倒塔

图 2-2-15　覆冰很厚

图 2-2-16　覆冰交通安全隐患

图 2-2-17　应在覆冰线路外侧巡线

（二）雷电灾害

雷电天气（听见雷声、看见闪电）应停止野外作业（尤其是高处作业），并迅速撤离至安全区域（图2-2-18）。

（三）地质灾害

持续暴雨可能引发山体塌方、泥石流等地质灾害，如图2-2-19和图2-2-20所示。在易发地质灾害区域巡视时，应选择安全巡视路线行走。巡线过程中遇突发地质灾害时，迅速判断周边环境，立刻转移至安全区域。

图2-2-18　雷电天气应停止作业

图2-2-19　山体塌方

图2-2-20　山体滑坡

（四）山火灾害

一是山区、林区巡视禁止吸游烟；二是线路附近发生火灾时，应迅速拨打119（110）报警电话，现场人员应密切关注火势动向，当有可能影响线路运行时，应及时汇报，以便调度部门能及时改变运行方式；三是灭火要做到"五不要"，不要在风头上灭火，不要聚在一起灭火，不要迎面对着火头灭火，不要单独一个人乱冲乱打，不要穿化纤衣服上山灭火，确保自身安全（图2-2-21、图2-2-22）。

图2-2-21　山火风险

图2-2-22　山火救援

第三章 电缆巡检作业类危险点及预控措施

一、感应电

1. 危险点描述及事故预想

电缆较架空线路设备更加复杂，目前除电缆班和电缆管理人员外，对电缆及危险点了解较少，但塔上配合作业仍要求具有一定的电缆安全知识。断开电缆终端引流、断开或恢复接地箱、电缆及避雷器试验、电缆线路接地系统环流或电压测试等工作均存在感应电触电风险（图2-3-1、图2-3-2）。

图2-3-1　电缆试验

图2-3-2　电缆带电检测

2. 危险点预控措施

（1）断开电缆终端引流前，应在引流板的导线侧和电缆终端头侧分别挂设个人保安线。

（2）断开、恢复接地箱电气连接时，应戴绝缘手套。

（3）开展电缆及避雷器试验工作时，工作负责人应确认电缆终端塔上作业人员全部下塔，方可告知试验人员开始工作；试验过程中，作业人员应始终在现场设置的安全围栏以外，严禁擅自入内。

（4）开展带电电缆线路接地系统环流或电压测试等带电检测工作时，作业人员应戴绝缘手套，禁止裸手直接接触电气设备。

二、高坠

1. 危险点描述及事故预想

电缆工井、沟深度数米不等，验收时现场坑洼不平，且边缘无围栏、盖板等安全措施，存在高坠风险（图2-3-3）。

2. 危险点预控措施

一是正确佩戴安全帽；二是辨识安全风险，尽量远离电缆工井、沟边缘行走。

图 2-3-3　电缆井、沟存在高坠风险

三、火灾

1. 危险点描述及事故预想

电缆中间接头、接地箱等易发生爆炸、火灾，特别是电缆隧道（综合管廊），一旦发生火灾，消防设施不能有效作用的情况下，难以迅速扑灭火灾，对受困人员造成巨大安全风险（图 2-3-4）。

2. 危险点预控措施

一是完善消防和应急逃生设施；二是确保烟感、防火门等智能消防联动装置逻辑科学、有效；三是常态化开展消防演练；四是发生火灾遵循"以人为本、安全第一"原则。

四、有害气体

1. 危险点描述及事故预想

有限空间空气流通不畅，易集聚有毒、有害气体，存在作业人员气体中毒风险（图 2-3-5）。

图 2-3-4　电缆隧道火灾风险大

浙江能源监管办关于我省电力行业 "8.4" 较大人身伤亡事故的通报

国网浙江省电力公司，浙江省能源集团有限公司，华能、华电、国电、国华、大唐浙江分公司，各有关电力企业：

8月4日18时30分左右，由浙江省火电建设公司承建、浙江恒越建设工程有限公司施工的国网浙江省电力公司 500kV 万象-瓯海线线路送出工程，在位于丽水市莲都区的1号铁塔基坑基础抽水作业过程中，1名施工人员因一氧化碳中毒晕倒，数名人员施救不当陆续中毒，后3人经抢救无效死亡，2人受伤。

图 2-3-5　有限空间中毒事件通报

2. 危险点预控措施

一是严格遵守生产现场作业"十不干"中的第九条"有限空间内气体含量未经检测或检测不合格的不干";二是确保隧道通风、气体检测设施完好（图 2 - 3 - 6）;三是严格按隧道巡视安全措施作业。

图 2 - 3 - 6　隧道气体检测仪

第四章　公共类危险点及预控措施

一、中暑

1. 危险点描述及事故预想

作业人员长时间在高温闷热天气中作业时，由于日晒、缺水易导致中暑，线路工如需长时间户外作业，尤其是带电作业人员需穿屏蔽服时，更容易发生中暑现象（图 2 - 4 - 1）。中暑严重的将危及作业人员生命。

2. 危险点预控措施

一是高温天气出工前，做好应对高温中暑的防护措施（携带充足饮用水、防暑药品等）；二是若身体状态不佳，要告知工作负责人，不要强行进行高山巡视和登塔作业；三是高温天气进行山区作业应两人一组；四是若高处作业过程中发生中暑，应及时系好安全带，以免发生高坠事故。

二、交通事故

1. 危险点描述及事故预想

雨雪冰冻等恶劣天气、狭窄的山路行驶以及绿化带等道路边作业均存在较大的交通安全风险（图 2 - 4 - 2～图 2 - 4 - 4）。

2. 危险点预控措施

一是提高交通安全意识，遵守交通规则；二是不得强令驾驶员危险驾驶；三是提醒驾驶员谨慎驾驶，及时制止其不安全、不合规的行为；四是发生交通事故时，人员应及时撤离至安全地带。

图2-4-1　作业人员中暑

图2-4-2　冰雪天气交通隐患大

图2-4-3　道路边作业交通隐患大

4月12日超高压曲靖局发生车祸造成2死4伤

2018年4月12日14时33分，超高压公司曲靖局在开展牛从直流停电检修工作期间，一辆载有1名驾驶员和5名线路运检员的小型专项作业车，在G85渝昆高速会泽县待补镇路段（隧道前合并车道处），追尾前行方向的一辆集装箱货车，我方车辆前部挤压严重变形，造成前排2名人员死亡、后排4名人员受伤，事故调查正在进行中。为深刻吸取事故教训，进一步加强公司交通安全管理，坚决遏制同类事故再次发生，现将有关要求通知如下：

图2-4-4　线路运检人员交通事故

三、食物中毒

1. 危险点描述及事故预想

山区作业时，食用野果、野菜、野生菌等、卫生条件差、食用变质腐败食物易导致食物中毒（图2-4-5、图2-4-6）。

2. 危险点预控措施

一是不得采摘和食用野果、野菜、野生菌等；二是选择卫生条件良好的餐饮点就餐。

四、信息安全

1. 危险点描述及事故预想

一是手机、外网U盘等连接内网计算机；二是社交平台上妄加评论、散播谣言、使用领导人表情包、参与保电透露领导人位置信息等；三是外网发送未经加密的涉密文件，如招投标信息等（图2-4-7）。

图 2-4-5　野山菌

图 2-4-6　蛇果（不是覆盆子）

2. 危险点预控措施

掌握信息安全知识，提高信息安全意识。

五、其他

1. 危险点描述及事故预想

遇冲突、各类事故等进行围观，可能造成意外伤害（图 2-4-8、图 2-4-9）。

2. 危险点预控措施

提高意外伤害危险辨识能力和安全防范意识，避免因围观造成不必要的意外伤害。

图 2-4-7　信息保密通告

图 2-4-8　意外事故

图 2-4-9　群众围观好奇心理重

3. 紧急救护法

一旦发生人身伤害，应根据安规附录 R 紧急救护法开展现场紧急救护。根据安规 4.3.3 条规定，作业人员应"学会紧急救护法，特别要学会触电急救"，务必熟练掌握"心肺复苏法"（按压与呼吸比例为 30∶2）。救援工作可能伴随其他危险因素，因此救护人员在确保自身安全的前提下开展。

六、思考题

（一）单选题

（1）同塔双回线路一侧停电、一侧带电，停电线路挂接地或个人保安线，说法错误的是（　　）。

A. 先挂接地端，后挂导线端

B. 接地端应尽可能靠近横担的塔身侧

C. 接地端应尽可能靠近横担的挂点侧

D. 应使用绝缘绳或绝缘杆挂设

（2）断开引流板作业时，应（　　）。

A. 作业点处挂设 1 组接地线

B. 作业点处挂设 1 组个人保安线

C. 作业点处两侧应挂设接地线或个人保安线

D. 应使用绝缘手套

（3）遇树竹与线路导线安全距离不足时，应（　　）。

A. 运检班组立即自行安排处理

B. 运检班组安排护线员处理

C. 使用激光除障仪自行处理

D. 汇报上级制订处理方案

（4）对地线上感应电认识错误的是（　　）。

A. 绝缘架空地线应始终视为带电体

B. 如需在绝缘架空地线上作业，应使用专用接地线进行可靠接地后再进行作业

C. 绝缘架空地线上作业可采用等电位作业方式

D. 除绝缘架空地线外，其余地线上均不需采取接地措施

（5）对信息安全认识错误的是（　　）。

A. 手机、外网 U 盘等禁止连接内网计算机

B. 不得在社交平台上妄加评论、散播谣言、使用领导人表情包

C. 外网不能发送涉密文件

D. 参与保电不得透露领导人位置信息

（二）多选题

（1）电缆运检作业哪些工作存在感应电风险（　　）。

A. 断开电缆终端引流

B. 断开或恢复接地箱

C. 电缆及避雷器试验

D. 电缆线路接地系统环流或电压测试

（2）线路覆冰特巡，说法正确的是（　　）。

A. 为掌握清楚线路覆冰情况，宜开展登塔巡视

B. 应避免在线路及杆塔下方逗留，覆冰严重的，人员尽量在倒塔范围外观察

C. 车辆应安装防滑链，并避免在覆冰的道路上行驶

D. 有序推广无人机抗冰特巡

（三）判断题

（1）遇见电力线路导线掉落地面，线路已跳闸停运，无须保持 8m 以上距离。（　　　）

（2）巡线过程中或现场作业点上方无落物风险时，可以不戴安全帽。（　　　）

（3）等电位情况下，作业人员可以用手直接处理异物。（　　　）

（四）简单题

遇个人保安线从导线上脱落时，应如何处理？

[答案]

（一）B　C　D　D　C

（二）ABCD　BCD

（三）×　×　×

（四）

（1）人体尚未接触导线时，发现个人保安线脱落，应立即返回杆塔按规定重新挂设个人保安线。

（2）若人体已接触导线部位，发现个人保安线脱落，应由其他人员协助重新挂设个人保安线，在个人保安线未重新挂设前，严禁人体任何部位接触个人保安线导线夹头；严禁横担侧作业人员与导线上作业人员直接接触或传递金属物件；严禁导线侧作业人员跨越绝缘子串直接接触铁塔而形成接地回路。

第三部分

输电线路检修、验收知识

第一章　工　作　前　准　备

一、明确工作任务

作业人员工作前应明确自己的任务分工，对自己的工作任务负责。

班组及班组成员接受工作任务后，应检查、评估任务分配的合理性及自己的承载能力，有问题应及时提出。

二、线路参数资料的收集与掌握

作业人员工作前应了解并掌握工作线路的相关设计参数资料。

由施工单位提供的图纸资料一般包括：

（1）附表一：线路施工情况说明。

（2）附表二：一线一卡。

（3）附表三：竣工验收弛度表。

（4）附表四：交叉跨越明细表。

（5）附表五：杆塔明细表（复印件或电子档）。

（6）附表六：基础明细表（含接地线、边坡等数据，也可单独提供）。

（7）附表七：金具组装图（图纸复印件）。

（8）附表八：杆塔一览图（图纸复印件）。

三、常用工器具、备品备件的准备

作业人员工作前应随身携带常用的工器具及备品备件，一般包括扭力扳手、钢卷尺、导电脂、0 号砂纸、M16 平垫片及弹簧垫片、螺帽、开口销、铝包带等。

第二章　线路典型缺陷介绍

为叙述方便、轮廓清晰，按照架空输电线路的构成，即导地线、金具、绝缘子、杆塔、拉线、基础、接地装置、标识牌以及线路通道共九个部分进行分类，对输电线路典型缺陷进行介绍。

一、导地线部分

导地线缺陷一般分为线体本身、压接管、引流板、电气距离四类缺陷。

1. 线体本身

【例1】 导线磨损

常见的导线磨损情况如图3－2－1所示。

图3－2－1　导线磨损

缺陷描述：距离××线××号塔中相大号侧×号子导线第一只防震锤10m左右处有长2m、宽1.5cm，单股深约1/3的损伤。

缺陷分析：导线在搬运、牵引过程中受到摩擦、刮擦所致。

处理要求：轻微磨损可用0号砂纸打磨处理，以表面无明显毛刺为准。

【例2】 断股

常见的断股情形如图3－2－2所示。

图3－2－2　断股

　　缺陷描述：距离××线××号塔中相大号侧×号子导线第一只防震锤（或线夹）1m左右处有 4 股导线断股。

　　缺陷分析：线体在搬运、紧线过程中受到摩擦、刮擦或经年运行中受到拉伸、振动、老化以及雷击烧灼所致。

　　处理要求：新建线路根据线体损伤程度依据验收规范要求进行处理，运行线路根据线体损伤程度依据运行规程要求进行处理。

【例 3】　散股、破股

　　常见的散股、破股如图 3-2-3 所示。

图 3-2-3　散股、破股

　　缺陷描述：距离××线××号塔 A 相（左相）大号侧线夹 15m 左右处有导线散股。

　　缺陷分析：线体在搬运、紧线过程中受到刮擦所致。

　　处理要求：新建线路根据线体损伤程度依据验收规范要求进行处理，运行线路根据线体损伤程度依据运行规程要求进行处理。

【例 4】　金钩变形

　　常见的金钩变形如图 3-2-4 所示。

　　缺陷描述：距离××线××号塔 C 相（右相）导线小号侧线夹 10m 左右处有金钩。

　　缺陷分析：线体在放线过程中未将内劲释放，在线体未挴直、有圈的情况下强行紧线所致，所形成的金钩为永久性变形，无法修复，对线体强度造成极大破坏。

　　处理要求：开断重接。

【例 5】　地线锈蚀

　　常见的地线锈蚀如图 3-2-5 所示。

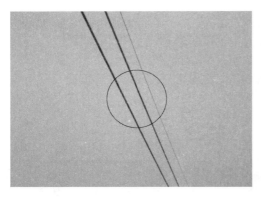

图 3-2-4　金钩变形　　　　　　　　图 3-2-5　地线锈蚀

缺陷描述：××线××～××号段地线锈蚀严重。

缺陷分析：线体运行年久氧化所致。

处理要求：更换。

2. 压接管

【例 6】　最后一模压模尺寸不准确

最后一模压模尺寸不准确如图 3-2-6 所示。

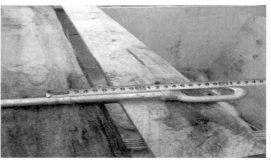

图 3-2-6　最后一模压模尺寸不准确

缺陷描述：××线××号塔 C 相（右相）小号侧压接管最后一模尺寸为 10.5cm（要求为 12cm）。

缺陷分析：压接前压接管比印划线不准确或压接操作控制失误。

处理要求：在误差允许范围内不作处理，超出允许范围的开断重压。误差允许范围一般为±1cm。

【例 7】　压模表面不平整

压模表面不平整如图 3-2-7 所示。

缺陷描述：××线××号塔 C 相（右相）小号侧压接管表面极不平整。

缺陷分析：压接操作控制失误。

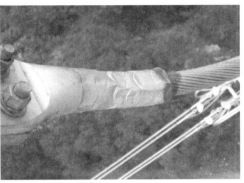

图 3-2-7　压模表面不平整

处理要求：质量工艺影响到受力、通流要求的应开断重压。

【例 8】　压接管损伤

压接管损伤如图 3-2-8 所示。

缺陷描述：××线××号塔 C 相（右相）小号侧压接管表面有两处轻微损伤。

缺陷分析：压接管收到其他硬物撞击、刮擦、摩擦所致。

处理要求：损伤轻微的可用砂纸表面磨光处理，严重的应开断重压。

【例 9】　压接管弯曲

压接管弯曲如图 3-2-9 所示。

缺陷描述：××线××号塔 C 相（右相）大号侧×号子导线压接管弯曲度达 2cm（压接管长 50cm，弯曲度应不大于 1cm）。

缺陷分析：压接时压接管控制不良所致。

图 3-2-8　压接管损伤

图 3-2-9　压接管弯曲

处理要求：根据弯曲程度处理要求分为校直处理或开断重压。

【例10】 压接管扭曲

压接管扭曲如图 3-2-10 所示。

图 3-2-10　压接管扭曲

缺陷描述：××线××号塔 C 相（右相）大号侧导线压接管扭曲严重。

缺陷分析：压接时压接管控制不良所致。

处理要求：扭曲程度轻微的一般不作处理，严重的应开断重压。

【例11】 压接管飞边

压接管飞边如图 3-2-11 所示。

缺陷描述：××线××号塔 C 相（右相）大号侧导线压接管飞边未处理干净。

缺陷分析：责任心不强或未带锉刀等处理工具。

处理要求：清理干净，压接管表面无毛刺。

图 3-2-11　压接管飞边

【例12】 压接管无钢印

压接管无钢印如图 3-2-12 所示。

图 3-2-12　压接管无钢印

缺陷描述：××线××号塔C相（右相）大号侧导线压接管无钢印。

缺陷分析：操作人员无压接资格证或钢印未带至操作现场。

处理要求：重新打钢印。

【例13】　压接管压接方向错误

压接管压接方向错误如图3－2－13所示。

图3－2－13　压接管压接方向错误

缺陷描述：××线××号塔C相（右相）大号侧×号子导线压接管压接方向错误，导致跳线安装不规范。

缺陷分析：操作时未考虑压接管引流板和跳线引流板的实际安装方向及两者之间的角度配合，盲目压接。

处理要求：偏移角度过大的应开断重压。

3. 引流板

【例14】　表面损伤

表面损伤如图3－2－14所示。

缺陷描述：××线××号塔C相（右相）大号侧×号子导线引流板外表面（接触面）有损伤。

缺陷分析：引流板被硬物刮擦或安装时人为敲打所致。

处理要求：损伤轻微的表面磨光处理，严重的应更换重压。

【例15】　光面、毛面贴反

光面、毛面贴反如图3－2－15所示。

缺陷描述：××线××号塔C相（右相）大号侧引流板光面、毛面贴反。

缺陷分析：安装人员引流板安装工艺要求不清楚，盲目安装。

处理要求：重新安装。

【例16】　少垫片

少垫片如图3－2－16所示。

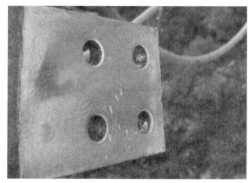

图 3－2－14　表面损伤

图 3－2－15　光面、毛面贴反

图 3－2－16　少垫片

缺陷描述：××线××号塔 C 相（右相）大号侧×号子导线引流板 1 颗螺栓少平垫片。

缺陷分析：垫片丢失，无备件，安装人员责任心不强所致。

处理要求：补装。

【例 17】　引流板内有杂物

引流板内有杂物，如图 3－2－17 所示。

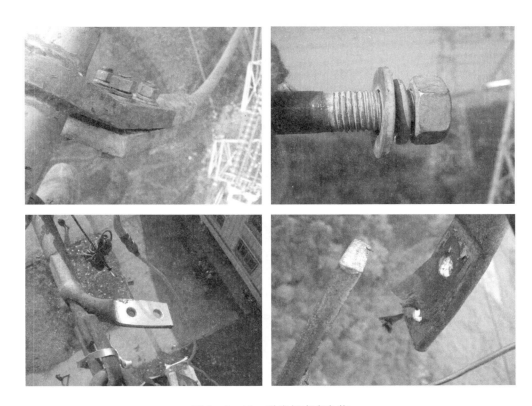

图 3-2-17　引流板内有杂物

缺陷描述：××线××号塔 C 相（右相）大号侧引流板内有黄泥（油纸、油漆）。
缺陷分析：安装人员责任心不强，引流板安装工艺要求不清，盲目安装。
处理要求：清理干净，重新安装。

【例 18】　引流板内无导电脂或导电脂稀少

引流板内无导电脂或导电脂稀少，如图 3-2-18 所示。

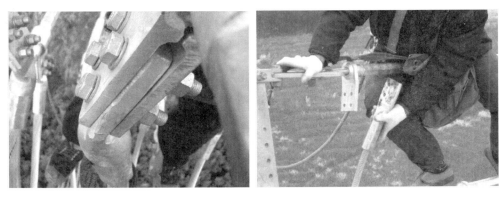

图 3-2-18　引流板内无导电脂或导电脂稀少

缺陷描述：××线××号塔 C 相（右相）大号侧引流板内无导电脂（或稀少）。

缺陷分析：安装人员责任心不强，引流板安装工艺要求不清，导电脂未带或未带足，盲目安装。

处理要求：涂导电脂重新安装。

【例 19】　引流板螺栓未紧固

引流板螺栓未紧固如图 3-2-19 所示。

缺陷描述：××线××号塔 C 相（右相）大号侧引流板螺栓未紧固（或松）。

缺陷分析：安装人员责任心不强，工作后未检查，漏紧。

处理要求：重新紧固。

【例 20】　引流板接触面有缝隙

引流板接触面有缝隙如图 3-2-20 所示。

图 3-2-19　引流板螺栓未紧固

图 3-2-20　引流板接触面有缝隙

缺陷描述：××线××号塔 C 相（右相）大号侧引流板变形，导致接触面有缝隙。

缺陷分析：引流板变形不平整所致。

处理要求：变形轻微的可将引流板整平后重新安装；变形严重的应更换。

【例 21】　引流板螺丝长短不一

引流板螺丝长短不一，如图 3-2-21 所示。

缺陷描述：××线××号塔 C 相（右相）大号侧引流板连接螺栓螺丝长短不一。

缺陷分析：原装螺栓丢失，无备件，用其他螺栓替代。

处理要求：用原型号螺栓进行更换。

图 3-2-21　引流板螺丝长短不一

4. 电气距离

【例 22】　跳线与第一片绝缘子钢帽距离不足（最小电气距离）

跳线与第一片绝缘子钢帽距离不足，如图 3-2-22 所示。

缺陷描述：××线××号塔 B 相（上相）跳线与第一片绝缘子钢帽最小距离为 63cm，不满足设计不小于 105cm 的要求。

缺陷分析：一般因施工工艺不良所致。

处理要求：调整跳线长度、角度或重做。

【例 23】 跳线与架空地线接地线距离不足

跳线与架空地线接地线距离不足，如图 3-2-23 所示。

图 3-2-22　跳线与第一片绝缘子
钢帽距离不足

图 3-2-23　跳线与架空地线接地线距离不足

缺陷描述：××线××号塔 B 相（中相）跳线与架空地线引流线最小间隙距离为 95cm，不满足设计不小于 105cm 的要求。

缺陷分析：一般因施工工艺不良或设计缺陷所致。

处理要求：调整接地线长度、安装方向或重新设计安装工艺。

【例 24】 跳线与塔身距离不足

跳线与塔身距离不足，如图 3-2-24 所示。

缺陷描述：××线××号塔 C 相（下相）跳线与塔身 4 号腿主材（脚钉）最小间隙距离为 90cm，不满足设计不小于 105cm 的要求。

缺陷分析：一般因施工工艺不良或设计缺陷所致。

处理要求：调整跳线弛度或重新设计安装工艺。

图 3-2-24　跳线与塔身距离不足

二、金具部分

金具缺陷一般分为金具缺失、安装工艺不规范、金具破损、金具锈蚀四类缺陷。

（一）金具缺失

【例 25】 挂点螺栓缺销子

挂点螺栓缺销子，如图 3－2－25 所示。

图 3－2－25 挂点螺栓缺销子

缺陷描述：××线××号塔 B 相（中相）导线横担侧挂点穿心处无开口销。

缺陷分析：基建时未安装或安装后因未开口造成脱落丢失；螺杆偏短或螺帽无法紧固到位造成无法安装。

处理要求：补装。

【例 26】 间隔棒夹具内缺橡胶垫片

间隔棒夹具内缺橡胶垫片，如图 3－2－26 所示。

缺陷描述：××线××号塔 B 相（中相）大号侧第 5 只间隔棒 1 号子导线夹头橡胶垫缺失。

缺陷分析：间隔棒领用时未检查；运输或安装过程中脱落丢失。

处理要求：更换。

（二）安装工艺不规范

【例 27】 间隔棒反装

间隔棒反装如图 3－2－27 所示。

图 3-2-26　间隔棒夹具内缺橡胶垫片

图 3-2-27　间隔棒反装

缺陷描述：××线××号塔 C 相（右相）大号侧×号子导线第 3 只间隔棒上下反装。

缺陷分析：安装人员责任心不强、不清楚间隔棒安装工艺要求。

处理要求：按工艺要求重新安装。

【例 28】　绝缘地线绝缘子放电间隙安装不规范

绝缘地线绝缘子放电间隙安装不规范，如图 3-2-28 所示。

图 3-2-28　绝缘地线绝缘子放电间隙安装不规范

缺陷描述：××线××号塔左侧绝缘地线放电间隙电极安装不牢固，间隙距离不正确（设计要求为 2.5cm）。

缺陷分析：安装人员责任心不强、不清楚间隔棒安装工艺要求。

处理要求：按工艺要求重新安装。

【例 29】　子导线调整板安装错误

子导线调整板安装错误，如图 3-2-29 所示。

缺陷描述：××线××号塔 C 相（右相）大号侧×号子导线调整板内外朝向装

图 3-2-29　子导线调整板安装错误

反，导致调整板与邻近的支撑板相抵触。

缺陷分析：设计错误或安装人员未按设计要求盲目安装。

处理要求：按设计要求重新安装。

【例30】　跳线扁担朝向相反，端头无火曲且铝包带未露头

跳线扁担朝向相反，端头无火曲且铝包带未露头，如图3-2-30所示。

缺陷描述：××线××号塔B相（中相）跳线角钢扁担朝向反装，端头无火曲且导线铝包带未露头。

缺陷分析：跳线扁担用普通塔材代替；安装人员未按设计要求盲目安装。

处理要求：按设计要求重新安装。

【例31】　跳线扁担上中间卡钉未卡到跳线

跳线扁担上中间卡钉未卡到跳线，如图3-2-31所示。

图3-2-30　跳线扁担朝向相反，
端头无火曲且铝包带未露头

图3-2-31　跳线扁担上中间卡
钉未卡到跳线

缺陷描述：××线××号塔B相（中相）跳线角钢扁上中间卡钉未卡到跳线。

缺陷分析：卡钉紧固不到位、松动至跳线逃出；安装人员责任心不强，安装后未检查。

处理要求：重新安装。

【例32】　线夹螺栓未紧固

线夹螺栓未紧固，如图3-2-32所示。

缺陷描述：××线××号塔两侧绝缘架空地线线夹螺帽未紧固。

缺陷分析：安装人员责任心不强，安装后未检查。

处理要求：重新紧固。

图3-2-32　线夹螺栓未紧固

【例33】　调整板安装不到位引起螺栓螺纹部分受力

调整板安装不到位引起螺栓螺纹部分受力，如图3-2-33所示。

图 3-2-33　调整板安装不到位引起螺栓螺纹部分受力

缺陷描述：××线××号塔 C 相（右相）大号侧调整板螺栓安装不到位，引起连接螺栓螺纹处受力。

缺陷分析：安装人员责任心不强，安装经验不足，螺栓受力前未及时安装到位。

处理要求：重新安装。

【例 34】　线夹偏斜

线夹偏斜如图 3-2-34 所示。

图 3-2-34　线夹偏斜

缺陷描述：××线××号塔右侧地线线夹往大号偏斜 30cm。

缺陷分析：杆塔两侧档距应力发生变化，水平应力不平衡所致。

处理要求：调整。

【例 35】　导线调整板连接未处于中间位置

导线调整板连接未处于中间位置，如图 3-2-35 所示。

缺陷描述：××线××号塔 C 相（下相）小号侧调整板全部释放且导线侧用长 U 型环连接，需进行导线弛度核查。

缺陷分析：导线弛度调整所致。

处理要求：导线弛度核查有结论后进一步处理，一般以加金具、绝缘子方式处理。

【例 36】　导线线夹安装迈步

导线线夹安装迈步如图 3-2-36 所示。

图 3-2-35　导线调整板连接未处于中间位置　　　　图 3-2-36　导线线夹安装迈步

缺陷描述：××线××号塔 C 相（中相）导线线夹安装迈步，导致均压环、四联板整体歪斜。

缺陷分析：安装人员责任心不强，安装时未考虑线夹正确安装位置，盲目安装。

处理要求：重新调整安装。

【例 37】　铝包带安装不规范

铝包带安装不规范如图 3-2-37 所示。

缺陷描述：××线××号塔右侧绝缘地线线夹内铝包带单层包扎，回头未压在线夹中间，露头超出线夹 5cm。

缺陷分析：挂点中心确定不准确，铝包带安装工艺要求不清楚，安装人员责任心不强。

处理要求：按工艺要求重新包扎安装。

【例 38】　防振锤安装距离错误或滑出

防振锤安装距离错误或滑出，如图 3-2-38 所示。

图 3-2-37　铝包带安装不规范　　　　图 3-2-38　防振锤安装距离错误或滑出

缺陷描述：××线××号塔 A 相（下相）大号侧导线防振锤滑出 5m 左右。

缺陷分析：防振锤型号不匹配，防振锤螺栓未紧固，防振锤安装工艺错误。

处理要求：按工艺要求重新调整安装。

【例39】 均压环与绝缘子钢帽放电

均压环与绝缘子钢帽放电如图3-2-39所示。

缺陷描述：××线××号塔B相（中相）导线侧均压环与从下往上数第4片绝缘子钢帽距离过近，引起持续局部放电。

缺陷分析：设计缺陷，上拔导线加重锤后，下压力依然不足以将绝缘子串拉直，使绝缘子串呈曲线状而不能处于均压环正中间，导致绝缘子钢帽与均压环距离过近引起放电。

图3-2-39 均压环与绝缘子钢帽放电

处理要求：调整均压环支撑杆结构尺寸，使绝缘子串处于均压环正中间。

（三）金具破损

【例40】 子导线跳线间隔棒断裂

金具破损如图3-2-40所示。

图3-2-40 金具破损

缺陷描述：××线××号塔B相（中相）大号侧×号子导线跳线间隔棒断裂。

缺陷分析：跳线间隔棒起支撑作用，正常情况下承受轴向压力，其他方向上受力强度较弱。安装时，间隔棒两端位置若有高低、不平整，将使间隔棒内产生非轴向的预应力。在这种情况下，当子导线上下振动、间隔棒长时间受到剪切力的情况下容易断裂。

处理要求：更换。

【例41】 屏蔽环变形

屏蔽环变形如图3-2-41所示。

缺陷描述：××线××号塔B相（左相）大号侧内侧屏蔽环中度变形。

缺陷分析：运输、施工中碰撞所致。

处理要求：校正或更换。

【例42】 护线条断裂

护线条断裂如图3-2-42所示。

缺陷描述：××线××号塔B相（左

图3-2-41 屏蔽环变形

图 3 - 2 - 42 护线条断裂

相）导线护线条有 5 处断裂点。

缺陷分析：运行年久老化，导线振动所致。

处理要求：更换。

（四）金具锈蚀

【例 43】 防振锤锈蚀

防振锤锈蚀如图 3 - 2 - 43 所示。

缺陷描述：××线××号塔左侧地线大号侧 2 只防振锤锈蚀严重。

缺陷分析：运行年久氧化所致。

处理要求：更换。

【例 44】 直角挂板、U 型环锈蚀

直角挂板、U 型环锈蚀如图 3 - 2 - 44 所示。

图 3 - 2 - 43 防振锤锈蚀 　　　　　图 3 - 2 - 44 直角挂板、U 型环锈蚀

缺陷描述：××线××号塔 A 相（右相）导线大号侧横担侧连接金具锈蚀，其中两只 Z - 7、一只 U - 10 锈蚀严重。

缺陷分析：镀锌质量不良，运行年久氧化所致。

处理要求：更换或涂防锈漆处理。

【例 45】　线夹锈蚀

线夹锈蚀如图 3 - 2 - 45 所示。

缺陷描述：××线××号塔左侧地线线夹锈蚀严重，线夹型号为 XGU - 3 型。

缺陷分析：镀锌质量不良，运行年久氧化所致。

处理要求：更换。

三、绝缘子部分

绝缘子缺陷一般分为破损、生产工艺不良、雷击损伤、脏污、连接不匹配五类缺陷。

1. 破损

【例 46】　玻璃绝缘子自爆

玻璃绝缘子自爆如图 3 - 2 - 46 所示。

图 3 - 2 - 45　线夹锈蚀　　　　　　图 3 - 2 - 46　玻璃绝缘子自爆

缺陷描述：××线××号塔 A 相（右相）导线大号侧自横担侧数内侧绝缘子串第 7 片绝缘子自爆。

缺陷分析：钢化玻璃自爆所致。

处理要求：更换。

【例 47】　伞裙破损

伞裙破损如图 3 - 2 - 47 所示。

缺陷描述：××线××号塔 A 相（右相）复合绝缘子伞裙有 1 处破损（中间部位胶套有裂纹）。

缺陷分析：运输、施工过程中受到外力破坏或人为攀爬踩踏所致。

处理要求：更换。

【例 48】　绝缘子护套破损

绝缘子护套破损如图 3 - 2 - 48 所示。

缺陷描述：××线××号塔 A 相（右相）复合绝缘子胶套有裂纹（破损）。

缺陷分析：质量不良；运输、施工过程中受到外力破坏或人为攀爬踩踏所致。

图 3-2-47　伞裙破损

图 3-2-48　绝缘子护套破损

处理要求：更换。

【例 49】　均压环脱落、破损

均压环脱落、破损如图 3-2-49 所示。

图 3-2-49　均压环脱落、破损

缺陷描述：××线××号塔 A 相（右相）复合绝缘子下均压环破裂（上均压环螺栓未紧固，导致均压环下滑）。

缺陷分析：运输、施工过程中受到外力破坏；安装时螺栓未紧固。

处理要求：重新安装；更换。

2. 生产工艺不良

【例 50】 绝缘子安装歪斜

绝缘子安装歪斜如图 3-2-50 所示。

图 3-2-50 绝缘子安装歪斜

缺陷描述：××线××号塔 A 相（右相）绝缘子串自上往下数第 3 片绝缘子钢脚不正，导致绝缘子安装歪斜。

缺陷分析：生产工艺不良所致。

处理要求：更换。

【例 51】 绝缘子钢脚处水泥有裂纹、孔洞

绝缘子钢脚处水泥有裂纹、孔洞，如图3-2-51所示。

缺陷描述：××线××号塔 A 相绝缘子串自上往下数第 5 片绝缘子钢脚处水泥有裂纹、孔洞。

图 3-2-51 绝缘子钢脚处水泥有裂纹、孔洞

缺陷分析：生产工艺不良所致。

处理要求：更换。

3. 雷击损伤

【例 52】 绝缘子表面闪络烧伤

绝缘子表面闪络烧伤如图 3-2-52 所示。

图 3-2-52 绝缘子表面闪络烧伤

缺陷描述：××线××号塔 A 相小号侧绝缘子串雷击闪络。

缺陷分析：雷击电弧烧伤所致，可以继续运行，但应在检修周期内进行更换。

处理要求：整串更换。

4. 脏污

【例 53】 绝缘子脏污

绝缘子脏污如图 3-2-53 所示。

缺陷描述：××线××号塔三相绝缘子脏污严重。

缺陷分析：基建时未清擦干净或运行年久积污所致。

处理要求：在检修周期内检修时清擦干净。

5. 连接不匹配

【例 54】 绝缘子连接不可靠

绝缘子连接不可靠如图 3-2-54 所示。

图 3-2-53 绝缘子脏污　　　　　　　图 3-2-54 绝缘子连接不可靠

缺陷描述：××线××号塔 A 相绝缘子串第 5 片球头与第 6 片绝缘子钢帽碗口大小不匹配，连接不可靠，球头会从碗口脱出。

缺陷分析：绝缘子型号不匹配所致。

处理要求：更换。

四、杆塔部分

杆塔缺陷一般分为缺料、塔材损伤或变形、安装工艺不规范、设计缺陷、锈蚀等五类缺陷。

1. 缺料

【例55】 缺蝴蝶板

缺蝴蝶板如图 3-2-55 所示。

缺陷描述：××线××号塔顶部缺少 1 块 540 号蝴蝶板。

缺陷分析：立塔过程中材料缺失。

处理要求：补装。

【例56】 缺角钢

缺角钢如图 3-2-56 所示。

缺陷描述：××线××号塔顶部左侧横担缺少 1 块 1312 号塔材。

图 3-2-55 缺蝴蝶板

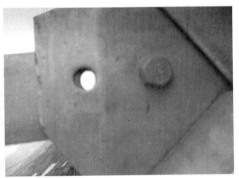

图 3-2-56 缺角钢

缺陷分析：立塔过程中材料缺失。

处理要求：补装。

图 3-2-57 缺螺栓

【例57】 缺螺栓

缺螺栓如图 3-2-57 所示。

缺陷描述：

(1) ××线××号塔第 3 段塔身大号侧叉铁处缺少一颗连接螺栓，型号 M16（螺孔错位 0.3cm 引起）。

(2) ××线××号塔 4 号腿第 3 段包角铁处缺少一颗连接螺栓，型号 M20（主材无螺孔引起）。

缺陷分析：螺孔错位或无螺孔造成无法安装。

处理要求：扩孔、打孔后安装或更换对应塔材。

【例58】　主材连接处缺内包铁

主材连接处有无包铁如图3－2－58所示。

（a）有内包铁　　　　　　　　　　（b）无内包铁

图3－2－58　主材连接处有无包铁

缺陷描述：××线××号塔4号腿第1段包角铁处未安装内包铁。

缺陷分析：无材料或漏装。

处理要求：补装包铁。

【例59】　连接处缺垫块

缺陷描述：××线××号塔4号腿第3段包角铁连接螺栓内未安装垫块，如图3－2－59所示。

缺陷描述：××线××号塔左侧横担头部一处连接螺栓内未安装垫块，图3－2－60所示。

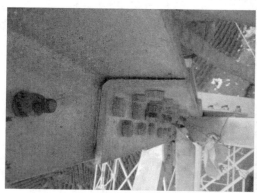 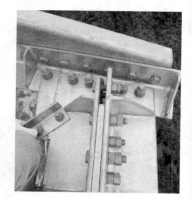

图3－2－59　连接处缺垫块（一）　　　图3－2－60　连接处缺垫块（二）

缺陷分析：无材料或漏装。

处理要求：补装垫块。

2. 塔材损伤变形

【例60】　塔材弯曲变形

塔材弯曲变形如图3－2－61所示。

图 3 - 2 - 61　塔材弯曲变形

缺陷描述：××线××号塔左侧下横担有两块水平铁弯曲变形（543 号一块、541 号一块）。

缺陷分析：一种是受外力影响所致，如承受较大重力、撞击力等；另一种是因塔材规格型号不匹配，长度过长，为了将塔材安装就位，人为破坏弯曲。

处理要求：变形严重的应更换，可以矫正的应矫正。

3. 安装工艺不规范

【例 61】　螺栓安装不到位

螺栓安装不到位如图 3 - 2 - 62 所示。

缺陷描述：××线××号塔左侧下横担与塔身连接处有部分螺栓安装不到位。

缺陷分析：立塔组装时未紧固到位，杆塔整体受力后不易再紧固。

处理要求：螺栓受力不大的可以直接紧回去。螺栓受力大但露丝较少的一般不作处理，露丝较多的应采取必要措施紧回去。

【例 62】　内角铁未切角

内角铁未切角如图 3 - 2 - 63 所示。

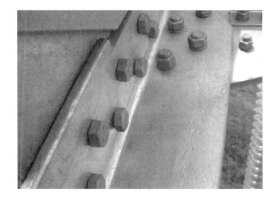

图 3 - 2 - 62　螺栓安装不到位　　　　　　图 3 - 2 - 63　内角铁未切角

缺陷描述：××线××号塔右侧下横担处 137 号铁一端未切角。

缺陷分析：塔材加工错误。

处理要求：不影响塔材受力、安装工艺的可不作处理，影响到的应作切角处理，并在切角处做好防锈处理。

【例 63】　塔材型号不匹配，用其他角铁替代。

塔材型号不匹配如图 3-2-64 所示。

缺陷描述：××线××号塔顶部横担处 136 号铁尺寸不匹配，导致安装弯曲且有多余孔洞。

缺陷分析：原塔材缺失，用其他旧塔材代替。

处理要求：更换。

【例 64】　光缆引下线安装不规范，与铁塔碰触摩擦

光缆引下线安装不规范如图 3-2-65 所示。

图 3-2-64　塔材型号不匹配　　　　　图 3-2-65　光缆引下线安装不规范

缺陷描述：××线××号塔光缆引下线有 3 处与铁塔碰触摩擦，需增加光缆夹具。

缺陷分析：光缆夹具配备不足。

处理要求：与铁塔碰触摩擦到的部位加装光缆夹具。

【例 65】　地脚螺栓安装不规范

地脚螺栓安装不规范如图 3-2-66 所示。

缺陷描述：××线××号塔 3 号腿地脚螺栓无垫片（缺一颗螺帽），螺帽未紧固。

缺陷分析：安装人员责任心不强；垫片、螺帽缺失未配齐；地脚螺栓螺纹受到破坏，螺帽规格不匹配。

处理要求：按设计、安装工艺要求配齐、安装。

4. 设计缺陷

【例 66】　铁塔底座结构设计不合理

铁塔底座结构设计不合理如图 3-2-67 所示。

缺陷描述：××线××号塔 4 个铁塔底座结构设计不合理，导致地脚螺栓无法安装。

缺陷分析：设计缺陷，铁塔底座结构设计未考虑螺帽安装时必要的空间范围。

处理要求：重新设计安装。

图 3 - 2 - 66 地脚螺栓安装不规范

图 3 - 2 - 67 铁塔底座结构设计不合理

5. 锈蚀

【例 67】 塔材锈蚀

塔材锈蚀如图 3 - 2 - 68 所示。

缺陷描述：××线××号塔全塔塔材锈蚀。

缺陷分析：镀锌质量不良，运行年久氧化所致。

处理要求：锈蚀程度不严重的应进行刷漆防腐处理，严重的应进行更换。

【例 68】 塔腿锈蚀

塔腿锈蚀如图 3 - 2 - 69 所示。

图 3 - 2 - 68 塔材锈蚀

图 3-2-69　塔腿锈蚀

缺陷描述：××线××号塔 3 号腿主材
与保护帽接触处锈蚀严重。

缺陷分析：该部位易积水潮湿，运行年久易被氧化锈蚀。

处理要求：锈蚀程度不严重的应进行刷漆、涂沥青的方法进行防腐处理，严重的应进
行更换。

五、拉线部分

拉线缺陷一般分为拉线被埋、锈蚀、松弛、UT 线夹安装不规范等四类缺陷。

1. 拉线被埋

【例 69】　拉线 UT 线夹被埋

拉线 UT 线夹被埋如图 3-2-70 所示。

缺陷描述：××线××号塔 2 号导线拉线 UT 线夹一半被埋入泥土。

缺陷分析：农田改造、堆土、雨水冲刷所致。

处理要求：清除掩埋泥土或接长拉棒后拉线重做。

2. 锈蚀

【例 70】　拉棒锈蚀

拉棒锈蚀如图 3-2-71 所示。

缺陷描述：××线××号塔 2 号导线拉线拉棒入地点锈蚀严重，剩余直径仅为原来的
1/2。

缺陷分析：拉棒入地点处积水潮湿，常年处于该环境下锈蚀腐烂。

处理要求：更换拉棒。

【例 71】　拉线锈蚀

拉线锈蚀如图 3-2-72 所示。

缺陷描述：××线××号塔 2 号导线拉线锈蚀严重。

缺陷分析：钢绞线运行年久，致氧化锈蚀。

处理要求：应更换锈蚀严重的拉线。

图 3 - 2 - 70　拉线 UT 线夹被埋

图 3 - 2 - 71　拉棒锈蚀

【例 72】　线夹、防盗螺栓锈蚀

线夹、防盗螺栓锈蚀如图 3 - 2 - 73 所示。

图 3 - 2 - 72　拉线锈蚀

图 3 - 2 - 73　线夹、防盗螺栓锈蚀

缺陷描述：××线××号塔 2 号地线拉线 UT 线夹、防盗螺栓锈蚀严重。

缺陷分析：钢运行年久致氧化锈蚀。

处理要求：应更换锈蚀严重的铁夹、防盗螺栓。

3. 松 弛

【例 73】　拉线松弛

拉线松弛如图 3 - 2 - 74 所示。

缺陷描述：××线××号塔 4 把导线拉线松弛不受力。

缺陷分析：

（1）杆塔运行过程中基础产生下沉，使杆塔高度降低，造成拉线相对过长所致。

（2）拉棒被埋部分锈蚀断裂，拉线受力往上抽出，形成松弛。

（3）人为偷盗破坏，锯断或拆除拉线形成松弛。

处理要求：调整或更换拉线。

4. UT 线夹安装不规范

【例 74】 UT 线夹调节螺栓位置不符合规范要求

UT 线夹调节螺栓位置不符合规范要求，如图 3－2－75 所示。

图 3－2－74 拉线松弛　　　　　　图 3－2－75 UT 线夹调节螺栓位置不符合规范要求

缺陷描述：××线××号塔 2 号导线拉线 UT 线夹调节螺栓位置处于顶部，无法往上调节。

缺陷分析：拉线长度计算、配置、比印、制作环节失误所致，不利于拉线松紧度的调节。验收规范规定：NUT 型线夹带螺母后的螺杆必须露出螺纹，并应留有不小于 1/2 螺杆的可调螺纹长度，以供运行中调整。

处理要求：按规范重新制作。

六、基础部分

基础缺陷一般分为基础受损、施工工艺不良等两类缺陷。

1. 基础受损

【例 75】 基础护坡受损

基础护坡受损如图 3－2－76 所示。

缺陷描述：××线××号塔基础护坡塌陷、受损严重。

缺陷分析：由于修建材质不合格、养护不足、人为破坏或雨水冲刷等因素所致。

处理要求：修补或重做基础护坡。

【例 76】 基础保护帽破损

基础保护帽破损如图 3－2－77 所示。

缺陷描述：××线××号塔 3 号腿基础保护帽破损严重。

缺陷分析：由于年久风化、修建材质不合格、养护不足、人为破坏或雨水冲刷等因素所致。

处理要求：重做基础保护帽。

【例 77】 基础立柱破损

基础立柱破损如图 3－2－78 所示。

图 3-2-76　基础护坡受损

图 3-2-77　基础保护帽破损

图 3-2-78　基础立柱破损

缺陷描述：××线××号塔 2 号腿基础立柱混凝土表面磕碰损伤、局部混凝土缺失。

缺陷分析：修建材质、质量不合格、养护不足、外力破坏等因素所致。

处理要求：修补或套浇基础立柱。

2. 施工工艺不良

【例 78】　基础立柱沙眼、气孔

基础立柱沙眼、气孔如图 3-2-79 所示。

缺陷描述：××线××号塔 4 号腿基础立柱混凝土表面不平整，存在凹坑、麻点，形成粗糙面。

缺陷分析：基础浇制时模板未按工艺要求进行处理或拆模过早等所致。

处理要求：修补或套浇基础立柱。

【例 79】　保护帽裂缝

保护帽裂缝如图 3-2-80 所示。

缺陷描述：××线××号塔 1 号腿基础保护帽混凝土表面有 2 处宽 1mm、长 20cm 左右的裂缝。

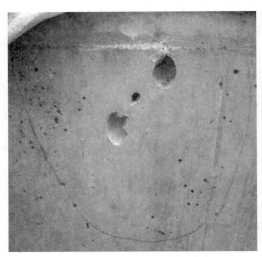

图 3-2-79　基础立柱沙眼、气孔

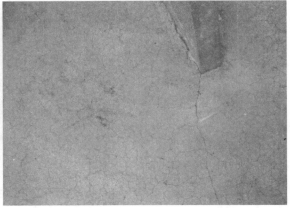

图 3-2-80　保护帽裂缝

缺陷分析：修建材质不合格、养护不足等因素所致。

处理要求：裂缝程度较轻的可以用水泥浆灌浆修补，严重的应重做保护帽。

七、接地装置

接地装置缺陷一般分为施工工艺不良、锈蚀等两类缺陷。

1. 施工工艺不良

【例 80】　接地引下线连接不规范。

接地引下线连接不规范如图 3-2-81 所示。

缺陷描述：××线××号腿接地引下线连接采用焊接（或爆压连接），设计要求为液压连接。

缺陷分析：安装人员责任心不强，用其他工艺代替。

图 3-2-81　接地引下线连接不规范

处理要求：重压。

【例81】　接地引下线安装工艺不良

接地引下线安装工艺不良如图 3-2-82 所示。

图 3-2-82　接地引下线安装工艺不良

缺陷描述：××线××号腿接地引下线未沿塔腿、基础保护帽、立柱表面平直敷设安装。

缺陷分析：接地引下线加工偏短；安装工艺要求不清楚或责任心不强。

处理要求：按要求重新安装接地引下线。

2. 锈蚀

【例82】　接线引下线锈蚀

接地引下线锈蚀如图 3-2-83 所示。

缺陷描述：××线××号腿接地引下线入地点锈蚀严重，直径仅为原直径的 1/3。

缺陷分析：入地点泥土常年潮湿致线体锈蚀腐烂。

处理要求：更换接地引下线。

【例83】　接地引下线连接点锈蚀

接地引下线连接点锈蚀如图 3－2－84 所示。

图 3－2－83　接地引下线锈蚀　　　　　图 3－2－84　接地引下线连接点锈蚀

缺陷描述：××线××号腿接地引下线与杆塔连接处锈蚀严重。

缺陷分析：防腐镀锌加工质量不佳所致，易造成接地电阻增大，降低防雷效果。

处理要求：应更换锈蚀严重的接地引下线。

八、标识牌部分

标识牌主要指线路的杆号牌、分相牌、警告牌等。标识牌缺陷主要有：杆号牌装错线路、杆塔；杆号牌安装在受电侧（大号侧）；夹具不匹配；分相牌装错线路、相别；掉漆模糊或未安装警告牌等。

标识牌的缺陷容易疏忽，需要运行、检修人员在作业时仔细、负责。

【例 84】　杆号牌安装方向错误

杆号牌安装方向错误，如图 3－2－85 所示。

缺陷描述：××线××号塔杆号牌装在塔身大号侧，设计要求应装在小号侧。

缺陷分析：杆号牌一般由送电侧（小号侧）往受电侧（大号侧）方向安装（设计有特别要求的除外）。安装错误一般因安装人员责任心不强、安装要求不清楚所致。杆号牌错误安装后，导线水平或三角排列的线路会导致相位识别错误。

处理要求：按要求重新安装标号牌。

【例 85】　杆塔未安装警告牌

杆塔未安装警告牌如图 3－2－86 所示。

缺陷描述：××线××号塔未安装警告牌。

缺陷分析：每基杆塔必须安装警告牌，警告牌未装多为基建时漏装或当时无材料，投运后遗忘。

处理要求：补装警告牌。

【例 86】　杆号牌、警告牌夹具与杆塔型式不匹配

杆号牌、警告牌夹具与杆塔型式不匹配，如图 3－2－87 所示。

　　缺陷描述：××线××号塔杆号牌、警告牌夹具与杆塔型式不匹配，导致安装不牢靠。

图3-2-85　杆号牌安装方向错误

图3-2-86　杆塔未安装警告牌
注：画框处为应装警告牌处。

　　缺陷分析：对塔型不了解，夹具配置错误；夹具不匹配容易导致杆号牌损伤，影响安装效果和使用寿命。

　　处理要求：更换杆号牌、警告牌。

　　【例87】　杆号牌、分相牌掉漆模糊

　　杆号牌、分相牌掉漆模糊如图3-2-88所示。

图3-2-87　杆号牌、警告牌夹具与杆塔型式不匹配

图3-2-88　杆号牌、分相牌掉漆模糊

　　缺陷描述：××线××号塔杆号牌（分相牌）掉漆，字体信息模糊。

　　缺陷分析：加工材质不佳，建议选用搪瓷等烧制工艺材质生产加工。

　　处理要求：更换杆号牌、分相牌。

　　【例88】　分相牌相别安装位置错误

　　分相牌相别安装位置错误如图3-2-89所示。

　　缺陷描述：××线××号塔分相牌相别安装位置与杆号牌上的排序不一致，安装

图 3-2-89　分相牌方向挂反

错误。

缺陷分析：安装人员责任心不强所致。

处理要求：调整分相牌安装位置。

【例89】　分相牌歪斜、变形、破损、脱落

分相牌歪斜、变形、破损、脱落如图 3-2-90 所示。

缺陷描述：××线××号塔分相牌锈蚀（歪斜、变形、破损、脱落）。

图 3-2-90　分相牌歪斜、变形、破损、脱落

缺陷分析：夹具不配套，导致分相牌单点受力，在常年风吹、振动情况下容易松动、折断。

处理要求：更换相关分相牌。

九、线路通道部分

【例90】　与树竹交跨距离不足

与树竹交跨距离不足如图 3-2-91 所示。

缺陷描述：××线××号塔大号侧 10m 处导线正下方处树木距离目测为 3.5m，规程规定为不小于 4m。

缺陷分析：线路经过树木毛竹生长区段杆塔高度设计不足；投运前线路通道未按运行要求进行树木毛竹处理或处理不足。

处理要求：按要求进行砍伐处理。

【例91】　与其他线路交跨距离不足

与其他线路交跨距离不足如图 3-2-92 所示。

图 3-2-91　与树竹交跨距离不足

图 3-2-92　与其他线路交跨距离不足

缺陷描述：××线××号塔大号侧 80m 处导线正下方与一条 380V 线路距离目测 5m 左右，当时气温 5℃。

缺陷分析：线路架设时未与主管部门沟通，未考虑与其他线路的安全交跨距离要求，私自架设。

处理要求：拆除改道或降低 380V 线路高度。

【例 92】　线路保护区内建房

线路保护区内建房如图 3-2-93 所示。

图 3-2-93　线路保护区内建房

缺陷描述：××线××号塔大号侧 100m 处导线下方建房。

缺陷分析：建房未经审批，私自建房。

处理要求：拆除。

第三章　输电线路检修、验收工作的一般要求

在输电线路检修、验收等工作过程中，需要遵守各项相关规定的要求，其重点要求、注意事项如下：

(1) 严格按照《国家电网公司电力安全工作规程（线路部分）》、GB 50233—2014

《110kV～750kV架空输电线路施工及验收规范》、DL/T 741—2019《架空输电线路运行规程》等标准进行作业并做好各项危险点防控措施。

（2）作业人员应有强烈的责任心和认真仔细的品质以确保检修、验收工作质量。

（3）作业人员在工作前必须掌握、了解线路的相关参数，如记录压模距离、防震锤安装距离等。

（4）工作时应按"一塔六照"要求，对杆塔基础、杆号牌、塔头、大小号侧、塔身整体进行拍照记录，对发现的缺陷也应拍照记录并上报，上报时应将相应缺陷位置与情况描述清楚以便消缺。

（5）工作中应随身携带常用的备品、备件，当发现销子、垫片缺失等可以当场处理的缺陷时，应及时处理。

（6）工作中如遇到任何不妥或疑似缺陷的情况，应引起重视，必要时与班组长联系或先行拍照记录再提出讨论。

（7）缺陷描述要求：缺陷内容至少应包括缺陷的具体位置描述和缺陷的具体情况描述。

（8）缺陷拍照原则：①能清楚反映缺陷的实际情况；②能尽量反映缺陷部位的相对位置。

第四章 思 考 题

（1）作业人员工作前应做好哪些准备工作？
（2）导线压接管的缺陷有一般哪些？
（3）导线引流板的缺陷一般有哪些？
（4）导地线缺陷一般有哪几类？
（5）架空输电线路的构成部分有哪些？
（6）缺陷填报时应至少描述哪两块内容？
（7）拍摄缺陷照片的原则是什么？

第四部分

输电线路故障分析

降低输电线路的跳闸率、提高线路安全可靠运行水平是线路工作者们最根本的工作目的。在线路发生跳闸后，如何快速找到故障点，并在最短时间内予以消除，是线路工作者们关注的问题。为此，本章根据近年来架空输电线路的跳闸原因进行了分类分析，归纳总结了各类输电线路故障的现象和查找、分析方法，以及故障报告的编制要点。

第一章　输电线路故障分类

架空输电线路作为电网的重要环节，具有点多、面广、线长等特点，其长期暴露在野外，不可避免地受到自然环境及人为因素的双重影响，导致跳闸及故障时有发生，对电网安全运行造成严重影响。

一、按故障原因分类

(1) 雷击：一般占跳闸总数的 50% 左右，多发生在每年的 4—9 月。

(2) 树（竹）线放电：属于典型的人员责任原因，输电线对树木放电，多发生在每年的 6—8 月，即高温、树木生长旺盛期；输电线对竹子放电则多发生在每年的 3—6 月，即发竹笋时期。

(3) 外力破坏：近年来随着经济发展（开发区和基本建设的增多），线路遭外力破坏呈上升趋势，发生概率较随机，主要为翻斗车或吊机碰触导线、拉线被盗造成倒杆等。此外，配电线路由于城镇居民从楼上丢垃圾造成跳闸的情况也时有发生。

(4) 山火：多发生在春节、元宵、清明、冬至等民俗节日及秋冬干燥季节，部分地区焚烧秸秆或烧荒也曾引起线路跳闸。

(5) 鸟害：多发生在春夏之交和夏季鸟类孵卵季节，大多为鸟窝和鸟粪造成，极少数为大型鸟类造成的单项接地。

(6) 污闪：多发生在秋冬和初春季节，在大雾、毛毛雨天气情况下发生。1996 年长江中下游发生了大面积污闪后，进行了调爬，以后很少发生。

(7) 风偏：绝大部分为大风造成跳线摆动对耐张瓷瓶或塔身放电。边线对树木的放电归类在树线放电类。

(8) 冰闪：当覆冰积累到一定体积和重量后，输电导线的质量倍增，弧垂增大，导线对地间距减小，有可能导致闪络事故发生。

(9) 其他原因：大风吹起的异物短路、设备老化、不明原因的跳闸等，很少发生，难以查找到故障点。

另外还有洪水或冰灾造成的倒杆、输电线对水面放电、大风造成的倒杆等，均很少发生，发生则会造成严重损害。

二、按故障性质分类

输电线路的故障 90％以上为单相接地，分为金属性接地和非金属性接地。

（1）金属性接地：包括纯金属接地和近似金属接地（即电弧短路），雷击、外力破坏和风偏等大多属于这一类。在故障录波图上表现为故障波形为正弦波，故障持续时间短（几十毫秒），保护和录波故障测距之间相差不大，两端测距无交叉和空档，且与现场故障点较吻合。金属性接地绝大部分可重合成功。

（2）非金属性接地：树线放电、山火、鸟害、污闪等大多属于这一类。在故障录波图上表现为波形畸变，持续时间较长，测距数据紊乱，两端测距有交叉等。非金属性接地绝大部分重合不成功。

第二章　故障查找的初步判断

根据架空输电线路故障查找工作的要求，在总结对架空输电线路故障判断、分析和归类的基础上，提出了架空输电线路维护中查找故障前的初步判断要点，提高查找架空输电线路故障的水平。

一、天气原因的判断

天气是产生架空输电线路故障的主要外部因素，在雷雨天气出现架空输电线路故障首先应该考虑为雷击事故；在大风天气中随风飘浮的异物会在架空输电线路中产生搭接现象，因此在风力较大的天气中要重点考虑异物搭接而出现的架空输电线路故障；在浓雾、细雨的天气情况下，架空输电线路会因雾滴、粉尘、颗粒物而出现污闪，进而出现架空输电线路故障；在夏季高温的季节里，架空输电线路导线会因温度增加而出现弧垂增大，进而产生架空输电线路交叉跨越距离不足，而导致故障的出现；在春秋冬季节变化的时期，气温会呈现大幅度升降的可能，会引发架空输电线路的覆冰现象，由于重力的影响会出现线路断裂、杆塔倒地进而产生架空输电线路故障；在极端的事件中，因地震、泥石流、洪水等原因出现对架空输电线路杆塔的结构性和机械性伤害，导致倒杆、断线等故障的发生。

二、时间上的判断

白天是温度剧烈变化的时期，这时发生的故障多是因架空输电线路交叉跨越距离不足而造成的；人类活动的高峰时间，大型机械和各类生产可能会对架空输电线路造成损害，也会出现线路的故障；鸟类的活动、排泄会对架空输电线路产生影响，进而发生鸟害类故障，在夜晚，不法分子利用维护工作间隙进行电力设备、电力线路和电力器材的偷盗，进而会导致架空输电线路故障。

三、负荷因素的判断

架空输电线路负荷增大会引发过热、下垂等一系列问题，在架空输电线路上会出现弧垂增加、输电线粘连、金具过热等现象，如果长时间超负荷会出现架空输电线路间交叉跨越距离不足以保障安全，直接造成连接金具过热烧毁的故障。

四、特殊区域的判断

在架空输电线路中存在特殊的区域，这一区域架空输电线路故障经常发生，应该通过建立特殊区域检点台账的方式确定架空输电线路故障和隐患的基本情况，有助于判断架空输电线路故障的原因，同时做到对架空输电线路故障更为准确地定位，在提高架空输电线路故障查找效率的同时，缩短架空输电线路故障影响的时间。

第三章　各种故障类型的查找与分析

输电线路故障跳闸后，常见的故障现象如下：

（1）绝缘子电弧放电：雷击、污闪、鸟害、风偏等造成的跳闸 90％以上会造成绝缘子电弧放电闪络，严重的会造成绝缘子掉串。

（2）导线或架空地线受伤或断线：雷击、外力破坏、风偏、树线放电等造成的跳闸，基本上会使导线受伤，尤其是外力破坏，严重的冰闪、风偏则可能引起断线。

（3）倒杆：外力破坏、大风、洪水、冰灾等会造成倒杆，引发电网恶性事故。

一、雷击故障

特性：金属性或接近金属性接地，90％以上为单项接地，故障波形为正弦波，故障测距比较准确，在绝缘子上会留下放电痕迹，比较容易查找。

发生故障后，首先查找雷电定位系统，注意查询的跳闸时间要准确；然后再根据调度给出的保护或录波测距计算出杆号。故障点基本上在这个计算杆号的前后 5 基杆塔的范围内。

查找方法：地面巡视难以发现绝缘子的缺陷，在接地连接良好的情况下，一般不会在地面部分留下痕迹，所以必须登杆检查才能发现故障点。

故障后的现象：

（1）普通瓷质绝缘子（图 4 - 3 - 1）。

1）爬弧：发生概率最大，次数最多。

处理方法：瓷瓶釉面损坏，绝缘电阻到零或低值时，不能长期运行，需尽快更换。

2）掉串：发生概率较小，一旦发生则损害很大，掉串通常会引起导线受伤或断

图 4 - 3 - 1　瓷质绝缘子雷击故障

线。如果瓷瓶串中有劣值或零值绝缘子，且钢帽和铁脚的胶合物中存在较大的气泡或裂纹，当短路电流通过这些绝缘子内部时，在热效应作用下，内部急剧膨胀，造成钢帽炸裂，就会形成掉串。

处理方法：结合停电期间更换，严重时立即更换。

（2）复合绝缘子。雷击故障表现形式绝大部分为爬弧，如图4-3-2所示。

处理方法：从绝缘性能分析和实验来看，被雷击后绝缘不会受到大的影响，正常运行不受影响，不必急于更换。但实际上憎水性已被破坏，防污性能下降，需要更换。复合绝缘子被电弧烧过后，其表面一般会有白粉（氢氧化铝）析出，或在均压环上有放电痕迹，故障点比较容量查找。

（3）钢化玻璃绝缘子。

1）爬弧。玻璃绝缘子被电弧烧伤的痕迹一般不明显，但仔细看能看到轻微的皱褶，如图4-3-3所示。

图4-3-2　复合绝缘子雷击闪络故障

图4-3-3　雷击爬弧后的玻璃绝缘子

2）自爆。玻璃绝缘子到了零值就自爆是专属特性，这一特性最大的方便就是不需要进行零值测试。玻璃绝缘子被雷击后出现最多的是自爆，可以很容易地发现故障点。

处理方法：结合停电期间更换，严重时立即更换。

（4）并联间隙。防雷措施归纳为"堵塞型"防雷保护方式，还有一种"疏导型"防雷保护措施，即绝缘子并联间隙防雷，其保护间隙距离小于绝缘子串的串长，雷击时保护故障先行放电（图4-3-4）。

处理方法：检查绝缘子是否有问题，结合停电期间更换。

二、树（竹）线放电

树（竹）线放电属于不允许发生的跳闸，主要是人为责任引起。

特性：非金属性接地的代表。发生的时间一般在中午，90%以上表现为单项接地。由于存在较大的弧阻，使故障测距不准确，两端测距一般会交叉。

发生故障后，首先根据调度给出的保护或录波测距计算出杆号，梳理树木死角，然后

图 4 - 3 - 4　并联间隙放电闪络

确定大概的范围。应尽快查找出故障点并消除，否则仍有可能发生再次跳闸。

查找方法：地面巡视辅以登杆检查。地面巡视难以准确判断树线距离时要适当登杆，到达能够看清的高度即可。查找故障点时，注意多问沿线居民，因为如果发生树线放电，一定伴随着巨大的响声，这个响声足以让很远的地方都能听到。

故障表现形式：树木被电弧烧黑，树皮爆裂，导线上留下白色印记，严重的会断股。故障电流不大的情况下，树梢烧黄，但导线上没有印记，如图 4 - 3 - 5 所示。

图 4 - 3 - 5　树线放电

特别注意：发现故障点后一定要保持 8m 的安全距离，切忌盲目砍伐。应立即向领导汇报，以防发生人身触电事故。

三、外力破坏

（1）吊车、翻斗车碰触导线。这种由施工外力破坏引起的跳闸占大多数。尤其是近年来，随着城市基础建设的加快，造成的跳闸和隐患更呈现上升的趋势，如图 4 - 3 - 6 所示。

吊车等碰触导线的跳闸特性：金属性接地，故障波形为正弦波，故障测距准确，发生

图 4-3-6　吊机碰线故障

跳闸的时候，会伴随发生巨大的响声和火光（火球），一般较容易查找。

发生故障后，首先根据调度给出的保护或录波测距计算出杆号，故障点基本上在这个计算杆号附近 1~2 基范围内。

查找方法：要迅速进行地面巡视。因为坐在车内的肇事司机一般不会受到伤害，肇事司机在发生故障后会快速离开现场并有可能毁坏现场，所以一定要注意快速反应。

故障后的现象：导线上留下白色印记，严重的会断股。吊车或翻斗车上会留下电击点，地面上一般会留下若干片黑色的电击点。

（2）拉线被盗造成的倒杆（包括塔材被盗造成的倒塔）。虽然在南方地区发生的较少，但一旦发生就酿成严重后果。

倒杆、倒塔的跳闸特性：最大的特性就是直接反应三相或两相接地（短路），重合闸不会动作；少数反应为单项接地后重合不成功跳三相。故障测距准确，一般较容易查找。

查找方法：快速地面巡视。防止导线被盗（图 4-3-8）或导地线碰触下方跨越低压线后伤人。

（3）钓鱼等人为引起的跳闸。目前已经发生多起因鱼竿碰触导线伤人的事件，如图 4-3-7 所示。需注意加强导线对地安全距离和鱼塘、农田等安全警示方面的工作。

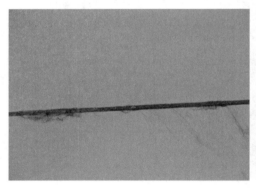

图 4-3-7　2016 年桐巍线导线下方钓鱼事故

四、山火

山火造成的线路跳闸一般是由于导线下方有大片树林被烧着，腾起的火焰和浓烟游离出了大量的导电离子，火焰和浓烟快速上升时带起了大量的杂质，破坏了原有的空气绝缘，造成导线对地或导线对横担间短路引起线路跳闸。

跳闸特性：非金属性接地，大多数重合不成功。

因为山火并不能在瞬间熄灭，两端测距会有交叉或空档，较接近于树木跳闸的情况。

图4-3-8 2016年海浦5480线17号塔内角侧地线横担螺栓被人拆除

巡视时要注意查看沿线冒起浓烟的地方，并多问村民发生山火的地段和时间。

对于过火的杆塔应进行登杆检查，因为导线经过对横担放电会存在被电弧烧伤的可能，绝缘子可能会发生爬弧。如果是复合绝缘子过火，更应该登杆检查，检查伞群是否被烧伤。档距中间的导线用望远镜仔细检查，看是否有烧瘤、断股的情况，如图4-3-9所示。

图4-3-9 2016年±800kV宾金线3187～3188号塔通道附近发生山火

五、鸟害

近年来线路因鸟害引起的跳闸呈上升趋势。鸟害造成的跳闸一般有鸟窝和鸟粪两种原因。

（1）鸟窝造成的跳闸多发生在雨、雾等潮湿天气。鸟窝由稻草、茅草、灌木等长条形材料构筑，根据鸟类不同，鸟窝的材质和规模也不同。稻草等从横担上沿绝缘子串下垂，长的可直接搭在导线或均压环上，稍短些的可短接3～5片绝缘子，如图4-3-10所示。干稻草的电阻比较大，一般不会造成短路，但在雨、雾等潮湿情况下，其电阻急剧下降，垂下的草会在导线和横担之间形成放电通道，造成线路跳闸，并且一般不会留下痕迹。如果是潮湿的草，在晴天也会引起线路跳闸，在这种情况下鸟窝可能起火烧毁，痕迹明显。

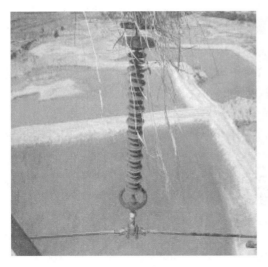

图 4 - 3 - 10　鸟窝稻草引起的跳闸

跳闸特性：非金属性单项接地。由于存在较大弧阻，测距一般不准确。雨天的鸟窝跳闸不易查找到痕迹，晴天的印迹明显。

查找方法：对经过计算的测距点杆塔和有鸟窝的杆塔登杆重点检查。由于雨天的印迹不明显，所以需仔细查看导线、绝缘子、金具和鸟窝上的电击痕迹。

（2）鸟粪造成的跳闸概率较鸟窝要小得多。鸟粪引起跳闸的条件一般为：鸟粪的量够大，需要短接整串或将近整串绝缘子；鸟粪的稠度合适，干燥的鸟粪呈粒状，不至于连续成串而短接横担和导线，太稀的鸟粪水分太多，电阻较大（接近雨水）；鸟在绝缘子上方或接近上方排粪等，如图 4 - 3 - 11 所示。

图 4 - 3 - 11　鸟粪引起跳闸闪络

六、污闪

新的污区标准已经于 2019 年颁布实施，沿用多年的Ⅰ、Ⅱ、Ⅲ级分级法已被 a、b、c、d、e 级取代，并引入了参照绝缘子串、等值盐密、灰密等新概念，改变了原来在"一年一清扫"的基础上"绝缘到位，留有裕度"的绝缘设计原则，较大幅度地提高了绝缘设计的标准。

污闪跳闸的特性：近似金属性接地。由于绝缘子脏污，有效爬距减小，再加上小雨或雾的影响，在运行电压下瓷瓶上发生沿面闪络，当整串绝缘子全部或大部分都同时发生沿面闪络时，就会形成放电通道，使线路跳闸，如图 4 - 3 - 12 所示。污闪跳闸后瓷瓶上会有明显的爬弧痕迹，特别注意的是击穿点可能只有一个，但爬弧点会有多个。

查找方法：登杆检查。如果基本可以确定是污闪跳闸，应直接带好绝缘子和更换工具，发现就更换。

图 4-3-12　污闪引起跳闸闪络

七、风偏

风偏造成的线路跳闸绝大部分为大风造成跳线摆动对耐张瓷瓶或塔身放电，如图4-3-14所示。

跳闸特性：金属性接地。测距准确，容易查找。

这类跳闸一般发生在雷雨之前或雷雨时，容易和雷击跳闸混淆。应在雷电定位查询结果基础上认真比对，重要的是要多询问现场居民。风偏跳闸一般会在跳线和耐张瓷瓶或金具上留下明显的放电痕迹，尤其是跳

图 4-3-13　龙兰5428线75号塔风偏故障

线上会留下一点或一串白色电击点（严重的会断股），而耐张瓷瓶侧的痕迹有时需仔细查找才能发现。

查找方法：登杆检查。

八、冰闪

冰闪故障是由于持续高幅值闪络泄漏电流融化冰层所造成的，在此过程中闪络频率应该与电压梯度呈现正比关系，而且闪络电压也与覆冰水电导率、覆冰类型、冰量以及气压都有关系。同时覆冰导线在气温升高，或自然风力作用，或人为振动敲击之下会产生不均匀脱冰或不同期脱冰。

查找方法：登杆检查。

故障后的现象：

（1）冰闪。表现形式绝大部分为爬弧。绝缘子在严重覆冰的情况下，伞裙被冰凌桥接，在融冰过程中闪络，如图4-3-14所示。

（2）脱冰跳跃。脱冰跳跃主要发生在导线融冰期间，当大段或整档脱冰时，由于导线弹性储能转变为导线的动能，引起导线向上跳跃，一般以相间短路或导线对地线放电跳

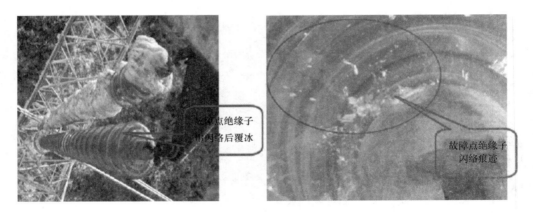

图 4 - 3 - 14　冰闪

闸，如图 4 - 3 - 15 所示。

查找方法：无人机航拍近距离情况，地面望远镜看导线有无断股。

（3）倒塔断线。强雨雪冰冻天气引起输电线路的覆冰厚度超出设计取值，造成铁塔实际荷载超过设计允许承载力。而导地线覆冰引起的过大纵向不平衡张力，则使铁塔倒塌破坏，如图 4 - 3 - 16 所示。

图 4 - 3 - 15　溪宅线冰灾引起相间间隔棒断裂

图 4 - 3 - 16　富牌线倒塔断线

第四章　编制故障分析报告

根据《关于印发输电线路故障调查分析工作规范的通知》（运检二〔2012〕231 号）的工作要求，规范输电线路故障调查分析工作的全过程管理，深入分析线路故障原因，科学制订反事故措施，全面提升输电线路安全运行水平。

按照故障类型，分析报告主要包括输电线路冰害故障分析报告、输电线路风偏故障分析报告、输电线路雷击故障分析报告、输电线路污闪故障分析报告、输电线路外力破坏故障分析报告、输电线路舞动故障分析报告、输电线路鸟害故障分析报告 7 类模板。

故障分析报告一般包括故障概述、故障前运行情况、事件经过、事件处理经过、保护动作分析、原因分析、采取措施及下一步工作等。故障分析报告应参照《输电线路七类故障分析报告模板》的格式进行编写，故障报告应准确、规范、完整、真实地反映故障情况，对故障原因进行全面分析，找出其共性问题或规律，并提出相应的对策措施和下阶段重点工作建议，对其他类型故障可参照上述模板编写。

第五章　总　　结

本部分阐述了各种可能引起输电线路故障的原因，结合故障动作初步判断、现场实况、周边环境和天气等辅助信息，对输电线路各种常见典型故障及缺陷进行了分析和推断，使从事输电线路的有关人员对缺陷和故障有直观形象的认识，提高对缺陷、故障的认定和分析能力，缩短输电线路从业人员对缺陷、故障认定经验积累所用的时间，准确地查找到故障点。更为关键的是针对各种故障制订并落实整改措施，避免类似的情况多次发生，不断提高线路设备的反事故能力。

第五部分

输电线路测量

为切实提高新进大学生、青工的现场测量技术水平，使之能满足于安全生产需要，特编写本部分。

本部分从输电运行现场应用角度出发，着重介绍了影响线路弧垂、交跨等距离的气象条件三要素，以及钢芯铝绞线的机械物理特性、导线比载、应力弧垂、机械特性和安装曲线等线路基础知识；介绍了J2光学经纬器的结构、读数系统、安置以及全站仪的结构分类、使用注意事项；介绍了输电线路常见的三大块测量校核：交叉跨越测量校核、弧垂测量校核及风偏测量校核。

第一章　线路弧垂、交跨测量基础

一、气象条件三要素

架空输电线路将电能从发电厂输送到负荷中心，沿途需翻山越岭，跨江过河，既要经受严寒酷暑，还要承受风霜雨雪。严酷的环境条件对架空输电线路提出了特殊要求。沿线气象状况对输电线路的影响有电气和机械两个方面，有关气象参数有风速、覆冰厚度、气温、空气湿度、雷电活动的强弱等。其中对机械强度有影响的气象参数主要为风速、覆冰厚度和气温，称为气象条件三要素。

1. 风速

风对输电线路的影响主要有：①风吹导线、杆塔，增加了作用在导线和杆塔上的荷载；②导线在由风引起的垂直线路方向的荷载作用下，将偏离无风时的铅垂面，从而改变了导线与横担、杆塔等接地部件的距离；③导线在稳定的微风作用下将引起导线振动，一些大跨越档距在中速风作用下将引起舞动，危及线路安全。

2. 覆冰厚度

覆冰对输电线路的威胁主要有：①覆冰会使导线弧垂增大，造成导线与被跨越物或对地距离过小，引起放电闪络；②由于不均匀脱冰，引起导线与导线之间，导线与避雷线之间闪络；③导线覆冰加剧，荷载增大，引起断线、金具破坏，甚至倒塔。

3. 气温

气温变化，引起导线热胀冷缩，从而影响输电线的弧垂和应力。气温变高，伸长量增大，弧垂增加，需要我们要考虑导线对被交叉跨越物和对地距离满足安全距离要求；反之，气温降低，线长缩短，应力增加，需要我们考虑导线机械强度满足要求。

4. 组合气象条件

结合实际情况，分析原始气象资料，对风速、覆冰厚度和气温进行合理的组合，概括出既在一定程度上反映自然界的气象规律，又适合线路结构的技术经济合理性及设计计算方便性的"组合气象条件"。气象条件常用的组合有：最高气温、最低气温、年平均气温、最大风速、最大覆冰、内过电压（操作过电压）、外过电压（大气过电压）、安装情况和断线情况。

二、钢芯铝绞线的机械物理特性

线路中使用最广泛的架空线是钢芯铝绞线，在架空线的机械物理特性中，与线路设计密切相关的主要有弹性系数、温度膨胀系数、综合拉断力和抗拉强度以及抗弯刚度。

1. 弹性系数

（1）定义：弹性系数 E，即弹性模量，是指导线单位应变时的抵抗应力，或者说是指在弹性限度内，导线受拉力作用时，其应力与相对变形的比值，即

$$E = \frac{\sigma}{\varepsilon} = \frac{TL}{K\Delta L}$$

式中：E 为导线的弹性系数，MPa；σ 为导线受拉时的应力，MPa；ε 为导线受拉时的相对变形；T 为作用于导线的轴向拉力，N；L、ΔL 为导线的原长和受拉引起的绝对伸长，m。

（2）特点：钢部和铝部的综合。当其受拉力作用时，两部分绞合得更加紧密，因此可以认为两部分具有相同的伸长量，即钢线部分和铝线部分的应变相等。

2. 温度膨胀系数

（1）定义：温度膨胀系数 α，指的是导线温度升高 1℃时所引起的相对变形，即

$$\alpha = \frac{\varepsilon}{\Delta t}$$

式中：α 为导线的温度膨胀系数，1/℃；ε 为导线由于温度变化所发生的相对变形；Δt 为温度变化量，℃。

（2）特点：由于铝的温度膨胀系数 $\alpha_{铝}$ 大于钢的膨胀系数 $\alpha_{钢}$，因此钢芯铝绞线的温度膨胀系数 α 介于 $\alpha_{钢}$ 与 $\alpha_{铝}$ 之间。

3. 综合拉断力和抗拉强度

（1）定义：综合拉断力，即架空线在均匀增大的拉力作用下，缓慢伸长至拉断，此时的拉力称为拉断力。对于钢芯铝绞线来说，拉断力由钢部和铝部共同承受，为两者的综合拉断力。

（2）影响综合拉断力的因素主要有：①铝和钢的机械性能不同，铝的延伸率远低于钢的延伸率；②各层绞线之间的应力分布不均匀；③绞线中的扭绞角，综合拉断力与扭绞角有关；④相邻两层线之间存在正压力和摩擦力，影响线材的强度和变形。

$$\sigma_{p} = \frac{T_{p}}{A} = \frac{0.95 T_{j}}{A}$$

式中：σ_p 为抗拉强度极限，又称瞬时破坏应力，MPa；T_p 为综合拉断力，又称瞬时拉断力，N；A 为导线计算截面积，mm^2；T_j 为导线计算拉断力，N；0.95 为系数，是考虑了设计允许压接管与导线连接时，可以损失 5％的强度。

4. 抗弯刚度

实际的架空线具有一定的刚度。当其刚度忽略时，其悬挂曲线的形状和应力与柔性架空线相同，这里不做力学分析。

三、导线的比载、应力和弧垂等相关概念

1. 导线的比载

为了计算方便，工程中用比载来计算导线的荷载。

(1) 定义：比载是指单位长度、单位截面积导线上的荷载，就是 1m 长导线上的荷载折算到 $1mm^2$ 截面积上的数值，单位是 $N/(m \cdot mm^2)$。

(2) 比载分为垂直比载、水平比载和综合比载，常用的七种比载如下：

1) 自重比载 g_1，为导线自身重量引起的比载，即

$$g_1 = \frac{9.807G}{A} \times 10^{-3}$$

式中：G 为导线的计算质量，kg/km；A 为导线的计算截面积，mm^2；g_1 为导线的自重比载，$N/(m \cdot mm^2)$。

2) 冰重比载 g_2，为导线的覆冰重量引起的比载，就是将 1m 长导线上的覆冰荷载折算到每平方毫米导线截面积上的数值，即

$$V = \frac{\pi}{4}\left[(d+2b)^2 - d^2\right] = \pi b(d+b)$$

$$G_2 = 9.807Vr \times 10^{-3} = 9.807\pi b(d+b) \times 10^{-3}$$

$$g_2 = \frac{G_2}{A}$$

式中：d 为导线计算直径，mm；b 为覆冰厚度，mm；V 为 1m 长覆冰的体积，mm^3；G_3 为 1m 长冰筒的重力，N；r 为冰密度，取 $0.9g/cm^3$；g_2 为导线冰重比载，$N/(m \cdot mm^2)$。

3) 覆冰时垂直总比载 g_3，为自重比载和冰重比载之和，即

$$g_3 = g_1 + g_2$$

4) 无冰时导线风压比载 g_4，即

$$p = 0.163\alpha Cdv^2 \times 10^{-3}$$

$$g_4 = 0.163\alpha Cd\frac{v^2}{A} \times 10^{-3}$$

式中：p 为 1m 长导线上的风压，N；d 为导线直径，mm；v 为设计风速，m/s；g_4 为无冰时风压比载，$N/(m \cdot mm^2)$；C 为风载体形系数，$d < 17mm$ 时，$C = 1.2$，$d \geqslant$

17mm 时，$C=1.1$；α 为风速不均匀系数，风速在 20～30m/s 时取 0.85，30～35m/s 时取 0.75。

5）覆冰时的风压比载 g_5，导线的挡风面积因覆冰而增大，即宽度变为 $d+2b$，C 一律取 1.2，即

$$g_5=0.163\alpha C(d+2b)\frac{v^2}{A}\times 10^{-3}$$

6）无冰有风时的综合比载 g_6，为导线自重比载和无冰时导线风压比载的矢量和，即

$$g_6=\sqrt{g_1^2+g_4^2}$$

7）有冰有风时的综合比载 g_7，为导线覆冰时的垂直总比载和风压比载的矢量和，即

$$g_7=\sqrt{g_3^2+g_5^2}$$

2. 导线应力

（1）定义：导线应力是指导线单位横截面积上的内力。因为导线上作用的荷载是沿导线长度均匀分布的，所以一档导线中各点的应力是不相等的，且导线上某点应力的方向与导线悬挂曲线该点的切线方向相同，从而可知，一档导线中其导线最低点应力的方向是水平的。由于导线上任意一点应力的大小和方向均不相同，计算导线的受力就较为复杂，工程上规定跟导线受力有关的计算都是按导线最低点的应力来进行的。

1）结论：档中导线各点应力的水平分量均相等，且等于导线最低点应力 σ_0。

2）结论：在一个耐张段中，当忽略滑车的摩擦力影响时，各档导线最低点的应力均相等。所以在导线应力、弧垂分析中，除特别指明外，导线应力都指档中导线最低点的水平应力 σ_0。

3）结论：弧垂越大，导线应力越小；反之，弧垂越小，应力越大。

（2）导线最低点的最大许用应力的计算公式为

$$[\sigma_m]=\frac{\sigma_p}{2.5}=\frac{T_p}{2.5A}=\frac{0.95T_j}{2.5A}$$

式中：σ_p 为抗拉强度极限，MPa；T_p 为综合拉断力，N；A 为导线计算截面积，mm^2；T_j 为导线计算拉断力，N；$[\sigma_m]$ 为导线最低点的最大许用应力，MPa；2.5 是导线最小允许使用的安全系数。

把设计时所取定的最大应力气象条件时导线应力的最大使用值称为最大使用应力，用 σ_m 来表示，σ_m 的计算公式为

$$\sigma_m=\frac{\sigma_p}{K}=\frac{0.95T_j}{KA}$$

式中：σ_m 为导线最低点的最大使用应力，MPa；K 为导线强度安全系数。

（3）安全系数 k。

1）在弧垂最低点：导线的安全系数 $k\geqslant 2.5$，地线安全系数宜大于导线的安全系数。

2）年均气温时：平均运行应力不应超过 $25\%\sigma_p$，即设计安全系数不应小于 4.0。

3）悬挂点的安全系数：不应小于 2.25。

4）稀有风速或稀有覆冰气象条件时：弧垂最低点的最大使用张力不应超过综合拉断

力的 70%，即其安全系数不应小于 1.43；悬挂点的最大使用张力不应超过综合拉断力的 77%。

（4）附加张力：架设在滑轮上的导、地线，还应计算悬挂点局部弯曲引起的附加张力。

在任何气象组合条件下，架空线的使用应力不能大于相应的许用应力。

当 $K=2.5$ 时，有 $\sigma_m=[\sigma_m]$，称导线按正常应力架设；当 $K>2.5$ 时，$\sigma_m<[\sigma_m]$，称导线按松弛应力架设。变电所进出线档的导线最大使用应力常受变电所进出线构架的最大允许拉力控制；档距较小的孤立档，导线最大使用应力受进线施工时的允许过牵引长度控制；对个别地形高差很大的耐张段，导线最大使用应力又受导线悬挂点应力控制。

3. 导线弧垂和应力的关系

（1）弧垂定义：一般是指导线悬挂曲线上任意一点至两侧悬挂点连线的垂直距离。

（2）二点架设：柔性线假设，导线只能承受拉力而不能承受弯矩；荷载沿导线线长在某一平面内均布。根据这两个假设，悬挂在两基杆塔间的架空线呈悬链线形状。

（3）任意一点弧垂公式：悬点等高或小高差（悬点高差 h 和档距 l 之比小于 10%）时，有

$$f_x = \frac{g}{2\sigma_0} l_a l_b$$

$$f_{xmax} = \frac{gl^2}{8\sigma_0}$$

式中：f_x 为导线上任意一点的弧垂，m；g 为根据计算目的的不同选用相应的导线比载，N/(m·mm²)；σ_0 为导线最低点应力，MPa；l_a、l_b 为导线任意一点到两侧杆塔的水平距离；l 为档距，当 $l_a=l_b=l/2$ 时，$l_a l_b$ 最大。

（4）结论：对小高差档距，无论悬点等高或不等高，档中最大弧垂均发生在档距中点。除特别说明，工程中所称弧垂均指档距中点弧垂，即最大弧垂。如采用悬链式精确计算，则弧垂和高差有关，且当悬点有高差时，最大弧垂发生在档距中点稍偏向高悬点侧的地方。

4. 档距和耐张段的概念

（1）几种常见档距概念。

1）档距：相邻两杆塔之间的水平距离。

2）水平档距：该杆塔两侧档距之和的一半。

3）垂直档距：该杆塔两侧导线最低点之间的水平距离。

4）代表档距：耐张段内各不相等档距的代表，用于计算导线应力和弧垂。

5）临界档距：处于两种控制气象条件之间的代表档距。

（2）孤立档和连续档。

1）耐张段：两基耐张塔之间的全部档距构成一个耐张段。

2）孤立档：耐张塔至耐张塔，中间无直线塔的档段。

3）独立耐张段：5 基杆塔以下，其中一头一尾是耐张塔的档段，如：耐-直-直-直-耐。

4）连续档：两基耐张杆塔之间的若干基直线杆塔构成的档距。

5. 导线的机械特性曲线和安装曲线

（1）导线的控制气象条件：已知气象条件及应力称为导线应力设计的控制气象条件，控制条件包括控制应力和出现控制应力的气象条件。导线应力计算的控制条件包括：

1）最大使用应力和最低气温（小代表档距最低气温可能是最大应力气象条件）。

2）最大使用应力和最大覆冰。

3）最大使用应力和最大风速。

4）最大使用应力和年平均气温。

（2）导线机械特性曲线：计算导线在各种不同气象条件下和不同代表档距时的应力弧垂，并把计算结果以横坐标为代表档距，纵坐标为应力（或弧垂）绘制成各种气象条件时代表档距和应力（或弧垂）的关系曲线，这些曲线就称为导线的应力、弧垂曲线，简称导线机械特性曲线。导线机械特性曲线中的应力曲线在以有效临界档距分段的每个区间中，都有一条应力曲线是水平的，该应力曲线即为该区间的控制气象条件应力曲线。

（3）导线安装曲线：在一定安装气象条件时，导线弧垂（或张力）和代表档距间的关系曲线即为导线安装曲线。导线安装曲线通常绘制张力和弧垂两种曲线，其横坐标为代表档距，纵坐标为张力或弧垂。每一条曲线对应一种安装气象条件，计算方法同机械特性曲线。

（4）初伸长。

1）需注意曲线绘制是否已考虑初伸长的影响。初伸长是导线在张力作用下除弹性伸长外，还将产生塑性伸长和蠕变伸长，这两部分伸长变形是永久性的，综称塑蠕伸长，工程中称之为初伸长。

2）初伸长与作用于导线的张力的大小和作用时间的长短有关。一般验收线路弧垂时，考虑施工时的过牵引，弧垂按设计标准的 $70\%\sim80\%$ 左右来考虑初伸长的量，但还要视具体情况而定。

3）输电线路一般采用降温法消除初伸长，根据铝钢截面比的大小选取降温值，实质是减小安装紧线时的弧垂。

第二章　测量仪器基本知识

光学经纬仪、全站仪和全球定位系统是用于测量水平角、竖直角、高程和距离的主要测量仪器，附有罗盘装置的光字经纬仪和全球定位系统还可以测定直线的方向和点的坐标。在输电线路工程的设计测量和施工测量过程中都要经常使用的仪器包括光学经纬仪和全站仪，其作用是确定地面点的平面位置和高程。

一、光学经纬仪

1. 光学经纬仪的构造

光学经纬仪主要由基座、水平度盘和照准部三大部分组成，J2 型光学经纬仪结构如图 5 - 2 - 1 所示。基座是支撑仪器的底座，水平度盘是用光学玻璃制成的圆环，上面有 $0°\sim360°$ 的刻度线，用来量度水平方向的角度值；照准部在基座的上面，照准部上的主要部件有望远镜、竖直度盘和读数显微镜，均固定在仪器的横轴上，可在竖直面内转动，只有在制动螺旋制动以后，其相对应的微动螺旋才起到微小的调节作用。

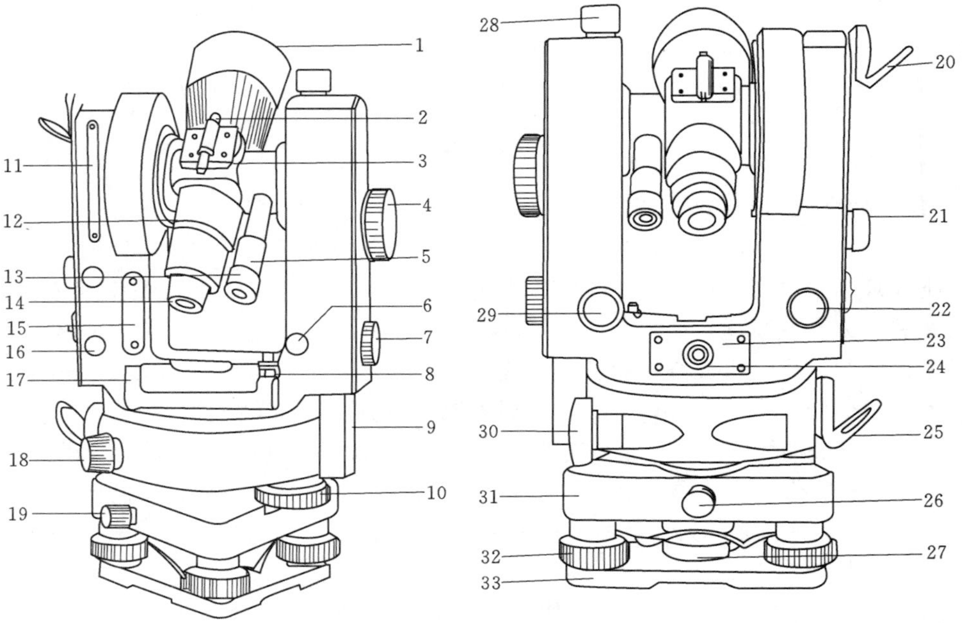

图 5-2-1　J2 型光学经纬仪结构图

1—望远镜物镜；2—光学瞄准器；3—望远镜反光板手轮；4—测微手轮；5—读数显微镜镜管；6—望远镜微动弹簧套；7—换像手轮；8—水准器校正螺丝；9—水平度盘物镜组盖；10—换盘手轮护盖；11—竖直度盘换像组盖板；12—望远镜调焦手轮；13—读数显微镜目镜；14—望远镜目镜；15—竖直度盘物镜组盖板；16—竖直度盘指标水准器护盖；17—水准器；18—照准部制动手轮；19—换盘手轮；20—竖直度盘照明反光镜；21—竖直度盘指标水准器观察棱镜；22—竖直度盘指标水准器微动手轮；23—水平度盘换像透镜组盖板；24—光学对点器；25—水平度盘照明反光镜；26—三角基座制动手轮；27—固紧螺母；28—望远镜制动手轮；29—望远镜微动手轮；30—照准部微动手轮；31—轴座；32—脚螺旋；33—三角基座底板

2. 光学经纬仪的读数系统

读数设备包括度盘、读数显微镜及测微装置三个部分。每次只能看到水平度盘或竖直度盘的一种影像，如果要读另一度盘的影像，需要转动换像手轮。

（1）苏州第一光学仪器厂生产的 J2 型光学经纬仪采用对径符合读数方法，如图 5-2-2 所示。

（2）DJ2 型数字化读数现场，如图 5-2-3 和图 5-2-4 所示。

3. 光学经纬仪的基本使用方法

对仪器进行对中、整平两个步骤，即仪器的"安置"。

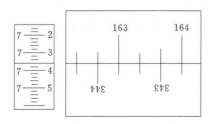

上窗读数	163°20′
小窗读数	7′33″
	163°27′33″

图 5-2-2　J2 型光学经纬仪水平度盘读数

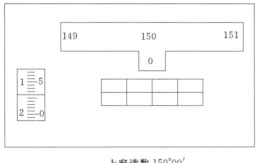

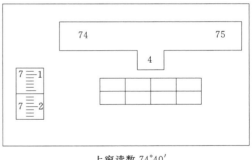

上窗读数 150°00′
小窗读数 01′54″
150°01′54″

上窗读数 74°40′
小窗读数 07′16″
74°47′16″

图 5-2-3　DJ2 型光学经纬仪水平度盘读数　　图 5-2-4　DJ2 型光学经纬仪垂直度盘读数

（1）对中：使经纬仪的竖轴中心线与观测点重合。光学经纬仪用光学对中器对中。

（2）整平：使照准部上的水准管在任何方位时，管内的气泡最高点与管壁上的中点重合，即气泡居中。

在使用仪器过程中，对中和整平分粗对中、粗整平、细对中、细整平四个步骤。其中细对中和细整平可能需要反复进行，直至光学对中器对准目标，水准管的气泡在任何方向都居中。

4. 垂直角的计算方法

（1）当垂直度盘读数在 90°附近时，垂直角＝90°－垂直度盘读数，正角度说明为仰角，负角度说明为俯角。

（2）当垂直度盘读数在 270°附近时，垂直角＝垂直度盘读数－270°，正角度说明为仰角，负角度说明为俯角。

二、全站仪

全站仪又称全站型电子速测仪，是目前普遍使用的先进测量仪器，它主要由广电测距仪、电子微处理器、数据终端等组成。全站仪既可测距、又能测角，而且能自动记录测量数据，具有程序控制和数据存储功能，能进行数据的自动转换、计算出测站点之间的高差和坐标增量，并通过仪器上的液晶显示器显示出测算结果。

1. 全站仪的内部结构和分类

全站仪主要包括光电测距单元、电子测角及微处理单元、电子记录单元。全站仪按结构分为整体型和组合型；全站仪的测距仪部分是一种利用电磁波进行测量的仪器，因此，按载波和发射光源的不同，可分为微波测距仪、激光测距仪和红外测距仪三种。

2. 光电测距原理

利用电磁波在空气中传播的速度为已知的特征，测定电磁波在被测距离上往返传播的时间来计算两点间的距离 D。

3. 电子测角系统

电子测角，即角度测量的数字化，也就是自动数字显示角度测量结果，其实质是用一套角码转换系统来代替传统的光学经纬仪的光学读数系统。目前有两种转换系统的方法，一种是采用编码度盘测角，另一种是采用光栅度盘测角。

4.使用仪器注意事项

（1）使用仪器前，应了解仪器构造和各部件的作用及操作方法。

（2）取、装仪器时，应记清楚仪器在箱中放置的位置，应一手抓住手柄或照准部，另一只手托住基座。

（3）架仪器时，先把三脚架支稳定后，将仪器轻轻放在三脚架上，双手不得同时离开仪器，立即拧紧脚架与仪器连接的中心螺旋。

（4）近距离搬移时，应拧紧各制动螺旋，以免磨损，双手抱脚架并贴肩，使仪器稍竖直，小步平稳前进。

（5）避免直接阳光暴晒仪器；被雨水淋湿时，要及时将外部擦干，并检查内部有无水汽；箱内放适量干燥剂。

（6）电池驱动的全站仪，使用完毕应取出电池，并间隔一段时间进行充、放电维护，延长电池使用寿命。

（7）仪器在运输途中，应采取良好的防振措施。

第三章　输电线路的交叉跨越测量

输电线路与河流、电力线、弱电线、铁路、公路以及地上地下构筑物交叉跨越时，都必须进行交叉跨越测量，测定与被跨越物交跨点的位置，以及被跨物的标高，作为确定该档档距和弧垂设计的参考依据。本节主要介绍线路验收、运行时的线路交叉跨越测量，用以验证架空线路对交跨物的距离是否能满足相关规程规定。交叉跨越测量的关键是点的选择，验算最大垂直比载情况（高温或复冰无风），如在浙江省内（除特殊地方）一般校验高温。

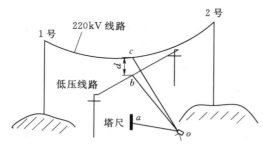

图 5-3-1　仪器架设点示意图

一、直接测量法

1.光学经纬仪测量

（1）如图 5-3-1 所示，将塔尺竖在交跨点正下方（塔尺放置的位置越在交跨点正下方，所测数值越精确，可以参照直线塔绝缘子是否与导、地线重合来选择），用仪器对准塔尺，读出上、下丝的差值 l，当下丝看不见时，l 等于上丝减中丝的值乘以 2，利用视距公式 $D_1 = Kl\cos\alpha^2$ 计算出 oa 的水平距离 D_1（K 为视距乘常数，$K=100$，α 为对准塔尺时的垂直角）。

（2）然后仪器分别对准 b、c 点，读出两个垂直角 α_b 和 α_c，利用公式 $d = D_1\tan\alpha_c - D_1\tan\alpha_b$ 计算出交跨点处相应的净距 d。

（3）记录测量时的温度。交叉跨越距离随着温度变化而变化，当气温变高或覆冰时，交叉跨越距离会变小。导线对地面、建筑物、树木、铁路、道路、河流、管道、索道及各种架空线路的距离，应根据导线运行温度 40℃ 情况或覆冰无风情况求得的最大弧垂计算垂直距离。输电线路与标准轨距铁路、高速公路以及一级公路交叉时，当交叉档距超过 200m 时，最大弧垂应按导线允许温度计算（导线允许温度按不同要求取 70℃ 或 80℃ 计算），因此还需计算导线换算到要求温度下的弧垂变化量，以判断交叉跨越距离是否满足要求。

（4）利用同样原理测出仪器架设点到 1 号杆塔的水平距离 D_2，同时记录仪器的水平转角读数 β。现场测量中仪器架设点应以能看清交跨点和任意一基杆塔本体为宜，以减少架设仪器的次数，减少工作量。同时仪器应尽量架设在交跨点大角度平分线上，在保证目镜清晰度的情况下，离交跨点距离越远越精确。杆塔交跨点到最近 1 号杆塔的水平距离 L_1 可以利用余弦公式 $L_1^2 = D_2^2 + D_1^2 - 2D_2D_1\cos\beta$ 进行计算。

（5）计算出交跨点相应的弧垂变化量后与安全距离进行比较和判断。

（6）现场测量交叉跨越应记录的信息见表 5-3-1。交叉角是跨越线路与被跨弱电线路走向的夹角。对于一级弱电线路需不小于 45°，二级弱电线路需不小于 30°。交跨角一般设计测量均已标明，现场只需核对确认即可。

表 5-3-1　　　　　　　　　　现场测量交叉跨越记录信息

线路名称	跨越档	被跨越物名称	档距/m	离小号侧杆塔的水平距离/m	交跨点净距/m	测量温度/℃	测量日期	测量者
某 2390 线	1～2 号	通信线	460	200	6	30	2018.5.12	张三

（7）对于仪器架设点到 1 号杆塔的水平距离 D_2，如现场条件不适合人员跑到 1 号杆塔，可以查询 1 号杆塔的结构尺寸，用仪器测得任意一段已知塔段长度的上下两点，记录下两个垂直角。利用公式 $D_2\tan\alpha_{\text{大}} - D_2\tan\alpha_{\text{小}} = $ 已知身段长，求出 D_2 即可。

2. 全站仪测量

测量原理同光学经纬仪，用棱镜代替塔尺，可以直接读出被跨越物对地高度及相应的净高，可以直接读出水平距离，计算过程大大简化，减少出错的概率。

二、辅助桩测量法

辅助桩测量法是针对交跨点下方不能直接放置塔尺，无法直接测量出结果的情况。如图 5-3-2 所示。

（1）如图 5-3-3 所示，先将仪器架设在低压线路正下方 A 点，沿 AC 方向测量出 220kV 线路垂直角，然后把塔尺放置在 B 点，读出水平转角 $\angle BAC$ 并计算出 AB 的距离。

（2）再将仪器架设在 220kV 线路正下方 B 点，沿 BC 方向测量出低压线路的垂直角，然后把塔尺放置在 A 点，读出水平转角 $\angle CBA$。

（3）利用三角形正弦定理 $\dfrac{AB}{\sin BCA} = \dfrac{AC}{\sin CBA} = \dfrac{BC}{\sin BAC}$ 得出 AC 和 BC 的距离，从而计算出 220kV 线路和低压线路与仪器的垂直距离，两者相减得出所需的交叉跨越距离 d。

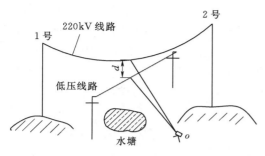

图 5-3-2 辅助桩测量法

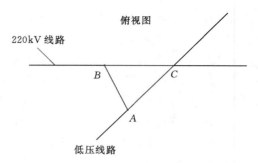

图 5-3-3 辅助桩测量仪器架设方法

（4）用辅助桩测量法测量时，仪器架设必须在线路的正下方，可利用线锤来确定。同时由于参考基面的不同，计算过程要注意两次架设仪器的高差。

三、交叉跨越测量常用计算

【例题 1】 用光学经纬仪测量时，望远镜中上线对应的读数 $a=2.03\text{m}$，下线对应的读数 $b=1.51\text{m}$，测量仰角 $\alpha=30°$，中丝切尺 $c=2\text{m}$，仪高 $d=1.5\text{m}$，已知视距常数 $K=100$。求测站与测点接尺之间的水平距离 D 及高差 h？

解：按题意求解，得

$$D = K(a-b)\cos^2\alpha$$
$$= 100 \times (2.03-1.51)\cos^2 30° = 39(\text{m})$$
$$h = D\tan\alpha - c + d$$
$$= 39\tan 30° - 2 + 1.5 = 22.02(\text{m})$$

答：水平距离为 39m，高差 22.02m。

【例题 2】 在村龙 2377 线离 10 号往大号侧方向 158m 处导线正下方发现一幢房屋，20℃时测得两者之间最小垂直距离 7m，试校核导线与房子的最小距离是否满足要求（按 70°校核）。

$$D = d_1 - \Delta f \frac{4l_a l_b}{l^2}$$

$$\Delta f = (t_0 - t_1)\frac{\Delta f_{(0\sim 40)}}{40}$$

式中：D 为需换算温度下的交叉跨越距离；d_1 为实测温度下的交叉跨越距离；Δf 为实测温度转换到换算温度时弧垂变化量；l 为档距；l_a、l_b 分别为线路任意点与前后两基杆塔的水平距离，m；t_0 为需换算的温度值；t_1 为实测时的温度值；$\Delta f_{(0\sim 40)}$ 为 0°～40°的弛度变化量。

解：查阅村龙 2377 线 10～11 号档，档距为 358m，0°～40°弛度变化量为 1.2m，安全距离要求 6m。

$$\Delta f = (70-20) \times (1.2/40) = 1.5(\text{m})$$

$$D = d_1 - \Delta f \frac{4l_a l_b}{l^2} = 7 - 1.5\frac{4 \times 158 \times (358-158)}{358^2} = 5.52(\text{m}) < 6(\text{m})$$

答：按 70°校核，导线与房屋的最小距离不能满足要求。

【例题 3】　110kV 线路某一跨越档，其档距 $l=350\text{m}$，代表档距 $l_。=340\text{m}$，被跨越通信线路交跨点距跨越档杆塔的水平距离 $x=100\text{m}$。在气温 20℃时测得上导线弧垂 $f=5\text{m}$，导线对被跨越线路的交叉跨越距离为 6m，导线热膨胀系数 $\alpha=19\times10^{-6}/℃$。试计算当温度为 40℃时，交叉跨越距离是否满足要求？

解： 按题意求解如下：

（1）将实测导线弧垂换算为 40℃时的弧垂，有

$$f_{\max}=\sqrt{f^2+\frac{3l^4}{8l_。^2}(t_{\max}-t)\alpha}$$

$$=\sqrt{5^2+\frac{3\times350^4}{8\times340^2}\times(40-20)\times19\times10^{-6}}$$

$$=6.5(\text{m})$$

（2）计算交叉跨越点的弧垂增量为

$$\Delta f_{\text{x}}=\frac{4x}{l}\left(1-\frac{x}{l}\right)(f_{\max}-f)$$

$$=\frac{4\times100}{350}\left(1-\frac{100}{350}\right)(6.5-5)$$

$$=1.224(\text{m})$$

（3）计算 40℃时导线对被跨越线路的垂直距离 H 为

$$H=h-\Delta f_{\text{x}}=6-1.224=4.776(\text{m})$$

答：交叉跨越距离为 4.776m，大于规程规定的最小净空距离 3m，满足要求。

第四章　输电线路弧垂观测

一、弧垂观测档的选择和弧垂计算公式

1. 架空线弧垂观测档选择原则
（1）紧线段在 5 档及以下时靠近中间选择一档。
（2）紧线段在 6～12 档时靠近两端各选择一档。
（3）紧线段在 12 档以上时靠近两端及中间各选择一档。
（4）观测档宜选择档距较大、悬点高差较小及接近代表档距的线档。
（5）含有耐张串的两档不宜选为观测档。

2. 弧垂计算基本公式

$$2\sqrt{f}=\sqrt{a}+\sqrt{b}$$

二、常用弧垂观测方法

1. 等长法
等长法又称平行四边形法，是一种不用测量仪器观测弧垂的方法。观测弧垂时，在观测档的两侧杆塔上，自架空线悬挂点 A 和 B 分别向下量取垂直距离 a 和 b，各绑一块弛

度板，并使 $a=b=f$，其中 f 为观测档的弧垂计算值。此方法操作简单，施工中较为常用。

2. 异长法

异长法又称不等长法，就是观测时 $a\neq b$ 的观测方法。选取 a 或 b 值时，应注意 a 或 b 均不能大于 4 倍中点弧垂。

3. 角度法

角度法是用光学经纬仪测竖直角观测架空线弧垂的一种方法。根据观测档的地形条件及弧垂的大小，可选取档端法、档外法、档内法、档侧法的任一种方法观测弧垂。

（1）档端法。仪器安置在架空线低侧或高侧悬挂点的垂直下方，用测竖直角的仰、俯视测定架空线的弧垂。

1）仪器架在任一杆塔处，在任一杆塔基础面上拉出钢卷尺，使仪器垂直角为 90°，对准钢卷尺读出仪器相对基础面的高度，利用公式 $a=$ 呼称高－绝缘子串长（耐张塔绝缘子串长为零）－仪器相对基础面高度，计算出 a 值。

2）仪器分别对准对面杆塔的导、地线挂点和导、地线最低点，按每一相分别测出相应的垂直角，如图 5-4-1 所示，利用公式 $b=L(\tan\theta_2-\tan\theta)$，计算出 b 值。

3）利用弧垂计算基本公式算出每一相导、地线的弧垂值。

4）记录测量时的温度，根据安装曲线等相关资料查出标准弧垂值，并根据验收规范判断弧垂是否在安全范围之内。

5）新线路需考虑导、地线的初伸长，多年旧线路可认为初伸长已完全拉出。

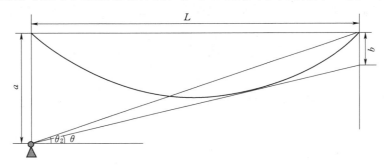

图 5-4-1　档端法

（2）档外法。仪器安置在架空线低侧或高侧悬挂点外侧架空线的下方，用测竖直角的仰、俯视测定架空线的弧垂，如图 5-4-2 所示。档外观测点可选在相邻杆塔的中心，以减少工作量。

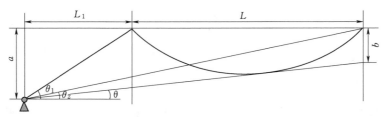

图 5-4-2　档外法

$$a = L_1(\tan\theta_1 - \tan\theta)$$

$$b = (L_1 + L)(\tan\theta_2 - \tan\theta)$$

（3）档内法。仪器安置在观测档内近悬挂点低侧或高侧架空线下方，用测竖直角的仰、俯视测定架空线的弧垂，如图 5-4-3 所示。

$$a = L_1(\tan\theta_1 - \tan\theta)$$

$$b = L_2(\tan\theta_2 - \tan\theta)$$

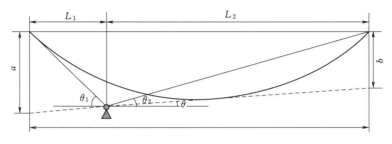

图 5-4-3　档内法

（4）档侧法。仪器安置在架空线垂直方向外侧，利用不同平面内的三角形来计算导、地线弧垂。此方法计算过程复杂，但对孤立档以及高杆塔小档距线路尤为适用。

1）仪器架在所测档的侧面，档中为宜，一般离导、地线水平距离为 1.5～2.0 倍的档距为好，测量点要求视野要开阔，能看到该档左右侧杆塔和档内的导、地线，方可进行测量。

2）如图 5-4-4 所示，对准 1 号塔杆塔中心，读出一段已知塔身长度的上、下两个

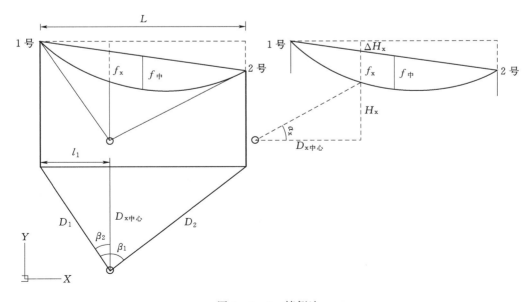

图 5-4-4　档侧法

垂直角 $\alpha_{1大}$ 和 $\alpha_{1小}$，计算出仪器点到 1 号塔中心的平距 D_1，同理测出仪器点到 2 号塔中心的平距 D_2，测出 1 号塔和 2 号塔的水平角 β_1，用余弦公式计算出 L，校核 1 号塔到 2 号塔的档距。

3）用正弦公式计算出垂直导线的 β_2 的角度，计算出 l_1 和仪器点到 1 号塔 2 号塔中心连线的平距 $D_{x中心}$，利用相似三角形原理，计算出 1 号塔和 2 号塔在观测弧垂点的 ΔH_x 值。

4）修正每一相导、地线切点的平距 D_x，测出每一相导、地线切点的 α_x，计算切点 H_x 值。

5）计算出切点处的弧垂 f_x，转换成导、地线中点弧垂。

三、常用弧垂观测计算

【例题 1】　已知某线路耐张段的代表档距为 185m，观测档距 $l_c=245$m，观测弧垂时的温度为 20℃，由安装曲线查得代表档距 $l_0=185$m、20℃ 时的弧垂为 $f_0=2.7$m，求观测档的观测弧垂 f_c。

解：观测档的观测弧垂为

$$f_c=f_0\left(\frac{l_c}{l_0}\right)^2$$

$$=2.7\times\left(\frac{245}{185}\right)^2=4.735(\text{m})$$

答：温度为 20℃，观测档的观测弧垂为 4.735m。

【例题 2】　某一线路施工，采用异长法观测弧垂，已知导线的弧垂 $f=6.25$m，在 A 杆上绑弧垂板，距悬挂点距离 $a=4$m。试求在 B 杆上应挂弧垂板多少米？

解：按题意求解，得

$$\sqrt{b}=2\sqrt{f}-\sqrt{a}$$

$$b=(2\sqrt{f}-\sqrt{a})^2$$

$$=(2\sqrt{6.25}-\sqrt{4})^2=9(\text{m})$$

答：在 B 杆上应挂弧垂板 9m。

【例题 3】　某 110kV 线路的导线为 LGJ - 95/20 型，档距 $l=250$m，两杆塔悬点均为 10.5m，气温 20℃ 时测得的距杆塔 $x=50$m 处的导线对地距离为 7.5m。已知 20℃ 时该档距的设计弧垂 $f=4.3$m，试检查此点的弧垂是否符合要求（假设地面为水平）。

解：测点的设计弧垂为

$$f_x=4f\frac{x}{l}\left(1-\frac{x}{l}\right)$$

$$=4\times4.3\times\frac{50}{250}\left(1-\frac{50}{250}\right)=2.75(\text{m})$$

现场实测弧垂为　　　　　　　　$10.5-7.5=3.0(\text{m})$

弧垂误差值为　　　　　　　　　$3.0-2.75=0.25(\text{m})$

说明该处对地距离偏小 0.25m。

答：测点实际弧垂比设计要求大 0.25m，不合要求。

【**例题 4**】　某一 220kV 线路，已知实测档距 $l=400\text{m}$，耐张段的代表档距 $l_0=390\text{m}$，导线的线膨胀系数 $\alpha=19\times10^{-6}/℃$，实测弧垂 $f=7\text{m}$，测量时气温 $t=20℃$。求当气温为 40℃时的最大弧垂 f_{max} 值。

解：按题意求解，得

$$f_{max}=\sqrt{f^2+\frac{3l^4}{8l_0^2}(t_{max}-t)\alpha}$$

$$=\sqrt{7^2+\frac{3\times400^4}{8\times390^2}\times(40-20)\times19\times10^{-6}}=8.54(\text{m})$$

答：当气温为 40℃时的最大弧垂为 8.54m。

第五章　输电线路的风偏测量

当线路从山坡或陡崖、高坎附近经过，或接近房屋时，还应保证导线风偏时满足最小接近距离的要求，即需要进行风偏限距校核。风偏距离校验涉及因素较多，计算过程复杂，要想做到精确计算是很困难的，这也是输电线路的难题。本章主要介绍一些适合工程应用的校核风偏的方式方法。

一、导线风偏校核方法

1. 导线风偏时对边坡的限距校核

首先需要在现场结合杆塔位确定危险点，并测量危险点风偏校验横断面，然后以作图法进行校核，如图 5-5-1 所示，其步骤如下：

(1) 确定校核档导线两端悬点高程 H_A 和 H_B。

(2) 确定校核点导线假想悬点 P 的高程 H_P 和弧垂 f_P。

$$H_P=H_A-\frac{H_A-H_B}{l}l_c+\lambda$$

$$f_P=\frac{g}{2\sigma_0}l_c(l-l_c)$$

式中：l_c 为 P 点距一侧杆塔的距离，m；λ 为悬垂绝缘子串长，m；g 为最大风偏时导线比载，N/(m·mm^2)；σ_0 为最大风偏时导线应力，MPa。

(3) 作图校核方法如图 5-5-2 所示。在风偏校核横断面图的纵轴上作点 P，$P_c=H_P-H_C$；过 P 点画一横担线，标出危险侧边导线位置 P_1。以 P_1 为圆心，$r=\lambda+f_P+d$ 为半径画弧，只要弧线不与横断面相交，则表示风偏时对地距离满足要求；如弧线与地面相割，则表示对地安全距离不够。

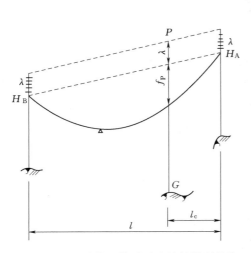

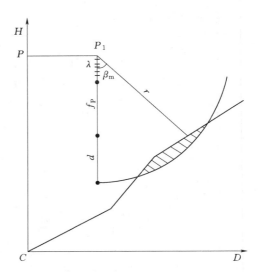

图 5-5-1　导线风偏时对边坡的限距校核　　　　图 5-5-2　作图校核方法

在 r 计算式中，d 分步行可达和不可达两种情况，其值见表 5-5-1。

表 5-5-1　　　　不同情况下导线与山坡、峭壁、岩石的最小净空距离 d　　　　单位：m

线路经过地区的性质	线路额定电压		
	110kV	220kV	500kV
步行可以到达的山坡	5	5.5	8.5
步行不能到达的山坡、峭壁和岩石	3	4	6.5

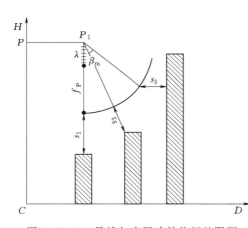

图 5-5-3　导线与房屋建筑物间的限距

导线最大风偏角的计算式为

$$\beta_m = \tan^{-1}\frac{g_4}{g_1}$$

式中：β_m 为导线最大风偏角，(°)；g_4 为最大计算风偏时导线风压比载，N/(m·mm²)；g_1 为导线自重比载，N/(m·mm²)。

2. 导线风偏后对房屋建筑的限距校核

导线与房屋建筑物间的限距分三种情况，如图 5-5-3 所示。

(1) 具体测量方法如下：

1) 测出风偏档杆塔的弧垂。一般来说风偏点距离较小，尤其是建房风偏点，涉及要如何处理房子的后续方案，因此不能直接采用标准设计弧垂，要精确测量。

2) 测出导线任意风偏点 P 处，距一侧杆塔的距离 l_c，风偏点 P 处导线距房屋的水平距离 $D_{测}$ 和高差 $H_{测}$。

3) 记录测量时的温度。

（2）导线对房屋风偏相关规定：输电线路不应跨越屋顶为可燃材料的建筑物。对耐火屋顶的建筑物，如需跨越时应与有关方面协商同意，500kV 及以上输电线路不应跨越长期住人的建筑物。

导线与被跨越建筑物在最大垂直弧垂时的间距 S_1 必须满足最小垂直距离的要求，见表 5 - 5 - 2。

表 5 - 5 - 2　　　　　导线与被跨越建筑物在最大垂直弧垂时的间距 S_1

标称电压/kV	110	220	500
垂直距离/m	5	6	9

导线与接近线路的低层建筑物在最大计算风偏情况下的净空距离 S_2 要满足最小净空距离的要求；在最大计算风偏情况下的水平距离 S_3 也要满足最小水平距离的要求，见表 5 - 5 - 3。

表 5 - 5 - 3　　　　导线与接近线路的低层建筑物在最大风偏情况下的水平距离 S_3

标称电压/kV	110	220	500
垂直距离/m	4	5	8.5

（3）导线风偏对房屋建筑限距校核的作图方法与风偏对边坡的限距校核相同。

二、导线风偏校核计算

已架设好的导线在受到不同风速作用下，会出现水平偏移，其大小与风速大小、档距等有关。导线上各个点的风偏值也不相等，一般情况下，档中弧垂最大，风偏值也最大。所以当被交叉跨越物与导线不在同一垂直面上时，必须计算出导线风偏后与被交叉跨越物的最小距离，判定是否符合要求。导线任意点的风偏距离一般包含两部分：一部分是绝缘子悬垂串受风后的水平偏移量；另一部分是导线自身受风后的水平偏移量。两者相加后就是导线最终风偏距离。

1. 导线边坡风偏校核计算

一般来说，大档距对边坡的风偏距离校核在设计时已充分考虑，输电运行涉及不多，本书不作详细介绍。

2. 导线房屋风偏校核计算

（1）根据现场实测温度下的档中弧垂反求出导线应力，为

$$\sigma_0 = \frac{gl^2}{8f}$$

（2）根据导线机械特性曲线表和状态方程式，求出大风气象条件下的应力，为

$$\sigma_n - \frac{Eg_n^2 L^2}{24\sigma_n^2} = \sigma_m - \frac{Eg_m^2 l}{24\sigma_m^2} - \alpha E(t_n - t_m)$$

式中：g_m、g_n 为已知气象条件和待求气象条件时比载，$N/(m \cdot mm^2)$；t_m、t_n 为已知气象条件和待求气象条件时的气温，℃；σ_m、σ_n 为已知气象条件和待求气象条件时的导线应力，MPa；α 为导线膨胀系数，1/℃；E 为导线弹性系数，MPa；l 为档距，m。

（3）计算大风气象条件下导线的水平弧垂和垂直弧垂，为

$$f_{水平}=\frac{g_4}{2\sigma}l_C(l-l_C)$$

$$f_{垂直}=\frac{g_1}{2\sigma}l_C(l-l_C)$$

式中：$\frac{g_4}{2\sigma}$ 为风偏 K 值；σ 为大风时应力；$f_{水平}$ 为大风时导线的水平投影距离；$f_{垂直}$ 为大风时导线的垂直投影距离。

（4）计算大风时导线的风偏角，为

$$\beta_m=\tan^{-1}\frac{g_4}{g_1}$$

（5）计算大风时导线绝缘子水平、垂直长度，为

$$\lambda_{水平}=\lambda\sin\beta_m$$

$$\lambda_{垂直}=\lambda\cos\beta_m$$

（6）计算大风时总的垂直、水平长度，为

$$D=f_{水平}+\lambda_{水平}$$

$$H=f_{垂直}+\lambda_{垂直}$$

（7）计算大风时导线相比测量温度下导线被抬高的 Δh 值，为

$$\Delta h=f+\lambda-f_{垂直}+\lambda_{垂直}$$

（8）风偏后与房屋净距 S 根据数值在米格纸上画图，有

$$S=\sqrt{(H_{测}+\Delta h)^2+(D_{测}-D)^2}$$

风偏后导线与建筑物最小安全净空距离应满足要求。

三、常用风偏计算

【例题 1】 村龙 2377 线离 10 号往大号侧方向 158m 处发现一棵树，高度基本与导线持平，与导线水平距离 9m，求大风时风偏距离是否满足要求。

解：查询 10~11 号档档距为 358m，10 号塔为耐张塔，11 号塔为直线塔，绝缘子风偏估为 0.9m，大风时应力 $\sigma=69.18$MPa，大风时比载 $g_4=28.7\times10^{-3}$ N/（m·mm²），试校核导线与该树的净空距离是否满足要求。

$$f_{水平}=\frac{g_4}{2\sigma}l_a l_b=\frac{28.7\times10^{-3}}{2\times69.18}\times158\times(358-158)=6.54（m）$$

$$D=f_{水平}+\lambda_{水平}=6.54+0.9=7.44（m）$$

最小水平净距 $S=9-7.44=1.56（m）<4（m）$

答：此处未考虑导线抬高的距离，导线风偏后与树木最小净距不能满足要求，必须砍伐。

【例题 2】 某 500kV 线路，档距为 500m，档中边导线右侧发现一棵水杉，35℃时测得档中弧垂为 17.8m，导线温度每增加 1℃弧垂，增加 0.07m，与导线水平距离为 24m，高度比导线低 1m，求大风时风偏距离是否满足要求。

解：查询该跨越档前后两基为直线塔，绝缘子串长 5m。

$$f_{40℃} = 17.8 + 5 \times 0.07 = 18.15(\text{m})$$

$$D = (f_{40℃} + \lambda) \times \frac{\sqrt{2}}{2} = (18.15 + 5) \times \frac{\sqrt{2}}{2} = 16.37(\text{m})$$

导线与树水平距离 $S = 24 - 16.37 = 7.63(\text{m}) > 7(\text{m})$

答：此大风时风偏距离满足要求。校验风偏要依现场实际情况选择合适的方法，此处用 40℃ 高温时的弧垂加绝缘子串长作为半径，以风偏角 45° 计算水平风偏距离是导线所能到达的最远水平距离，尚且能满足安全距离要求，无须进一步精细计算。

第六部分

输电线路红外检测

输电线路红外检测通过借助红外检测仪器对输电线路特定带电部位进行检测，并结合参数条件进行计算，判定检测结果，具有单凭可见光巡检时不可比拟的优势。DL/T 664—2016《带电设备红外诊断应用规范》比 1999 版本对带电设备红外诊断提出了更高的要求，同时提出了精确红外检测的概念，将红外检测工作进一步拓展，结合国内外红外检测经验，从而提出线路精细化检测理念。线路精细化检测针对对象主要为输电导线的连接器附带金属导线。

第一章　红外检测的相关要求和发热缺陷判断方法

一、DL/T 664—2016《带电设备红外诊断应用规范》中对于拍摄环境的要求

1. 一般检测要求

带电设备红外诊断的一般检测应满足以下要求：

（1）被检测设备处于带电运行或通电状态或可能引起设备表面温度分布特点的状态。

（2）尽量避开视线中的封闭遮挡物，如门和盖板等。

（3）环境温度宜不低于 0℃，相对湿度不宜大于 85％，白天天气以阴天、多云为佳。检测不宜在雷、雨、雾、雪等恶劣气象条件下进行，检测时风速一般不大于 5m/s（风级、风速的关系可参照附录 A）。当环境条件不满足时，缺陷判断宜谨慎。

（4）在室外或白天检测时，要避免阳光直射或通过被摄物反射进入仪器镜头；在室内或晚上检测时，要避开灯光直射，在安全允许的条件下宜闭灯检测。

（5）检测电流致热型设备一般在不低于 30％的额定负荷下检测。很低负荷下检测应考虑低负荷率设备状态对测试结果及缺陷性质判断的影响。

2. 精确检测要求

带电设备红外诊断除满足一般检测要求外，还应满足以下要求：

（1）风速不大于 1.5m/s。

（2）设备通电时间不少于 6h，宜大于 24h。

（3）户外检测期间天气以阴天、夜间或晴天日落以后时段为佳，避开阳光直射。

（4）被检测设备周围背景辐射均衡，尽量避开附近能影响检测结果的热辐射源所引起的反射干扰。

（5）周围无强电磁场影响。

二、DL/T 664—2016《带电设备红外诊断应用规范》中对于线路红外检测周期的要求

1. 一般要求

检测周期原则上应根据电气设备在电力系统中的作用及重要性、被测设备的电压等级、负载容量、负荷率、投运时间和设备状况等综合确定。

因热像检测出缺陷面做了检修的设备，应进行红外复测。

2. 输电线路的检测周期要求

输电线路的检测周期应满足以下要求：

（1）正常运行的 500kV 及以上架空输电线路和重要的 220（330）kV 架空输电线路的接续金具，每年宜进行一次检测；110（66）kV 输电线路和其他的 220（330）kV 输电线路，不宜超过两年进行一次检测。

（2）配电线路根据需要，如重要供电用户、重负荷线路和认为必要时，宜每年进行一次检测，其他不宜超过三年进行一次检测。

（3）新投产和大修改造后的线路，可在投运带负荷后不超过 1 个月内（至少 24h 以后）进行一次检测。

（4）对于线路上的瓷绝缘子和合成绝缘子，建议有条件的（包括检测设备、检测技能、检测要求以及检测环境允许条件等）也可进行周期检测。

（5）对电力电缆主要检测电缆终端和中间接头，对于大直径隧道施放的电缆宜全线检测，110kV 及以上每年检测不少于两次，35kV 及以下每年检测一次。

（6）串联电抗器，线路阻波器的检测周期与其所在线路检测周期一致。

（7）对重负荷线路，运行环境较差时应适当缩短检测周期；重大事件、节目、重要负荷以及设备负荷陡增等特殊情况应增加检测次数。

三、红外检测人员要求

红外检测属于设备带电检测，检测人员应具备以下条件：

（1）熟悉红外诊断技术的基本原理和诊断程序，了解红外热像仪的工作原理、技术参数和性能，掌握热像仪的操作程序和使用方法。

（2）了解被检测设备的结构特点、工作原理、运行状况和导致设备故障的基本因素。

（3）熟悉相关标准，接受过红外热像检测技术培训，并经相关机构培训合格。

（4）具有一定的现场工作经验，熟悉并能严格遵守电力生产和工作现场的有关安全管理规定。

四、输电线路缺陷判断方法

1. 表面温度判断法

主要适用于电流致热型和电磁效应引起发热的设备。根据测得的设备表面温度值，对照 GB/T 11022—2011《高压开关设备和控制设备标准的共用技术要求》中对高压开关设备和控制设备各种部件、材料及绝缘介质的温度和温升极限的有关规定，结合环境气候条件、负荷大小进行分析判断。

2. 同类比较判断法

根据同组三相设备、同相设备之间及同类设备之间对应部位的温差进行比较分析。对于电压致热型设备，应结合 GB/T 11022—2011《高压开关设备和控制设备标准的共用技术要求》的 8.3 条进行判断；对于电流致热型设备，应结合 8.4 条进行判断。

3. 图像特征判断法

主要适用于电压致热型设备。根据同类设备的正常状态和异常状态的热像图，判断设备是否正常。

注意应尽量排除各种干扰因素对图像的影响，必要时结合电气试验或化学分析的结果进行综合判断。

4. 相对温差判断法

主要适用于电流致热型设备，特别是对小负荷电流致热型设备，采用相对温差判断法可降低小负荷缺陷的漏判率。

5. 档案分析判断法

分析同一设备不同时期的温度场分布，找出设备致热参数的变化，判断设备是否正常。

6. 实时分析判断法

略。

五、输电线路缺陷类型

（1）设备类别和部位：金属部件与金属部件连接，输电导线的连接器（耐张线夹、接续管、修补管、并沟线夹、跳线线夹、T 型线夹、设备线夹等）。

（2）热像特征：以线夹和接头为中心的热像，热点明显。

（3）故障特征：接触不良。

（4）缺陷性质：温差不超过 15K，未达到严重缺陷的要求，一般缺陷；热点温度大于 90℃或 $\delta \geqslant 80\%$，严重缺陷；热点温度大于 130℃或 $\delta \geqslant 95\%$，危急缺陷。

六、输电线路温度数据计算方法

1. 术语

（1）温升：被测设备表面温度和环境温度参照体表面温度之差。

（2）温差：不同被测设备或同一被测设备不同部位之间的温度差。

（3）相对温差：两个对应测点之间的温差与其中较热点的温升之比的百分数。

（4）环境温度参照体：用来采集环境温度的物体。它不一定具有当时的真实环境温度，但具有与被检测设备相似的物理属性，并与被检测设备处于相似的环境之中。

2. 相对温差计算方法

相对温差计算公式为

$$\delta_t = (\tau_1 - \tau_2)/\tau_1 \times 100\% = (T_1 - T_2)/(T_1 - T_0) \times 100\%$$

式中：τ_1、T_1 为发热点的温升和温度；τ_2、T_2 为正常相对应点的温升和温度；T_0 为环境温度参照体的温度。

第二章 现场操作和图像拍摄的流程、要求

一、现场操作的流程、要求

1. 一般检测要求

（1）仪器在开机后需进行内部温度校准，待图像稳定后即可开始工作。

（2）一般先远距离对所有被测设备进行全面扫描，发现有异常后，再有针对性地近距离对异常部位和重点被测设备进行准确检测。

（3）仪器的色标温度量程宜设置为环境温度加 $10\sim20K$ 的温升。

（4）有伪彩色显示功能的仪器，宜选择彩色显示方式，调节图像使其具有清晰的温度层次显示，并结合数值测温手段，如热点跟踪、区域温度跟踪等手段进行检测。

（5）应充分利用仪器的有关功能，如图像平均、自动跟踪等，以达到最佳检测效果。

（6）环境温度发生较大变化时，应对仪器重新进行内部温度校准，校准方法按仪器的说明书进行。

（7）作为一般检测，被测设备的辐射率一般取 0.9 左右。

上述参数在照片中的体现如图 6-2-1 所示。

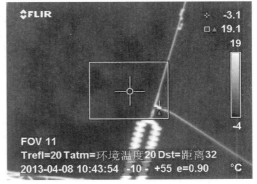

图 6-2-1 参数在照片中体现

2. 精确检测要求

（1）检测温升所用的环境温度参照体应尽可能选择与被测设备类似的物体，且最好能在同一方向或同一视场中选择。

（2）在安全距离允许的条件下，红外仪器宜尽量靠近被测设备，使被测设备（或目标）尽量充满整个仪器的视场，以提高仪器对被测设备表面细节的分辨能力及测温准确度，必要时，可使用中、长焦距镜头。线路检测一般需使用中、长焦距镜头。

（3）为了准确测温或方便跟踪，应事先设定几个不同的方向和角度，确定最佳检测位置，并可做上标记，以供今后的复测用，提高互比性和工作效率。

（4）正确选择被测设备的辐射率，特别要考虑金属材料表面氧化对选取辐射率的影响。

（5）将大气温度、相对湿度、测量距离等补偿参数输入，进行必要修正，并选择适当的测温范围。

（6）记录被检设备的实际负荷电流、额定电流、运行电压，被检物体温度及环境参照体的温度值。

3. 现场红外检测作业示意

（1）选择正确的人员站位。现场作业人员选择合适的站位，保证视线宽广不被遮挡、不面朝阳光等，一人测试一人记录，并完成其他配合工作，如图6-2-2所示。

（2）图像拍摄确认。选择好测温部件，调整好精度、对焦等，确认后拍摄，记录；现场可利用测温设备辅助功能，方便观测确认，如图6-2-3所示。

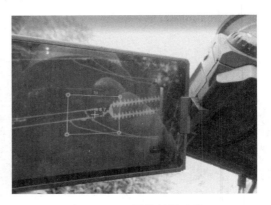

图6-2-2 选择正确的人员站位   图6-2-3 图像拍摄确认

二、现场图像拍摄的具体要求

1. 红外图像常规要求

红外图像常规要求为拍摄规范、清晰的红外图像。

（1）图像规范是指被测目标主体水平居中，图像信息完整，尽量充满整个图像。

（2）图像清晰则要求被测目标轮廓清楚，并且能够与背景明显区分。

为满足以上要求，应该做到：①拍摄设备采用分辨率320×240以上的热像仪，配备12°、7°中长焦镜头；②现场操作多角度尝试，要求目标无遮挡，图像背景简单，以天空背景为最佳。

在保证图像完整的前提下，保持法线位置，尽可能地靠近目标，以使目标尽量充满图像。

如图6-2-4～图6-2-6所示，耐张塔单相拍摄，要求4个接头连接处清晰可见、无遮挡，且位置居中；4条线路水平，无重合；调整板上小孔清晰可见。

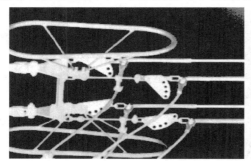
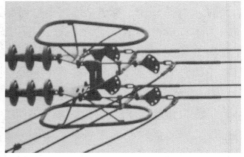

图6-2-4 500kV耐张线夹

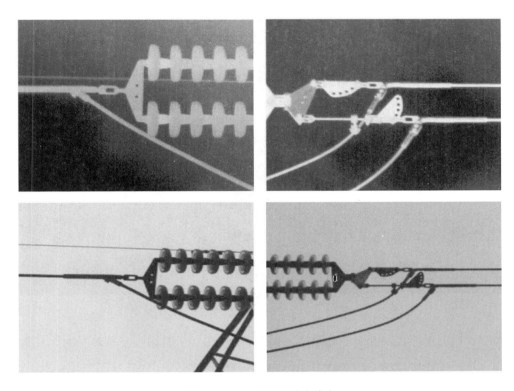

图 6-2-5　220kV 耐张线夹

如图 6-2-7 所示，对于接续管、修补管，要求主体居中、水平、轮廓清晰。

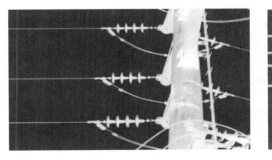

图 6-2-6　35kV 耐张线夹

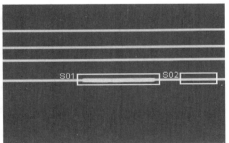

图 6-2-7　接续管

其中缺陷设备的特殊拍摄要求为信息全面，突出重点。

在检测过程中，发现设备存在缺陷，要求对其进行重点拍摄。

2. 照片信息要求

所拍摄的红外照片应做到信息全面和突出重点。

（1）信息全面，即选用多种镜头，采取多距离、多角度拍摄，从而明确获知：缺陷的具体位置；缺陷部位的最高温度；哪一个角度温度最高；拍摄对应的正常相，以作参照。

（2）突出重点，是指针对缺陷部位，采用 12°、7°镜头进行拍摄。要求在保持安全距离的前提下，尽可能靠近目标，使缺陷部位放大，以便获取最精确的数据。

如图 6-2-8 所示，220kV 耐张塔，采用（分辨率为 384×288 的热像仪）标准镜头进行拍摄，获得第一张图。可以发现，S03 存在发热，最高温为 48.98℃。针对缺陷相，加装 7°进行精细拍摄，获得第二张图，可以发现，缺陷部位放大后，最高温为 57.97℃。

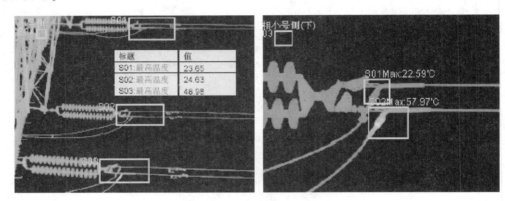

图 6-2-8　220kV 耐张塔（单位：℃）

如图 6-2-9 所示，在 150m 距离，采用标准镜头对耐张塔进行整体拍摄，获取第一

标题	值
S01：最高温度	36.81
S02：最高温度	32.53
S03：最高温度	32.8
S04：最高温度	44.39
S05：最高温度	31.53
S06：最高温度	31.59

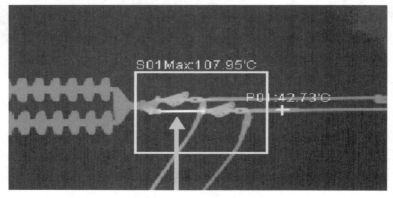

图 6-2-9　150m 距离拍摄耐张塔（单位：℃）

张图，发现 S04 存在发热，最高温度为 44.39℃。在铁塔下方，距离耐张接头约 20m 距离，采用 7°镜头进行单相拍摄，发现最高温度为 107.95℃，且发热位置为加长杆部位（非通流设备）。

第三章　报　告　制　作

一、红外报告的制作要求

红外报告的制作要求内容完整和信息全面。

报告内容包括标题、信息栏、红外图片、数据列表、可见光图片、处理意见栏、备注栏，如图 6-3-1 所示。

报告信息包括拍摄目标、拍摄人员、报告制作人员、拍摄日期、天气环境、负荷情况、仪器参数、温度信息、缺陷部位、缺陷判断依据等。

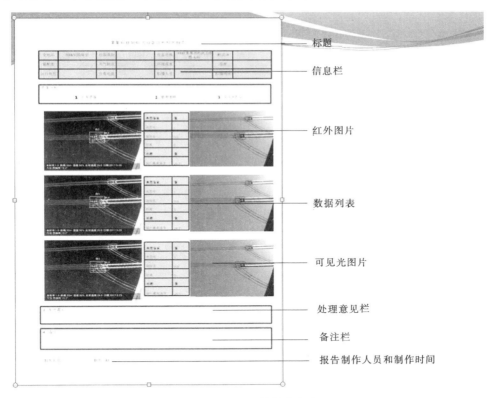

图 6-3-1　红外报告内容

二、主要内容和信息

标题，某某公司电气设备红外检测报告。

信息栏包含：线路名称、设备类别、设备名称、测试点、辐射率、天气状况、环境温度、湿度、运行电压、电流、拍摄人员、拍摄时间。

　　红外图片上根据不同设备类别和缺陷状况进行点、线、区域温度分析；数据列表中为分析部位的温度数据；可见光图片中标示出缺陷对应部位；处理意见由相关专业人员填写；备注栏中填写一些需备注内容，一般填写缺陷判断依据；报告制作人员和制作时间。

第四章　图　像　管　理

　　1. 设备命名规范

　　以耐张线夹为例，其名称为：线路名-杆塔名-大小号侧-相别。

　　2. 建立温度数据采集卡

　　针对每一条线路，按杆塔进行数据分类，如图 6-4-1 所示。

电压等级名称	线路名称	档距	杆塔型号	连接器类别	连接器型号	连接形式	环境温度(℃)	导线温度(℃)	连接器温度(℃)	温差	压接管温度(℃)	运行负荷(mm)	工作时间	工作班组	工作负责人	工作人员	处理时间	处理情况	结论	备注	c
220千伏	220千伏实槽2620线	39#	1塔	引流板	引流板		18	16.9	18.6	1.7	18.6	195	2007.11.15	运检一班	陈晓松	吴梅			合格	耐张受小783，耐张受大787，导线2塔小号侧784	
220千伏	220千伏实槽2620线	39#	3塔	引流板	引流板		18	16.9	18.6	1.7	18.6	195	2007.11.15	运检一班	陈晓松	吴梅			合格	耐张受小781，耐张受大785	
220千伏	220千伏实槽2620线	39#	C塔	引流板	引流板		18	16.9	18.3	1.4	18.3	195	2007.11.15	运检一班	陈晓松	吴梅			合格	耐张受小782，耐张受大786	
220千伏	220千伏实槽2620线	40#	A塔	引流板	引流板		17	16.4	16.8	0.4	16.8	195	2007.11.15	运检一班	陈晓松	吴梅			合格	耐张受大790，耐张受大794，导线2塔小号侧791	
220千伏	220千伏实槽2620线	40#	B塔	引流板	引流板		17	16.4	15.4	-1	15.4	195	2007.11.15	运检一班	陈晓松	吴梅			合格	耐张受小788，耐张受大792	
220千伏	220千伏实槽2620线	40#	C塔	引流板	引流板		17	16.4	14.2	-2.2	14.2	195	2007.11.15	运检一班	陈晓松	吴梅			合格	耐张受小789，耐张受大793	

图 6-4-1　温度数据采集卡

　　3. 具体数据

　　可以查阅输电室红外数据库。

第七部分

输电线路接地电阻测量

架空输电线路的雷击跳闸一直是困扰电网安全供电的难题。近年随着电网的发展，雷击输电线路而引起的跳闸、停电事故日益增多，据电网故障分类统计表明：高压线路运行的总跳闸次数中，由于雷击引发的故障占 50％～60％，尤其是在多雷、电阻率高、地形复杂的山区，雷击输电线路引起的故障次数更多，寻找故障点、事故抢修更困难，带来的损失更大。理论和运行实践证明，500kV 及以下线路，雷击送电线路杆塔引起其电位升高造成反击跳闸的次数占了线路跳闸总次数的绝大部分。在绝缘配置一定时，影响雷击输电线路反击跳闸的主要因素是接地电阻的大小。所以，做好接地装置的检查，规范接地电阻测量方法，保证线路杆塔可靠接地，并使其接地电阻值在规程要求范围内已成为线路防雷的一项重要工作。

接地装置是接地线和接地极的总和。接地线指电气装置、设施的接地端子与接地极连接用的金属导电部分；接地极指埋入地下并直接与大地接触的金属导体。接地电阻是接地极或自然接地极的对地电阻和接地线电阻的总和。接地电阻的数值等于接地装置对地电压与通过接地极流入地中电流的比值。按通过接地极流入地中的工频交流电流求得的电阻称为工频接地电阻。

第一章　接地电阻测量基本方法

接地电阻是表征接地装置有效性和可靠性的一项重要参数，但由于接地电阻是以无穷远处为零电位参考点的，想找到既简便又能够较准确地测出接地电阻的方法并非易事，经过国内外学者的不断研究和改进，得出几种较合理的接地电阻测量方法。

（1）两点法：两点法是根据接地电阻的定义直接用伏安法测量，适用于小型接地装置，例如金属管道系统（且管道接头未经绝缘处理）的单根垂直接地极的测量。两点法测得的结果为待测接地极和测量电流极的接地电阻之和，因此要求被测接地电阻需远远大于电流极的电阻。这种方法可靠性和误差都较大，现在电力系统中已经基本不再使用。

（2）三点法：三点法是在两点法的基础上再增加一个辅助电极，适用于小型接地装置接地电阻的粗略测量。三点法测量接地电阻，采用两个实验电极，基于两点法，分别测量两实验电极和接地装置之间的串联接地电阻，通过求解得出接地极的接地电阻。

（3）补偿法：补偿法测接地电阻于 20 世纪 60 年代提出，并逐渐得到认可，得到 IEEE/GB 等多个标准推荐使用，但由于其需要反复测量，电位降曲线的绘制也相对困难，工作量大且不利于现场操作。

（4）三极法：国内外研究人员通过不懈的努力以电位降法为基础开发出了许多衍生方法，三极法就是其中一种。三极法是目前实际工作中最为常用的接地电阻测量方法，我国目前使用的 0.618 法和 30°法就是其中两种。三极法测量时导通待测接地体，并测得接地体和辅助电压极之间的电位差，从而求得待测接地体的阻值。在接地电阻的实际测量中会受到许多因素的干扰，如辅助电极、测量电极与被测电极之间的互感，测量导线之间的互感，杂散地电流的影响，土壤的水平分层和垂直分层导致的土壤电阻率变化，为了减小这些干扰对测量结果的影响，研究人员在三极法的基础上又开发出了许多测量方法。

（5）四极法：四极法是在三极法的基础上在被测电极附近再插入一个辅助电压极，这样可以有效地消除引线上产生的互感。

（6）大电流法：在接地体中，特别是变电站、发电厂的接地网中往往会存在较大的杂散电流，这些电流会对测量结果和计算结果引入误差，降低测量的准确度。为了消除干扰电流的影响，国内外普遍采用的是大电流法，在测量电流极中通过几十安的大电流，提高信噪比以降低杂散电流对测量结果的影响。

四极法和大电流法虽然可以有效地消除干扰，提高测量准确度，但由于其操作时均需要提供功率较大的电源，一般是将一条配电线路切断为测量设备供电，这样不仅会影响该配电线路上用户的日常工作和生活，而且由于停电时间的限制，不容易实现重复多次的测量。

（7）变频法：变频法是近年来接地电阻测量方法研究的主要内容之一，相比传统方法，其有着明显的优越性。变频法注入电流小、电压低、安全性好，并且可以有效地消除干扰电流的影响、提高测量的准确性，它还容易实现多次重复的测量，消除偶然因素的影响，并且测量效率较高。

第二章　接地电阻测量常用仪器

最初人们对接地电阻的测量是用伏安法，这种试验是非常原始的。在测定电阻时须先估计电流的大小，选出适当截面的绝缘导线，在预备试验时可利用可变电阻 R 调整电流，当正式测定时，则将可变电阻短路，由安培计和伏特计所得的数值算出接地电阻。伏安法测量接地电阻有明显不足之处，麻烦、烦琐、工作量大，试验时，接地棒距离地极为 20～50m，而辅助接地距离接地至少 40～100m；另外受外界干扰影响极大，在强电压区域内有时甚至无法测量。

20 世纪五六十年代苏联的 E 型摇表取代了伏安法，携带方便，且采用手摇发电机，因此工作量比伏安法简单。20 世纪 70 年代国产接地电阻测量仪问世，如 ZC – 28、ZC – 29，无论是结构、体积、重量、测量范围、分度值、准确性，都要胜于 E 型摇表。因此，相当一段时间内接地电阻测量仪都以上海六表厂生产的 ZC 系列为代表的典型仪器。上述仪器由于手摇发电机的关系，精度也不高。

20 世纪 80 年代数字接地电阻测量仪的投入使用给接地电阻测试带来了新的方向，虽然测试的接线方式同 ZC 系列相同，但是其稳定性远比摇表指针式高得多。九十年代钳口式接地电阻测量仪的诞生打破了传统式测试方法，如法国 CA 公司生产的 6411 钳式接地电阻测量仪称得上接地电阻测试的一大革命。钳式接地电阻测量仪最大特点是不必辅助地棒，只要钳住接地线或接地棒就能测出其接地电阻。上述接地电阻测量仪是单钳口形式的，具有快速测试、操作简单等优点，但也存在着精度不高的问题，特别接地电阻在0.7Ω以下时无法分辨。单钳口式接地电阻测量仪主要用于检查在地面以上相连的多电极接地网络，通过环路地阻查询各接地电阻测量。GEOX双钳口接地电阻测量仪测量范围和精度均有所提高，但由于钳口法测量采用电磁感应原理，易受干扰，测量误差比较大，不能满足高精度测量要求。引进于意大利HT公司234数显精密接地电阻测量仪比较完善地结合了传统伏安法测量的特点与钳口法新技术原理，同时运用先进的计算机控制技术，从而成为当代首屈一指的智能型接地电阻测量仪，具有精度高、功能齐全、操作简便的特点，可广泛应用于电力电信系统、建筑大楼、机场、铁路、油槽、避雷装置、高压铁塔等接地电阻测量。目前在国内邮电、电力、航空等行业都进行了配置。

接地电阻测量常用仪器如图7-2-1～图7-2-3所示。

图7-2-1 ZC-29B

图7-2-2 ZC-8

图7-2-3 4105A

第三章 ZC-8接地电阻表测量使用方法

接地电阻测量仪主要用于直接测量各种接地装置的接地电阻值。目前，ZC-8型接地电阻测量仪有两种：一种为三端钮，另一种为四端钮，如图7-3-1和图7-3-2所示。

图7-3-1 三端钮的接地电阻测量仪   图7-3-2 四端钮的接地电阻测量仪

一、结构

ZC-8型接地电阻测量仪主要由手摇发电机、相敏整流放大器、电位器、电流互感器及检流计等构成，全部密封在铝合金铸造的外壳内。仪表都附带有两根探针，一根是电位探针，另一根是电流探针。

二、量程

ZC-8型接地电阻测量仪有两种量程：一种是 $0-1-10-100\Omega$；另一种是 $0-10-100-1000\Omega$。现有的接地电阻测量仪中，三端钮的量程为 $0-10-100-1000\Omega$；四端钮的量程为 $0-1-10-100\Omega$。

三、正确读数

ZC-8型接地电阻测量仪的数字盘上显示为1、2、3、…、10共10个大格，每个大格中有10个小格。三端钮的接地电阻测量仪倍数盘内有1、10、100三种倍数；四端钮的接地电阻测量仪倍数盘内有0.1、1、10三种倍数。在规定转速内，仪表指针稳定时指针所指的数乘以所选择的倍数即是测量结果。如：当指针指在8.8，而选择的倍数为10时，测量出来的电阻值为 $8.8 \times 10 = 88\Omega$。

四、对接地探针的要求

用接地电阻测量仪测量接地电阻，关键是探针本身的接地电阻，如果探针本身的接地电阻较大，会直接影响仪器的灵敏度，甚至测不出来。一般电流探针本身的接地电阻不应大于250Ω，电位探测针本身的接地电阻不应大于1000Ω，这些数值对大多数种类的土质是容易达到的。如在高土壤电阻率地区进行测量，可将探针周围的土壤用盐水浇湿，探针本身的电阻就会大大降低。探针一般采用直径为0.5cm、长度为0.5m的镀锌铁棒制作而成。

五、仪表好坏检查

1. 外观检查

先检查仪表是否有试验合格标志，接着检查外观是否完好；然后看指针是否居中；最后轻摇摇把，看是否能轻松转动。

2. 开路检查

三端钮的接地电阻测量仪：将仪表电流端钮（C）和电位端钮（P）短接，然后轻摇接地电阻测量仪，指针直接偏向读数最大方向，如图7-3-3所示。四端钮的接地电阻测量仪：将仪表上的电流端纽（C1）和电位端纽（P1）短接，再将接地两端钮（C2、P2）短接（即两两相接），然后轻摇接地电阻测量仪，指针直接偏向读数最大方向，如图7-3-4所示。

图7-3-3　三端钮接地电阻测量仪开路检查　　图7-3-4　四端钮接地电阻测量仪开路检查

3. 短路检查

不管是三端钮还是四端钮的接地电阻测量仪，均将所有端钮连接起来，然后轻摇接地电阻测量仪，指针偏往"0"的方向，如图7-3-5和图7-3-6所示。通过上述3个步骤的检查后，基本上可以确定仪表是完好的。

图7-3-5　三端钮短路检查　　　　　　图7-3-6　四端钮短路检查

六、测量方法选择

（1）测量接地电阻值时接线方式的规定：仪表上的E端钮接5m导线，P端钮接20m线，C端钮接40m线，导线的另一端分别接被测物接地极E′，电位探棒P′和电流探棒C′，且E′、P′、C′应保持直线，其间距为20m。

1）当测量大于等于1Ω接地电阻时，接线图如图7-3-7所示，将仪表上2个E端钮连接在一起。

2）测量小于1Ω接地电阻时，接线图如图7-3-8所示，将仪表上2个E端钮导线分别连接到被测接地体上，以消除测量时连接导线电阻对测量结果引入的附加误差。

（2）现有测量接地电阻时的接线方式规定：仪表上的E端钮用短导线与被测物相连，P端钮接2.5倍杆塔接地射线长度线，C端钮接4倍杆塔接地射线长度线，导线的另一端分别接被测物接地极E′，电位探棒P′和电流探棒C′，且P′、C′应与线路方向成90°夹角线，其间距为 1m 以上。

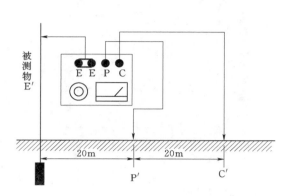

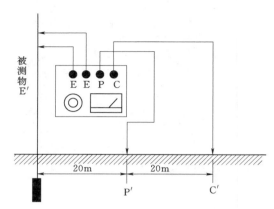

图 7-3-7　测量大于等于 1Ω 接地电阻时接线图　　　图 7-3-8　测量小于 1Ω 接地电阻时接线图

七、操作步骤

（1）仪表端所有接线应正确无误。

图 7-3-9　测量线与探针必须连接可靠，
接触良好

（2）仪表连线与接地极 E′、电位探棒 P′ 和电流探棒 C′ 应牢固接触，如图 7-3-9 所示。

（3）将测量仪水平放置后，检查检流计的指针是否指向中心线，否则调节"零位调整器"使测量仪指针指向中心线。

（4）将"倍率开关"置于最大倍率，逐渐加快摇柄转速，使其达到 120r/min。当检流计指针向某一方向偏转时，旋动刻度盘，使检流计指针恢复到零点。此时刻度盘上读数乘上倍率挡即为被测电阻值。

（5）当检流计的指针接近于平衡时（指针近于中心线），加快摇动转柄，使其转速达到 120r/min 以上，同时调整"测量标度盘"，使指针指向中心线。如果刻度盘读数小于 1 时，检流计指针仍未取得平衡，可将倍率开关置于小一挡的倍率，直至调节到完全平衡为止。

（6）如果发现仪表检流计指针有抖动现象，可变化摇柄转速，以消除抖动现象。

（7）计算测量结果，即 $R_{地}$＝"倍率标度"读数×"测量标度盘"读数。

八、测量技术措施及安全注意事项

（1）解开和恢复接地引下线时均应戴绝缘手套，如图 7-3-10 所示。

（2）按照接地装置规程要求，将两盘线展开并顺线路垂直方向拉（图7-3-11），其中电流极为接地装置边线与射线之和的4倍，电压极为接地装置边线与射线之和的2.5倍，并注意两根探针之间的距离不应小于5m（图7-3-12）。两根探针打入地的深度不得小于0.5m，并且线与探针必须连接可靠，接触良好。

图7-3-10　戴绝缘手套

（3）必须确认负责拉线和打探针的人员不碰触探针或其他裸露部分的情况下才可以摇动接地电阻测量仪。

（4）摇测时，应从最大量程进行，根据被测物电阻的大小逐步调整量程。电阻测量仪的转速应保持在120r/min（注：这个数不是绝对的，须根据表本身来定。有要求150r/min的。）

图7-3-11　箭头所指为横线路方向

图7-3-12　电流探针与电压探针入土点
间距5m以上

（5）若摇测时遇到较大的干扰，指针摆动幅度很大，无法读数，应先检查各连接点是否接触良好，然后再重测。如还是一样，可将摇速先增大后降低（不能低于规定值），直至指针比较稳定时读数，若指针仍有较小摆动，可取平均值。

（6）接地电阻应在气候相对干燥的季节进行，避免雨后立即测量，以免测量结果不真实。

（7）测量应遵守现场安全规定。雷云在杆塔上方活动时应停止测量，并撤离测量现场。

（8）测量完毕后应对设备充分放电，否则容易引起触电事故。

九、接地装置运行规定

刚性铁塔和拉线铁塔接地装置如图7-3-13和图7-3-14所示，其接地装置材料表见表 7 - 3 - 1 和表 7 - 3 - 2。

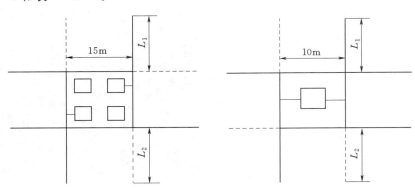

图 7 - 3 - 13　刚性铁塔接地装置图　　　图 7 - 3 - 14　拉线铁塔接地装置图

表 7 - 3 - 1　　　　　　　　钢性铁塔接地装置材料表

形式	土壤电阻率 /(Ω/m)	型式尺寸/m		材　料　表			埋深 /m	最大允许工频 电阻/Ω
		L_1	L_2	名称	规格	总长/m		
T1	<100	0	0	圆钢	$\phi 10$	60	0.8	10
T2	500	18	0	圆钢	$\phi 10$	132	0.6	15
T3	1000	33	0	圆钢	$\phi 10$	192	0.5	20
T4	2000	62	0	圆钢	$\phi 10$	308	0.5	25
T5	5000	62	62	圆钢	$\phi 10$	556	0.5	

表 7 - 3 - 2　　　　　　　　拉线铁塔接地装置材料表

形式	土壤电阻率 /(Ω/m)	型式尺寸/m		材　料　表			埋深 /m	最大允许工频 电阻/Ω
		L_1	L_2	名称	规格	总长/m		
T1	<100	0	0	圆钢	$\phi 10$	40	0.8	10
T2	500	18	0	圆钢	$\phi 10$	112	0.6	15
T3	1000	33	0	圆钢	$\phi 10$	172	0.5	20
T4	2000	62	0	圆钢	$\phi 10$	288	0.5	25
T5	5000	62	62	圆钢	$\phi 10$	536556	0.5	

十、季节系数的选择

工频接地电阻测量后按 GB/T 50065—2011《交流电气装置的接地设计规范》中的有关规定进行季节系数的折算：埋深 0.5m 时的季节系数取 1.4～1.8，埋深 0.8～1.0m 时的季节系数取 1.25～1.45；测量时土壤比较干燥则采用较小值，如土壤较潮湿则采用较大值。

第八部分

绝缘子、金具串识别及组装

第一章 金具的识别

金具按照产品类型和用途，可分为悬垂线夹、耐张线夹、联结金具、接续金具、保护金具、拉线金具等六类。按产品的结构和作用每类又可分成若干系列。

一、悬垂线夹（Suspension Clamp）

悬垂线夹是一种将导线固定在直线杆塔的悬垂绝缘子串上，或将地线悬挂在直线杆塔的地线支架上的金具。

（一）悬垂线夹的种类与代号

常用悬垂线夹如图 8-1-1 所示，悬垂线夹的种类与代号见表 8-1-1。

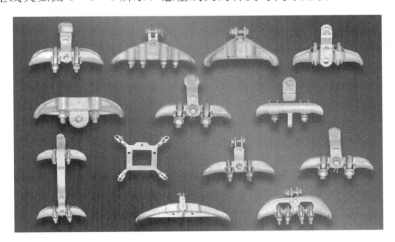

图 8-1-1 常用悬垂线夹

表 8-1-1 悬垂线夹的种类与代号

金 具 名 称	金 具 种 类	代 号
固定式悬垂线夹	提包式悬垂线夹	XGH
	带挂板式悬垂线夹	XGU
	加强型悬垂线夹	XGJ

续表

金 具 名 称	金 具 种 类	代号
固定式悬垂线夹	下垂式（上扛式）悬垂线夹	XGF
	中心回转式悬垂线夹	XGZ
预绞式悬垂线夹	预绞式悬垂线夹	CL
	双挂点预绞式悬垂线夹	CLS
跳线悬垂线夹	跳线悬垂线夹	XT
	四分裂导线跳线悬垂线夹	XT4

（二）悬垂线夹的命名方法

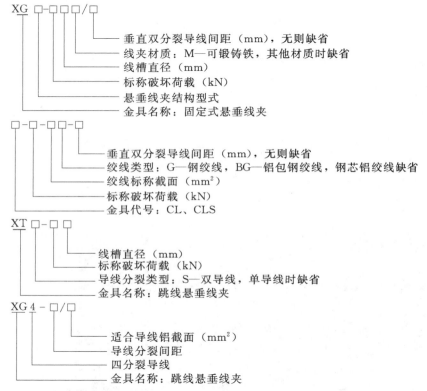

（三）悬垂线夹的识别

1. 提包式悬垂线夹

提包式悬垂线夹如图 8-1-2 所示，主要参数见表 8-1-2。

表 8-1-2　　　　　　　　　　提包式悬垂线夹的主要参数

型号	适用绞线直径（含包藏物）/mm	主要尺寸/mm					破坏荷重/kN	重量/kg
		H	L	R	C	M		
XGH-3	12.4～17.0	53	180	10.0	20	16	40	1.5
XGH-4	19.0～23.5	74	226	12.0	28	16	40	2.3
XGH-5	23.0～19.0	71	262	15.0	35	16	60	4.4
XGH-8	48.0～53.0	97	300	27.0	56	20	60	5.5

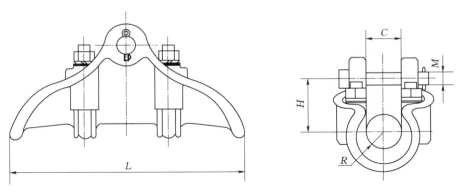

图 8-1-2　提包式悬垂线夹

2. 带挂板式悬垂线夹

带挂板式悬垂线夹如图 8-1-3 所示，主要参数见表 8-1-3。

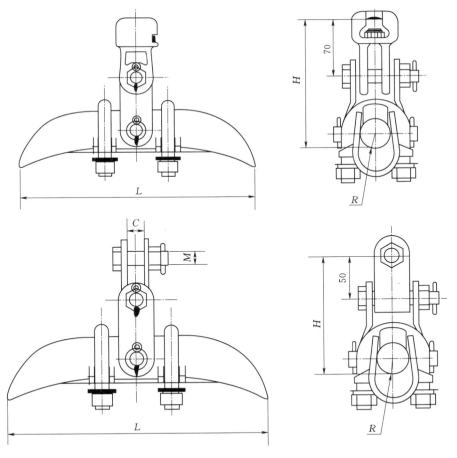

图 8-1-3　带挂板式悬垂线夹

　　　　　　　　　带挂板式悬垂线夹的主要参数

型号	适用绞线直径（含包藏物）/mm	主要尺寸/mm					破坏荷重/kN	重量/kg
		H	L	R	C	M		
XGU-5A	23.0～33.0	157	300	17.0	—	—	70	5.7
XGU-6A	34.0～45.0	163	300	23.0	—	—	70	6.1
XGU-3B	13.1～21.0	160	220	11.0	20	16	40	2.8
XGU-4B	21.1～26.0	160	250	13.5	20	16	40	4.2
XGU-5B	23.0～33.0	137	300	17.0	20	16	70	5.4
XGU-6B	34.0～45.0	143	300	23.0	20	16	70	5.8
XGU-7B	45.0～48.7	156	300	26.0	20	16	70	6.2

3. 加强型悬垂线夹

加强型悬垂线夹如图 8-1-4 所示，主要参数见表 8-1-4。

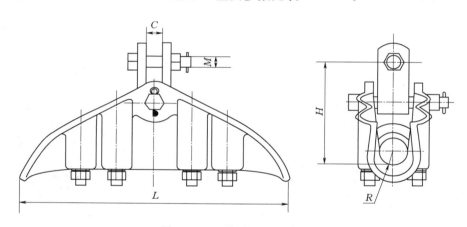

图 8-1-4　加强型悬垂线夹

表 8-1-4　　　　　　　　　加强型悬垂线夹的主要参数

型号	适用绞线直径（含包藏物）/mm	主要尺寸/mm					破坏荷重/kN	重量/kg
		H	L	R	C	M		
XGJ-3	13.0～18.0	133	380	9	18	16	70	12.0
XGJ-7	53.0～58.0	270	400	30	32	30	220	22.0
XGJ-12	45.0～49.0	235	650	25	38	30	200	24.5
XGJ-20	45.0～49.0	235	650	25	44	30	200	24.6

4. 下垂式（上扛式）悬垂线夹

下垂式（上扛式）悬垂线夹如图 8-1-5 所示，主要参数见表 8-1-5。

5. 中心回转式悬垂线夹

中心回转式悬垂线夹如图 8-1-6 所示，主要参数见表 8-1-6。

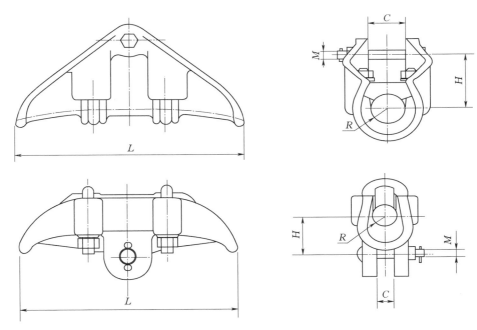

图 8 - 1 - 5　下垂式（上扛式）悬垂线夹

表 8 - 1 - 5　　　　　　　下垂式（上扛式）悬垂线夹的主要参数

型　号	适用绞线直径 （含包藏物）/mm	主要尺寸/mm					破坏荷重 /kN	重量 /kg
		H	L	R	C	M		
XGF - 6	34.0~43.0	70	300	22.0	44	16	80	3.8
XGF - 8032	28.0~32.0	80	320	16.5	40	18	80	4.6
XGF - 5K	24.2~32.0	55	300	16.0	24	16	60	3.0
XGF - 5K/GH	24.2~32.0	55	300	16.0	24	16	59	3.7

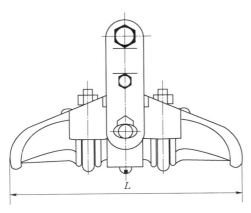

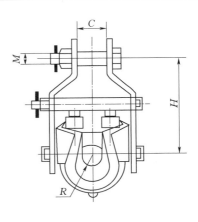

图 8 - 1 - 6　中心回转式悬垂线夹

表 8-1-6　　　　　　　　　　中心回转式悬垂线夹的主要参数

型　号	适用绞线直径（含包藏物）/mm	主要尺寸/mm					破坏荷重/kN	重量/kg
		H	L	R	C	M		
XGZ-5	26.0～31.0	87	287	16	50	16	60	3.7
XGZ-6	40.0～45.0	95	287	23	50	16	60	4.3
XGZ-7	46.0～51.0	100	300	26	54	18	100	6.1

6. 预绞式悬垂线夹

预绞式悬垂线夹如图 8-1-7 所示，主要参数见表 8-1-7。

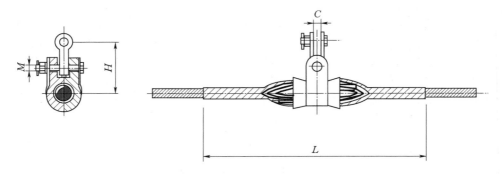

图 8-1-7　预绞式悬垂线夹

表 8-1-7　　　　　　　　　　预绞式悬垂线夹的主要参数

型　号	适用导线类型	主要尺寸/mm				破坏荷重/kN	重量/kg
		L	C	H	M		
CL-60-300/40	LGJ-300/40	1700	20	145	16	60	4.7
CL-100-400/35	LGJ-400/35	2080	22	150	18	100	7.1
CL-100-400/50	LGJ-400/50	2080	22	150	18	100	7.4

7. 双挂点预绞式悬垂线夹

双挂点预绞式悬垂线夹如图 8-1-8 所示，主要参数见表 8-1-8。

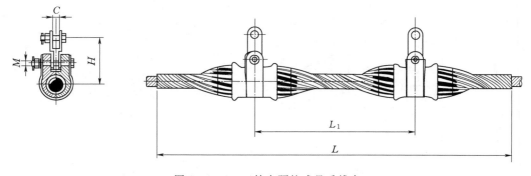

图 8-1-8　双挂点预绞式悬垂线夹

表 8-1-8 双挂点预绞式悬垂线夹的主要参数

型 号	适用导线类型	主要尺寸/mm					破坏荷重/kN	重量/kg
		L	L_1	C	H	M		
CLS-120-300/40	LGJ-300/40	2280	560	20	145	16	120	7.6
CLS-120-400/35	LGJ-400/35	2740	660	20	150	16	120	12.0
CLS-120-720/50	LGJ-720/50	3040	813	22	155	16	120	19.3

8. 跳线悬垂线夹

跳线悬垂线夹如图 8-1-9 所示，主要参数见表 8-1-9。

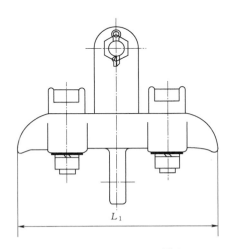
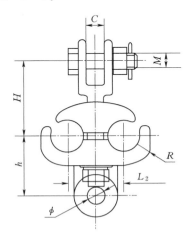

图 8-1-9　双导线跳线悬垂线夹

表 8-1-9 双导线跳线悬垂线夹的主要参数

型 号	适用绞线直径（含包藏物）/mm	主要尺寸/mm							破坏荷重/kN	重量/kg
		ϕ	R	L_1	L_2	M	C	h	H		
XTS-1	21.0~25.0	—	13	200	50	16	19	—	77	70	3.4
XTS-2	25.0~31.0	18	16	200	56	16	18	62	77	70	5.0
XTS-5	23.0~33.0	18	17	200	60	18	20	55	70	100	4.2
XTS-6	34.0~45.0	18	23	250	77	16	20	70	103	70	7.5

9. 四分裂导线跳线悬垂线夹

四分裂导线跳线悬垂线夹如图 8-1-10 所示，主要参数见表 8-1-10。

表 8-1-10 四分裂导线跳线悬垂线夹的主要参数

型 号	适用绞线直径（含包藏物）/mm	主要尺寸/mm					重量/kg
		H	C	ϕ	R	ϕ_1	
XT4	23.0~27.0	450	240	18	13.5	26	8.4
XT-445/400	26.0~32.0	450	240	18	16.0	26	8.4
XT-445/500	28.0~33.0	450	240	18	17.0	26	8.4
XT4-45630	28.0~34.0	450	240	18	17.0	26	8.8

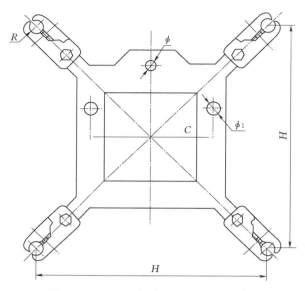

图 8-1-10　四分裂导线跳线悬垂线夹

二、耐张线夹（Strain Clamp）

耐张线夹是一种将导线固定在耐张、转角杆塔的绝缘子串上的金具。按结构可分为液压型、螺栓型、楔型三种。液压型耐张线夹一般适用于固定大截面导线，螺栓型耐张线夹一般适用于固定中小截面导线，楔型耐张线夹一般适用于地线（镀锌钢绞线）。

（一）耐张线夹的种类与代号

常用耐张线夹如图 8-1-11 所示，耐张线夹的种类与代号见表 8-1-11。

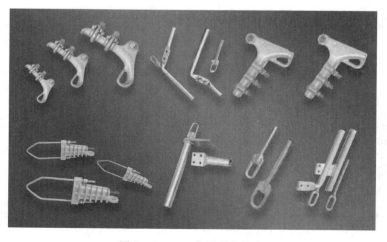

图 8-1-11　常用耐张线夹

表 8-1-11   耐张线夹的种类与代号

耐张线夹种类	代　号	耐张线夹种类	代　号
液压型耐张线夹	NY	楔型耐张线夹	NX
螺栓型耐张线夹	NL		

（二）耐张线夹的命名方法

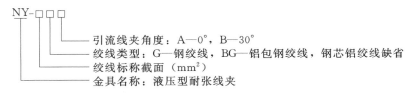

NY-□□□

- 引流线夹角度：A—0°，B—30°
- 绞线类型：G—钢绞线，BG—铝包钢绞线，钢芯铝绞线缺省
- 绞线标称截面（mm²）
- 金具名称：液压型耐张线夹

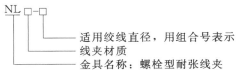

NL□□

- 适用绞线直径，用组合号表示
- 线夹材质
- 金具名称：螺栓型耐张线夹

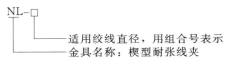

NL-□

- 适用绞线直径，用组合号表示
- 金具名称：楔型耐张线夹

（三）耐张线夹的识别

1. 液压型耐张线夹

液压型耐张线夹如图 8-1-12 所示，主要参数见表 8-1-12。

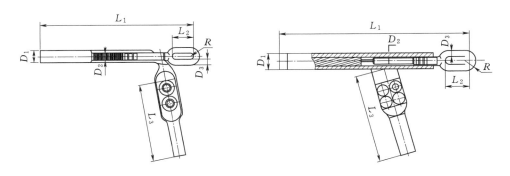

图 8-1-12　液压型耐张线夹

表 8-1-12   液压型耐张线夹的主要参数

型　号	适用导线	主要尺寸/mm							握力 /kN	重量 /kg
		D_1	D_2	D_3	L_1	L_2	L_3	R		
NY-240/30.1	LGJ-240/30	36	16	18	490	65	240	10	72.0	2.9
NY-300/25.1	LGJ-300/25	40	14	18	502	67	265	11	79.0	3.6
NY-500/45.1	LGJ-500/45	52	18	20	618	78	245	13	146	5.5
NY-630/45.1A	LGJ-630/45	60	18	22	650	78	290	13	141	7.1

2. 螺栓型耐张线夹

螺栓型耐张线夹如图 8－1－13 所示，主要参数见表 8－1－13。

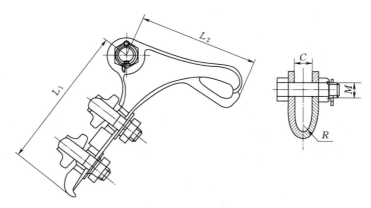

图 8－1－13　螺栓型耐张线夹

表 8－1－13　　　　　　　　螺栓型耐张线夹的主要参数

型　号	适用绞线直径（含包藏物）/mm	主要尺寸/mm					U 型螺栓		破坏荷重/kN	重量/kg
		M	C	L_1	L_2	R	数量	直径/mm		
NLD－1	5.1～10.0	16	18	150	120	6.5	2	12	20	1.3
NLD－2	10.1～14.0	16	18	207	135	8.0	3	12	40	2.4

3. 楔型耐张线夹

楔型耐张线夹如图 8－1－14 所示，主要参数见表 8－1－14。

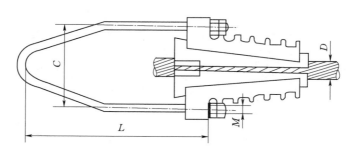

图 8－1－14　楔型耐张线夹

表 8－1－14　　　　　　　　楔型耐张线夹的主要参数

型　号	适用导线	主要尺寸/mm				握力/kN	重量/kg
		M	C	D	L		
NX－240LY－20	JKLYJ－240	12	128	27	140～240	22.5	2.0
NX－185LY－20	JKLYJ－185	12	128	27	140～240	17.3	2.0
NX－150LY－20	JKLYJ－150	12	128	23	140～240	13.6	2.0
NX－120LY－20	JKLYJ－120	12	128	23	140～240	11.3	2.0

三、联结金具（Link Fitting）

联结金具又称为通用金具，多用于绝缘子串与杆塔之间、线夹与绝缘子串之间、地线线夹与杆塔之间的联结。按用途可分为球头挂环、球头挂板、碗头挂板、U 型挂环、直角挂环、延长环、延长拉杆、挂板、牵引板、U 型螺丝、支撑架等。常用联结金具如图 8-1-15 所示。

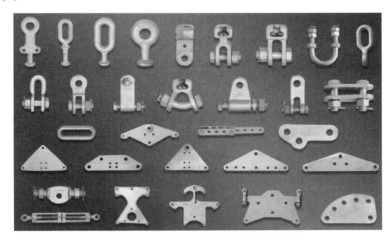

图 8-1-15　常用联结金具

（一）联结金具的命名方法

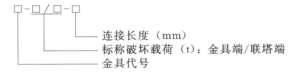

　　　　　　　　连接长度（mm）
　　　　　　标称破坏载荷（t）：金具端/联塔端
　　　　金具代号

（二）联结金具的识别

1. 球头挂环（Q、QP 型）

球头挂环（Q、QP 型）如图 8-1-16 所示，主要参数见表 8-1-15。

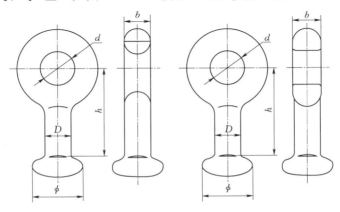

图 8-1-16　球头挂环（Q、QP 型）

表 8 - 1 - 15   **球头挂环（Q、QP 型）的主要参数**

型 号	主要尺寸/mm					破坏荷重 /kN	重量 /kg	连接标记
	ϕ	D	h	d	b			
QP - 4	22.8	12	35	13.5	12	40	0.1	11
Q - 7	33.3	17	50	22	16	70	0.3	16
QP - 7	33.3	17	50	20	16	70	0.3	16
QP - 10	33.3	17	50	20	16	100	0.3	16
QP - 12	33.3	17	55	24	17	120	0.4	16
QP - 16	33.3	21	60	26	20	160	0.5	20
QP - 1680	33.3	21	80	26	18	160	0.6	20
QP - 21	49.0	24	70	29	24	210	1.0	24
QP - 25	49.0	25	80	33	28	250	1.1	24
QP - 30	49.0	25	80	39	28	300	1.1	24
QP - 16S	33.3	21	60	26	18	160	0.5	20
QP - 21D	41.0	21	70	29	21	210	1.0	20
QP - 21S	41.0	21	80	26	20	210	0.7	20
QP - 25S	49.0	25	80	30	24	250	1.0	24
QP - 32S	49.0	25	80	33	28	320	1.2	24
QP - 42S	57.0	29	100	39	32	420	1.5	28
QP - 53S	65.0	33	110	45	36	530	2.6	32

2. 球头挂板

球头挂板如图 8 - 1 - 17 所示，主要参数见表 8 - 1 - 16。

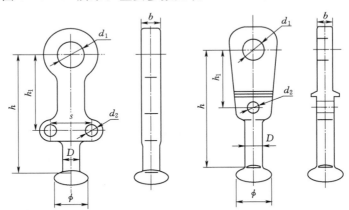

图 8 - 1 - 17   球头挂板

表 8 - 1 - 16   **球头挂板的主要参数**

型 号	主要尺寸/mm								破坏荷重 /kN	重量 /kg	连接标记	简图
	ϕ	h	h_1	D	d_1	d_2	b	s				
Q - 7P	33.3	102	42	17	18	14	16		70	1.1	16	2
Q - 10P	33.3	100	58	16	20	12.5	16		100	1.2	16	2
Q - 12P	33.3	122	57	17	24	14	16		120	1.3	16	2

续表

型　号	主要尺寸/mm								破坏荷重/kN	重量/kg	连接标记	简图
	ϕ	h	h_1	D	d_1	d_2	b	s				
Q-16P	41.0	130	60	21	26	14	20		160	1.0	20	2
QP-7AH	33.3	130	70	17	18	14	16		70	0.8	16	2
QP-16AH	41.0	140	70	21	26	14	18		160	0.9	20	2
QP-21A	41.0	120	65	21	29	14	24		210	1.4	20	2
QP-32AS	49.0	175	115	25	33	18	28	60	320	2.5	24	1
QP-32AH	49.0	175	115	25	39	18	28	60	320	2.5	24	1
QP-42AS	57.0	140	75	29	39	18	32	80	420	2.8	28	1

3. 碗头挂板（W型）

碗头挂板（W型）如图 8-1-18 所示，主要参数见表 8-1-17。

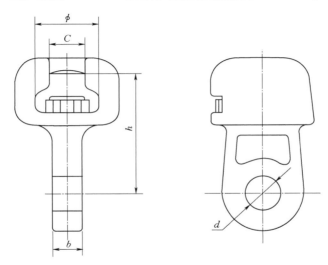

图 8-1-18　碗头挂板（W型）

表 8-1-17　　　　　　　　碗头挂板（W型）的主要参数

型　号	主要尺寸/mm					破坏荷重/kN	重量/kg	连接标记
	ϕ	C	h	d	b			
W-4	24.5	12.5	50	14	12	40	0.6	11
W-0732	34.5	19.2	70	20	32	70	1.1	16
W1-10	34.5	19.2	85	20	18	100	1.0	16
W1-12	34.5	19.2	85	20	32	120	1.1	16
W-30	51.0	27.5	110	39	32	300	4.2	24
W-7A	34.5	19.2	70	20	16	70	0.8	16
W-7B	34.5	19.2	115	20	16	70	0.9	16
W1-7G	34.5	19.2	70	20	25	70	1.1	16
W-32S	51.0	27.5	110	33	28	320	4.8	24
W-42130S1	59.0	32.0	130	39	32	420	5.4	28

4. U 型挂环

U 型挂环如图 8 - 1 - 19 所示，主要参数见表 8 - 1 - 18。

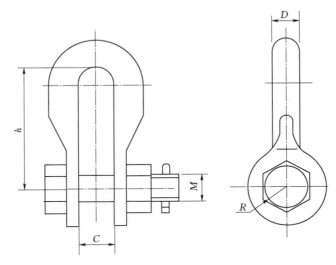

图 8 - 1 - 19　U 型挂环

表 8 - 1 - 18 U 型挂环的主要参数

型　号	主要尺寸/mm					破坏荷重 /kN	重量 /kg
	C	M	D	h	R		
U - 7	20	16	16	80	22	70	0.5
U - 10	22	18	18	85	24	100	0.6
U - 12	24	22	20	90	30	120	1.0
U - 16	26	24	22	95	32	160	1.5
U - 21	30	27	24	100	36	200	2.3
U - 25	34	30	26	110	40	250	2.8
U - 30	38	36	30	130	46	300	3.7
U - 40	42	42	36	150	55	400	6.4
U - 50	44	42	36	150	55	500	7.0
U - 70	40	42	36	170	55	700	9.5
U - 100	44	48	42	200	65	1000	14.5
U - 10ST	26	18	18	70	24	100	0.7
U - 12S	22	22	18	70	30	120	1.0
U - 1610	28	24	22	100	32	160	1.6
U - 16T	28	24	22	90	32	160	1.5
U - 21150S	26	24	20	150	32	210	1.7
U - 21S	26	24	20	100	32	210	1.4
U - 21ST	30	24	20	100	32	210	2.0
U - 25ST	34	27	24	110	36	250	2.6

续表

型　号	主要尺寸/mm					破坏荷重/kN	重量/kg
	C	M	D	h	R		
U-25S	30	27	24	110	36	250	2.1
U-32ST	36	30	28	115	40	320	3.1
U-32140S	32	30	28	140	40	320	3.3
U-42150S	38	36	32	150	45	420	4.8
U-50G	38	36	32	170	43	500	7.0
U-50S	40	36	32	150	48	500	4.9

5. 直角挂环

直角挂环如图 8-1-20 所示，主要参数见表 8-1-19。

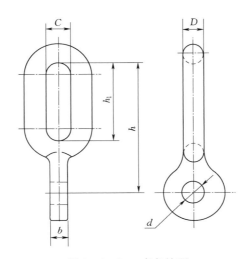

图 8-1-20　直角挂环

表 8-1-19　　　　　　　　　　　　　　直角挂环的主要参数

型　号	主要尺寸/mm						破坏荷重/kN	重量/kg
	D	b	C	d	h_1	h		
ZH-7	16	16	24	20	57	100	70	0.9
ZH-7P	16	16	24	20	57	95	70	0.4
ZH-10	18	16	22	20	65	100	100	1.1
ZH-12	18	16	22	24	65	115	120	1.1
ZH-16	22	18	26	26	75	135	160	1.2
ZH-16/153	22	18	26	26	90	153	160	1.4
ZH-21	24	26	32	30	75	150	210	2.3

6. 延长环

延长环如图 8-1-21 所示，主要参数见表 8-1-20。

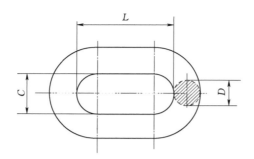

图 8 - 1 - 21　延长环

表 8 - 1 - 20　　　　　　　　　　延 长 环 的 主 要 参 数

型　号	主要尺寸/mm			破坏荷重/kN	重量/kg
	C	D	L		
PH - 7	20	16	80	70	0.4
PH - 10	22	18	100	100	0.7
PH - 12	24	20	120	120	0.9
PH - 16	26	22	140	160	1.2
PH - 21	30	24	160	210	1.7
PH - 25	34	26	160	250	2.0
PH - 30	38	30	180	300	3.0
PH - 12S	22	18	170	120	2.5
PH - 16S	26	20	120	160	0.9
PH - 1614S	26	20	140	160	1.0
PH - 21S	26	20	130	210	0.9
PH - 25S	32	24	120	250	1.3
PH - 32S	34	28	140	320	2.0
PH - 32130S	34	28	130	320	1.9
PH - 40G	44	36	185	400	4.3
PH - 42S	40	32	160	420	3.0
PH - 50400S	36	32	400	500	6.0

7. 延长拉杆

延长拉杆如图 8 - 1 - 22 所示，主要参数见表 8 - 1 - 21。

表 8 - 1 - 21　　　　　　　　　　延 长 拉 杆 的 主 要 参 数

型　号	主要尺寸/mm					破坏荷重/kN	重量/kg
	D	M	b	C	L		
YL - 42500S	36	36	32	36	500	420	8.5
YL - 64350S	42	42	36	42	350	460	11.2

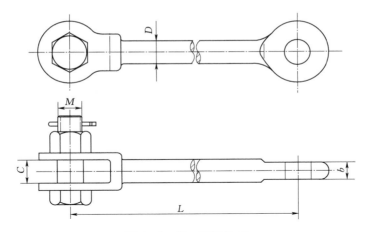

图 8 - 1 - 22　延长拉杆

8. 挂板（PD. SZ 型）

挂板（PD. SZ 型）如图 8 - 1 - 23 所示，主要参数见表 8 - 1 - 22。

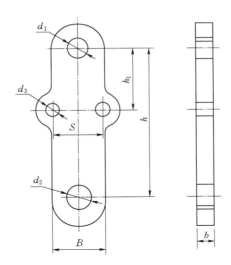

图 8 - 1 - 23　挂板（PD. SZ 型）

表 8 - 1 - 22　　　　　　　　　挂板（PD. SZ 型）的主要参数

型　号	主要尺寸/mm							破坏荷重 /kN	重量 /kg
	d_1	d_2	d_3	b	B	S	h		
SZ - 7	18	18	18	16	50	80	200	70	1.9
SZ - 10	20	20	18	18	50	80	200	100	1.9
SZ - 10A	24	26	18	18	70	100	300	100	3.6
SZ - 16A	26	26	16	22	80	80	120	160	3.0
SZ - 16	26	26	14	18	64	80	100	160	1.6

9. 挂板（PS 型）

挂板（PS 型）如图 8-1-24 所示，主要参数见表 8-1-23。

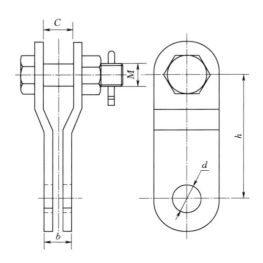

图 8-1-24 挂板（PS 型）

表 8-1-23 挂板（PS 型）的主要参数

型 号	主要尺寸/mm					破坏荷重 /kN	重量 /kg
	C	b	M	d	h		
PS-7	18	16	16	20	90	70	0.6
PS-10	20	20	18	20	90	100	0.8
PS-12	24	20	22	24	95	120	1.7
PS-16	26	24	24	26	210	160	3.2
PS-21	30	28	27	30	140	210	4.0
PS-30	38	32	36	39	150	300	5.9
PS-40	44	40	42	45	120	400	5.9
PS-16S	22	20	24	26	90	160	1.7
PS-21S	26	22	24	26	200	210	2.8
PS-21100S	24	20	24	26	100	210	2.1
PS-32S	32	28	30	33	140	320	4.2
PS-42S	36	34	36	39	150	420	6.2
PS-42210S	38	32	36	39	210	420	7.3
PS-42290S	38	32	36	39	290	420	9.0
PS-50S	38	36	36	39	150	500	7.5
PS-64210S	40	36	42	45	210	640	11.2

10. 牵引板

牵引板如图 8 - 1 - 25 所示，主要参数见表 8 - 1 - 24。

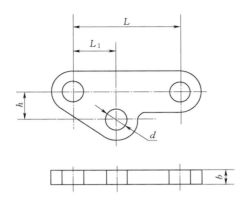

图 8 - 1 - 25 牵引板

表 8 - 1 - 24　　　　　　　　牵 引 板 的 主 要 参 数

型　号	主要尺寸/mm					破坏荷重 /kN	重量 /kg
	L	L_1	b	d	h		
QY - 7	100	38	16	18	22	70	0.8
QY - 10	120	42	16	20	25	100	1.0
QY - 12	150	52	16	24	30	120	1.5
QY - 16	180	55	18	26	35	160	2.1
QY - 21	200	75	26	30	45	210	4.0
QY - 25	220	85	30	33	50	250	6.2
QY - 30	240	95	32	39	57	300	7.3
QY - 50	260	100	38	45	70	500	12.7
QY - 60	260	114	42	51	80	600	16.0
QY - 21S	200	75	20	26	45	210	2.8
QY - 32S	240	95	28	33	57	320	5.9
QY - 32260S	260	95	28	33	57	320	7.5
QY - 42S	260	100	32	39	70	420	8.4
QY - 64S	260	114	36	45	80	640	12.5
QY - 84260S	260	120	36	51	90	840	14.3
QY - 120S	300	150	44	60	150	1200	27.8

11. 调整板（DB 型）

调整板（DB 型）如图 8 - 1 - 26 所示，主要参数见表 8 - 1 - 25。

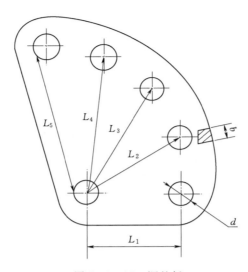

图 8-1-26 调整板

表 8-1-25   调 整 板 的 主 要 参 数

型 号	主要尺寸/mm						破坏荷重 /kN	重量 /kg
	d	b	L_1	L_2	L_3	L_4	L_5		
DB-7	18	16	70	95	120	145	170	70	1.7
DB-10	20	16	80	110	140	170	200	100	2.7
DB-12	24	16	100	135	170	205	240	120	4.0
DB-16	26	18	110	125	140	155	170	160	4.1
DB-21	30	26	120	135	150	165	180	210	7.4
DB-25	33	30	120	140	160	180	200	250	11.8
DB-30	39	32	120	140	160	180	200	300	12.5
DB-40	45	38	140	170	200	230	260	400	22.1
DB-60	51	42	135	160	185	210	235	600	31.6
DB-16S	26	18	110	125	140	155	170	160	4.1
DB-21S	26	20	120	135	150	165	210	210	6.8
DB-25S	30	24	120	135	150	165	180	250	7.0
DB-32S	33	28	120	140	160	180	200	320	11.9
DB-42S	39	32	140	185	230	275	320	420	16.5
DB-42180S	39	32	100	140	180	220	260	420	13.8
DB-50S	39	32	140	185	230	275	320	500	17.0
DB-64185S	45	36	135	160	185	210	235	640	19.4
DB-64230S	45	36	140	185	230	275	320	640	21.0
DB-84S	51	36	140	170	200	230	260	840	24.8
DB-120S	60	44	170	200	240	280	320	1200	40.0

12. U 型螺丝

U 型螺丝如图 8 - 1 - 27 所示，主要参数见表 8 - 1 - 26。

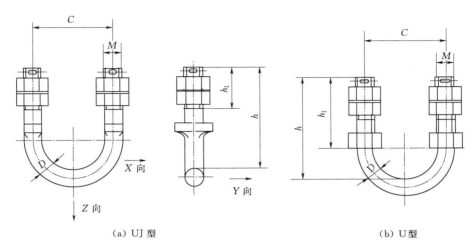

（a）UJ 型　　　　　　　　　　　　　（b）U 型

图 8 - 1 - 27　U 型螺丝

表 8 - 1 - 26　　　　　　　　　　**U 型螺丝的主要参数**

型　号	主要尺寸/mm					重量/kg
	C	M	D	h	h_1	
U - 1880	80	18	18	90	60	0.8
U - 2080	80	20	20	100	70	1.1
U - 2280	80	22	22	118	90	1.3
UJ - 1880	80	18	18	105	50	0.9
UJ - 2080	80	20	20	120	60	1.1
UJ - 2280	80	22	22	126	65	1.4
UJ - 1660	60	16	16	100	50	0.6
U - 1660	60	16	16	90	60	0.6
U - 1670	70	16	16	140	70	0.8
U - 1680	80	16	16	122	80	0.6
U - 1870	70	18	18	122	85	0.9
U - 1880.1	80	18	18	122	80	0.9
U - 2062	62	20	20	180	130	1.3
U - 2070	70	20	20	125	95	1.1
U - 2080.1	80	20	20	130	90	1.1
U - 2080.2	80	20	20	140	100	1.2
U - 2090	90	20	20	145	90	1.4
U - 20100	100	20	20	130	85	1.3
U - 2280.1	80	22	22	138	95	1.4
UJ - 2280.1	80	22	22	146	85	1.2

型　号	主要尺寸/mm					重量/kg
	C	M	D	h	h₁	
U-2280.2	80	22	22	148	119	1.4
U-2280.3	80	22	22	159	120	1.7
UJ-2480	80	24	24	156	78	1.6
U-2490	90	24	24	145	90	1.4
UJ-2880	80	27	28	154	65	2.3
UJ-30100	100	30	30	145	82	3.1

13. 支撑架（ZCJ 型）

支撑架（ZCJ 型）如图 8-1-28 所示，主要参数见表 8-1-27。

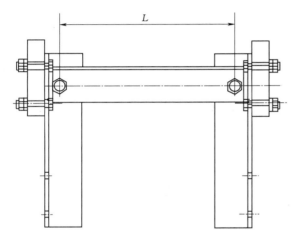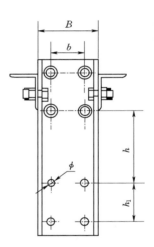

图 8-1-28　支撑架（ZCJ 型）

表 8-1-27　　　　　　　支撑架（ZCJ 型）的主要参数

型　号	主要尺寸/mm						重量/kg
	φ	B	b	h₁	h	L	
ZCJ-40	18	120	60	60	100	430	12.7
ZCJ-45	18	120	60	60	100	420	10.5
ZCJ-45H	18	120	60	60	245	420	13.2
ZCJ-45L	18	126	60	60	140	432	15.8
ZCJJ-450	26	160	80	80	150	486	30.8
ZCJJ-50	26	160	80	80	150	478	24.7
ZCJ-60S	18	120	60	60	100	600	14.3
ZCJ-60	22	140	80	80	780	—	16.9
ZCJ-42S	18	120	60	60	140	418	14.1
ZCJ-50S	18	120	60	60	100	480	13.5

四、接续金具（Splicing Fitting）

接续金具主要用于架空电力线路的导线及避雷线终端的接续、非直线杆塔跳线的接续及导线补修等。根据其用途又可分为补修管、并沟线夹、跳线线夹和预绞丝补修条等。常用接续金具如图 8 - 1 - 29 所示。

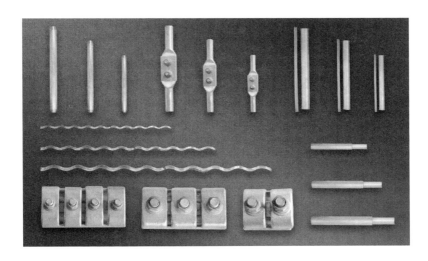

图 8 - 1 - 29　常用接续金具

（一）接续金具的种类与代号

JB□-□
　　　　└── 适用绞线直径范围，用数字表示
　　　└── 绞线类型：B—钢绞线用，铝包钢绞线、钢芯铝绞线用缺省
　　└── 金具名称：并沟线夹

（二）接续金具的识别

1．补修管

补修管如图 8 - 1 - 30 所示，主要参数见表 8 - 1 - 28。

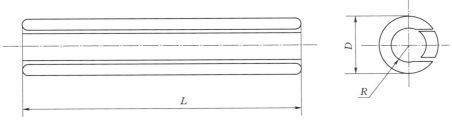

图 8 - 1 - 30　补修管

147

表 8 - 1 - 28　　　　　　　　　　　　　补 修 管 的 主 要 参 数

型　号	适 用 导 线	主要尺寸/mm			重量/kg
		D	L	R	
JX - 70/40	LGJF - 70/40　LGJ - 70/40	26	200	7.5	0.2
JX - 95/15	LGJ - 95/15	30	150	7.5	0.3
JX - 90/40	LGJ - 90/40	30	150	8.0	0.3
JX - 95/55	LGJ - 95/55	32	150	9.0	0.3
JX - 95/140	LGJ - 95/140	32	200	11.0	0.7
JX - 120/20	LGJ - 120/20	30	140	8.5	0.2
JX - 120/60	PHLOX116	26	150	7.7	0.2
JX - 150/25	LGJ - 150/25	30	150	9.5	0.3
JX - 150/35	LGJ - 150/35	30	150	9.5	0.2
JX - 185	LGJ - 185/25　185/30　185/45　210/10	32	150	10.5	0.2
JX - 185/10	LGJ - 185/10	32	150	10.0	0.2
JX - 210	LGJ - 210/25　210/35	34	200	11.0	0.3
JX - 240	LGJ - 240/30　240/40　210/50	36	200	11.5	0.4
JX - 240/55	LGJ - 240/55	36	200	12.0	0.4
JX - 300	LGJ - 300/20　300/25　300/40　300/50	40	250	13.0	0.6
JX - 300/15	LGJ - 300/15	40	250	12.5	0.6
JX - 300/70	LGJ - 300/70	42	250	13.5	0.6
JX - 400	LGJ - 400/20　400/25　400/35	45	300	14.5	0.8
JX - 400/50	LGJ - 400/50	45	320	14.5	0.9
JX - 400/65	LGJ - 400/65	48	300	15.0	0.9
JX - 400/95	LGJ - 400/95	48	320	15.5	0.9
JX - 500	LGJ - 500/35　500/45　500/65	52	320	16.0	1.1
JX - 630	LGJ - 630/45　630/55　630/80	60	370	18.0	1.7
JX - 630/45	LGJ - 630/45　A3/S1A - 651/45	60	370	18.0	1.0
JX - 720/50	ACSR - 720/50	60	370	19.0	2.0
JX - 720/90	ACSR - 720/90	60	400	19.5	1.8
JX - 800	LGJ - 800/70　800/100	65	370	20.5	1.9
JX - 800/55	LGJ - 800/55	65	370	20.0	1.9
JX - 50BG	$LB_{20}J$ - 50	20	160	9.6	0.1
JX - 55BG	LBGJ - 55 - 23AC	22	160	5.0	0.1
JX - 65BG - 20	$JLB_{20}A$ - 65	24	160	5.5	0.2

2. 并沟线夹（铝绞线、钢芯铝绞线）

并沟线夹（铝绞线、钢芯铝绞线）如图 8-1-31 所示，主要参数见表 8-1-29。

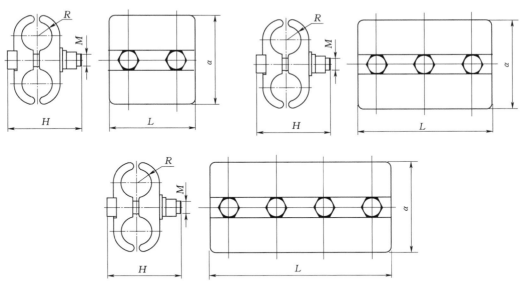

图 8-1-31　并沟线夹（铝绞线、钢芯铝绞线）

表 8-1-29　　　　　　　　并沟线夹（铝绞线、钢芯铝绞线）的主要参数

型号	适用导线截面 /mm²	主要尺寸/mm					重量 /kg	简图
		α	M	L	R	H		
JB-0	16~25	38	10	72	3.5	35	0.2	1
JB-1	25~50	46	12	80	5.0	45	0.4	1
JB-2	70~95	54	12	114	7.0	55	0.7	2
JB-3	120~150	64	16	140	8.5	60	1.1	2
JB-4	185~240	72	16	144	11.0	65	1.3	2
JB-5	300~460	100	20	215	15.5	110	2.5	3
JB-6	500~630	110	20	230	18.5	120	3.1	3

3. 跳线线夹

跳线线夹如图 8-1-32 所示，主要参数见表 8-1-30。

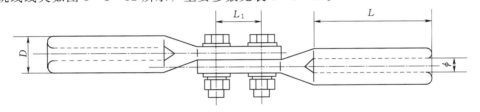

图 8-1-32　跳线线夹

表 8-1-30 跳线线夹的主要参数

型 号	适用导线	主要尺寸/mm				重量/kg
		D	L	L_1	ϕ	
JYT-35/6	LGJ-35/6	16	60	30	9.5	0.3
JYT-50/8	LGJ-50/8	18	60	30	11.0	0.3
JYT-70/10	LGJ-70/10	22	70	30	13.0	0.4
JYT-95/15	LGJ-95/15	26	80	30	15.0	0.5
JYT-95/55	LGJ-95/55	28	81	30	17.5	0.5
JYT-120/7	LGJ-120/7	26	80	40	16.0	0.6
JYT-120/20	LGJ-120/20	26	80	40	16.5	0.6
JYT-150/8	LGJ-150/8	30	90	40	17.5	0.7
JYT-150/20	LGJ-150/20	30	90	40	18.0	0.7
JYT-150/25	LGJ-150/25	30	90	40	18.5	0.7
JYT-185/10	LGJ-185/10	32	90	40	19.5	0.7
JYT-185/25	LGJ-185/25	32	90	40	20.5	0.7
JYT-185/30	LGJ-185/30	32	90	40	20.5	0.7
JYT-210/10	LGJ-210/10	34	100	40	20.5	0.8
JYT-210/25	LGJ-210/25	34	100	40	21.5	0.8
JYT-210/35	LGJ-210/35	34	100	40	22.0	0.8

4. 预绞丝补修条

预绞丝补修条如图 8-1-33 所示，主要参数见表 8-1-31。

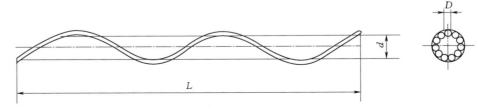

图 8-1-33 预绞丝补修条

表 8-1-31 预绞丝补修条的主要参数

型 号	适用导线	主要尺寸/mm			每组根数	重量/kg
		D	d	L		
FYB-95/15	LGJ-95/15	3.6	11.4	420	13	0.2
FYB-95/20	LGJ-95/20	3.6	11.4	420	13	0.2
FYB-95/55	LGJ-95/55	3.6	13.3	420	16	0.2
FYB-120/7	LGJ-120/7	3.6	12.0	450	14	0.2
FYB-120/20	LGJ-120/20	3.6	12.5	450	14	0.2

续表

型　号	适用导线	主要尺寸/mm			每组根数	重量/kg
		D	d	L		
FYB-120/25	LGJ-120/25	3.6	13.0	450	14	0.2
FYB-150/8	LGJ-150/8	3.6	13.3	480	16	0.2
FYB-150/20	LGJ-150/20	3.6	14.7	480	16	0.3
FYB-150/25	LGJ-150/25	3.6	14.2	480	16	0.3
FYB-150/35	LGJ-150/35	3.6	14.5	480	16	0.3
YJB-35	LGJ-35	3.6	7.1	270	9	0.1
YJB-50	LGJ-50	3.6	8.2	300	10	0.1
YJB-70	LGJ-70	3.6	9.7	340	11	0.2
YJB-95	LGJ-95	3.6	11.6	420	13	0.2
YJB-120	LGJ-120	3.6	12.9	450	14	0.2
YJB-150	LGJ-150	3.6	14.2	480	16	0.2
YJB-185	LGJ-185	4.6	16.2	580	14	0.4
YJB-240	LGJ-240	4.6	18.1	640	16	0.5
YJB-300	LGJ-300	6.3	21.4	700	13	0.8
YJB-400	LGJ-400	6.3	23.5	820	14	1.1
YJB-300Q	LGJQ-300	6.3	20.2	700	13	0.8

五、保护金具（Protective Fitting）

保护金具主要包括供导线及避雷线用的防振锤，分裂导线用于保持线间距离、抑制导线微风振动的间隔棒，绝缘子串用的预绞式护线条、铝包带、悬重锤以及均压屏蔽环、招弧角等。常用保护金具如图 8-1-34 所示。

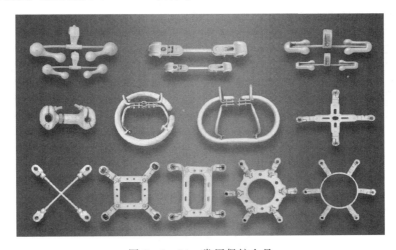

图 8-1-34　常用保护金具

（一）保护金具的种类与代号

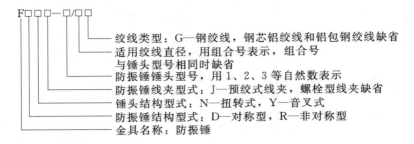

F□□□—□/□□
绞线类型：G—钢绞线，钢芯铝绞线和铝包钢绞线缺省
适用绞线直径，用组合号表示，组合号
与锤头型号相同时缺省
防振锤锤头型号，用1、2、3等自然数表示
防振锤线夹型式：J—预绞式线夹，螺栓型线夹缺省
锤头结构型式：N—扭转式，Y—音叉式
防振锤结构型式：D—对称型，R—非对称型
金具名称：防振锤

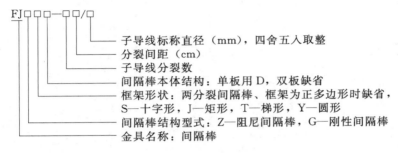

FJ□□□—□□/□
子导线标称直径（mm），四舍五入取整
分裂间距（cm）
子导线分裂数
间隔棒本体结构：单板用D，双板缺省
框架形状：两分裂间隔棒、框架为正多边形时缺省，
S—十字形，J—矩形，T—梯形，Y—圆形
间隔棒结构型式：Z—阻尼间隔棒，G—刚性间隔棒
金具名称：间隔棒

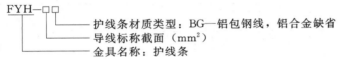

FYH—□□
护线条材质类型：BG—铝包钢线，铝合金缺省
导线标称截面（mm²）
金具名称：护线条

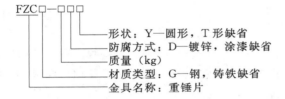

FZC□—□□□
形状：Y—圆形，T形缺省
防腐方式：D—镀锌，涂漆缺省
质量（kg）
材质类型：G—钢，铸铁缺省
金具名称：重锤片

（二）保护金具的识别

1. 防振锤（FDZ型）

防振锤（FDZ型）如图8-1-35所示，主要参数见表8-1-32。

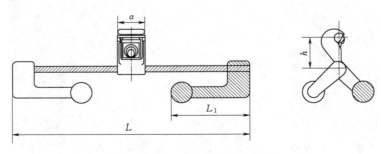

图8-1-35 防振锤（FDZ型）

表 8-1-32　　　　　　　　　　　防振锤（FDZ型）的主要参数

型　号	适用导线直径/mm	主要尺寸/mm				锤头重量/kg	重量/kg
		L	L_1	α	h		
FDZ-1	7～11	320	120	50	58	0.7	2.0
FDZ-2	11～15	350	130	50	58	0.9	2.0
FDZ-3	15～19	430	150	60	72	1.7	4.0
FDZ-4	19～23	470	160	60	72	2.1	6.0
FDZ-5	23～30	520	180	60	89	3.0	7.0
FDZ-6	30～36	520	180	60	96	3.6	9.0
FDZ-6/40	36～40	520	180	60	100	3.6	8.7
FDZ-1T	7.0～11.0	50	58	120	320	0.7	1.9
FDZ-2T	11.0～15.0	50	58	130	350	0.9	2.5

注：不带 T 的线夹为铝合金件，带 T 的线夹为铁夹头，锤头为灰铸铁，其余为热镀锌钢制件。

2. 间隔棒（FJZ 型双导线用）

间隔棒（FJZ 型双导线用）如图 8-1-36 所示，主要参数见表 8-1-33。

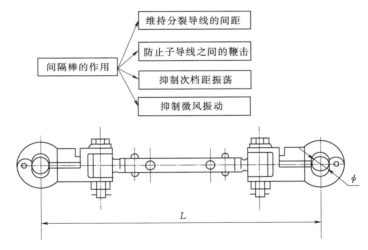

图 8-1-36　间隔棒（FJZ 型双导线用）

表 8-1-33　　　　　　　　　间隔棒（FJZ 型双导线用）的主要参数

型　号	适用导线	主要尺寸/mm		重量/kg
		L	ϕ	
FJZ-240/300	LGJ-300/20～50	400	19.4	3.1
FJZ-240/300A	LHBGJ-300/70	400	21.2	3.1
FJZ-240/400	LGJ-400/50～65	400	24.0	3.1
FJZ-250/630	LGJ-630/45	500	33.0	3.8

3. 间隔棒（500kV 跳线用）

间隔棒（500kV 跳线用）如图 8-1-37 所示，主要参数见表 8-1-34。

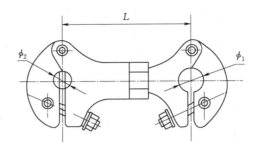

图 8 - 1 - 37　间隔棒（500kV 跳线用）

表 8 - 1 - 34　　　　　　　　间隔棒（500kV 跳线用）的主要参数

型　号	主要尺寸/mm			重量/kg
	ϕ_1	ϕ_2	L	
TJ₂ - 12240	22	18	120~145	0.9
TJ₂ - 12300	26	18	120~145	0.9
TJ₂ - 12400	28	22	120~145	0.9
TJ₂ - 12500	31	23	120~140	1.2
TJ₂ - 12630	34	26	120~135	1.1
TJ₂ - 12720	38	26	120~145	1.1
TJ₂ - 12420	36	26	120~135	1.1
TJ₂ - 12500.1	36	30	120~135	1.2
TJ₂ - 12630/19	34	19	120~135	1.1
TJ₂ - 12630/23	34	23	120~135	1.1
TJ₂ - 12630/30	34	31	120~135	1.2
TJ₂ - 12720/19	38	19	120~135	1.1
TJ - 135400	37	28	125~150	1.5
TJ - 135/500	43	30	135	1.2
TJ₂ - 135630.1	36	27	120~145	1.2
TJ - 135/720	38	30	135	1.5
TJ₂ - 12400/18	28	18	120~145	0.9
TJ₂ - 12400/26	28	26	120~145	0.9

4. 防舞间隔棒

防舞间隔棒如图 8 - 1 - 38 所示，主要参数见表 8 - 1 - 35。

表 8 - 1 - 35　　　　　　　　防舞间隔棒的主要参数

型　号	适用导线	主要尺寸/mm				重量/kg
		L_1	L_2	H	ϕ	
FJZW - 445J/300	LGJ - 300/40	450	440	160	19.4	26.3
FJZW - 445J/400A	LGJ - 400/35	450	440	160	22.8	26.3
FJZW - 445J/500	LGJ - 500/45	450	440	160	26.6	26.3
FJZW - 445J/500Y	LGJ - 500/45 加护线条	450	440	160	43.2	27.3

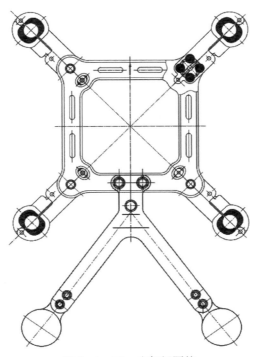

图 8 - 1 - 38　防舞间隔棒

5. 预绞式阻尼间隔棒

预绞式阻尼间隔棒如图 8 - 1 - 39 所示，主要参数见表 8 - 1 - 36。

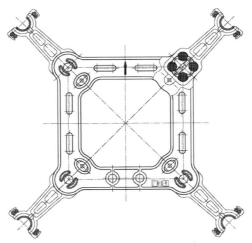

图 8 - 1 - 39　预绞丝阻尼间隔棒

表 8 - 1 - 36　　　　　　　　　预绞丝阻尼间隔棒的主要参数

型　号	适用导线	主要尺寸/mm	重量
		L	/kg
FJZY - 445F/300	LGJ - 300	450	—
FJZY - 445F/400	LGJ - 400	450	—

型 号	适用导线	主要尺寸/mm	重量/kg
		L	
FJZY - 445F/500	LGJ - 500	450	—
FJZY - 445F/630	LGJ - 630	450	—
FJZY - 445F/720	LGJ - 720	450	—
FJZY - 445F/800	LGJ - 800	450	—
FJZY - 445F/900	JL/G3 - 900	450	—
FJZY - 445F/1000	JL/G3A - 1000	450	—

6. 六分裂跳线间隔棒

六分裂跳线间隔棒如图 8-1-40 所示，主要参数见表 8-1-37。

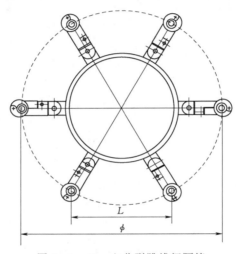

图 8-1-40 六分裂跳线间隔棒

表 8-1-37　　　　　　　　　六分裂跳线间隔棒的主要参数

型 号	适用导线	主要尺寸/mm		重量/kg
		ϕ	L	
FJT₆ - 375/240	LGJ - 240	750	375	9.9
FJT₆ - 375/300	LGJ - 300	750	375	9.9

7. 预绞式护线条

预绞式护线条如图 8-1-41 所示，主要参数见表 8-1-38。

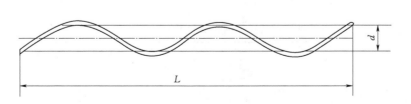

图 8-1-41 预绞式护线条

表 8-1-38 预绞式护线条的主要参数

型　号	适用导线	主要尺寸/mm			每组根数	重量/kg
		D	d	L		
FYH-95/15	LGJ-95/15	3.6	11.4	1400	13	0.5
FYH-95/20	LGJ-95/20	3.6	11.4	1400	13	0.5
FYH-95/55	LGJ-95/55	3.6	13.3	1500	16	0.6
FYH-120/7	LGJ-120/7	3.6	12.0	1400	14	0.6
FYH-120/20	LGJ-120/20	3.6	12.5	1400	14	0.6
FYH-120/25	LGJ-120/25	3.6	13.0	1400	14	0.6
FYH-120/70	LGJ-120/70	4.6	14.9	1800	14	0.8
FYH-150/8	LGJ-150/8	3.6	13.3	1500	16	0.6
FYH-150/20	LGJ-150/20	3.6	14.7	1500	16	0.7
FYH-150/25	LGJ-150/25	3.6	14.2	1500	16	0.7
FYH-150/35	LGJ-150/35	3.6	14.5	1500	16	0.7
FYH-185/10	LGJ-185/10	4.6	14.9	1800	14	1.2
FYH-185/25	LGJ-185/25	4.6	15.7	1800	14	1.3
FYH-185/30	LGJ-185/30	4.6	15.7	1800	14	1.3
FYH-185/45	LGJ-185/45	4.6	16.3	1800	14	1.3
FYH-210/10	LGJ-210/10	4.6	15.9	1800	14	1.3
FYH-210/25	LGJ-210/25	4.6	16.6	1800	14	1.3
FYH-210/35	LGJ-210/35	4.6	16.9	1800	14	1.3
FYH-210/50	LGJ-210/50	4.6	17.3	1800	14	1.3
FYH-240/30	LGJ-240/30	4.6	17.9	1900	16	1.4
FYH-240/40	LGJ-240/40	4.6	17.9	1900	16	1.4
FYH-240/55	LGJ-240/55	4.6	18.6	1900	16	1.4
FYH-300/15	LGJ-300/15	6.3	19.1	2000	13	2.3
FYH-300/20	LGJ-300/20	6.3	19.4	2000	13	2.3
FYH-300/25	LGJ-300/25	6.3	19.7	2000	13	2.3
FYH-300/40	LGJ-300/40	6.3	19.9	2000	13	2.3
FYH-300/50	LGJ-300/50	6.3	20.1	2000	13	2.3
FYH-300/70	LGJ-300/70	6.3	20.9	2000	13	2.3

8. 铝包带

铝包带如图 8-1-42 所示，主要参数见表 8-1-39。

图 8-1-42 铝包带（单位：mm）

表 8 - 1 - 39　　　　　　　铝 包 带 的 主 要 参 数

型　号	主要尺寸/mm	单位长度重量/(kg/m)	单位重量长度/(m/kg)
FLD - 1	1×10	0.027	37

9. 悬重锤及其附件

悬重锤及其附件如图 8 - 1 - 43 所示，主要参数见表 8 - 1 - 40。

表 8 - 1 - 40　　　　　悬重锤及其附件的主要参数

编号	名　称	型号	重量/kg	备　注
1	重锤挂板	ZG - 1	0.3	适用于安装于 XGU - 4 悬垂线夹上
2	重锤挂板	ZG - 2	0.3	适用于安装于 XGU - 5、6 悬垂线夹上
3	重锤座	ZJ - 1	1.5	
4	重锤片	ZC - 1	15.0	
5	平行挂板	PS - 7	0.5	见联结金具

10. 均压屏蔽环

均压屏蔽环如图 8 - 1 - 44 和图 8 - 1 - 45 所示，主要参数见表 8 - 1 - 41 和表 8 - 1 - 42。

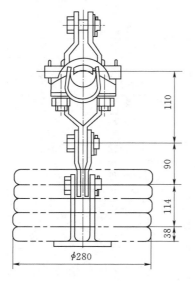

图 8 - 1 - 43　悬重锤及其附件
（单位：mm）

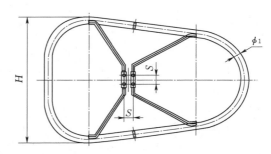

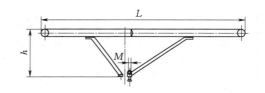

图 8 - 1 - 44　均压屏蔽环

[FJP - 500N 中：F—防护；J—均压环；P—屏蔽环；

500—电压等级；N—耐张绝缘子串用；

（X—悬垂绝缘子串用；L—轮型）]

表 8 - 1 - 41　　　　均压屏蔽环（FJP - 500N）的主要参数

型　号	主要尺寸/mm						重量/kg
	H	h	S	ϕ_1	M	L	
FJP - 500N	900	330	60	50	16	1450	18.5
FJP - 500NL	900	330	60	50	16	1450	6.7

续表

型　号	主要尺寸/mm						重量/kg
	H	h	S	ϕ_1	M	L	
FJP-500NL1	900	380	60	50	16	1450	7.9
FJP-500NL2	900	380	60	50	16	1570	8.4
FJP-500NL3	900	380	60	50	16	1800	9.3
FJP-500NL4	800	380	60	50	16	1680	8.4

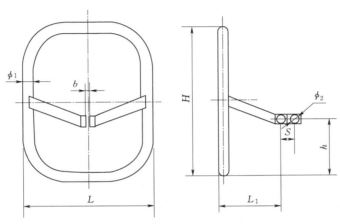

图 8-1-45　均压屏蔽环（FJP-500-XL）

表 8-1-42　　　　　　均压屏蔽环（FJP-500-XL）的主要参数

型　号	主要尺寸/mm								重量/kg
	L	L_1	H	h	ϕ_1	ϕ_2	S	b	
FJP-500XL	600	235	700	250	50	18	60	20	8.0
P1-500X	700	285	800	300	50	18	60	20	9.7
PL-500X	600	235	700	250	50	18	60	20	4.6

11. 招弧角（220kV）

招弧角是防止电弧沿绝缘子表面闪络的角型保护金具，如图 8-1-46 所示，主要参数见表 8-1-43。

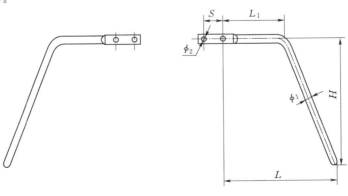

图 8-1-46　招弧角（220kV）

表 8 - 1 - 43   招弧角（220kV）的主要参数

型 号	主要尺寸/mm						重量 /kg
	L	L_1	H	ϕ_1	ϕ_2	S	
ZH－2－220－550	367	200	550	22	13	60	2.8
ZH－2－220－650	367	200	650	22	13	60	3.1

六、拉线金具（Guy Wire Fitting）

拉线金具主要用于固定拉线杆塔，包括从杆塔顶端引至地面拉线之间的所有零件。拉线杆塔的安全运行主要依靠拉线及其拉线金具来保证。常用拉线金具如图 8 - 1 - 47 所示。

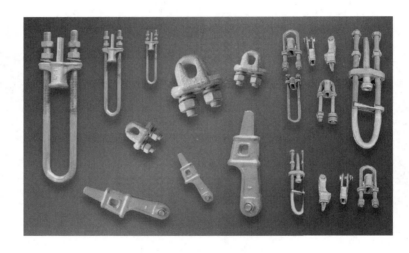

图 8 - 1 - 47 常用拉线金具

（一）拉线金具的种类与代号

略。

（二）拉线金具的识别

1. 楔型线夹

楔型线夹如图 8 - 1 - 48 所示，主要参数见表 8 - 1 - 44。

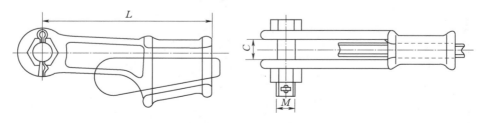

图 8 - 1 - 48 楔型线夹

表 8 – 1 – 44 　　　　　　　　　　楔型线夹的主要参数

型号	适用导线直径 /mm	主要尺寸/mm			破坏荷重 /kN	重量 /kg
		C	M	L		
NX – 1	6.6～7.8	18	16	150	45	1.2
NX – 2.1	8.7～10.5	20	18	189	88	2.4
NX – 3.1	13.0～14.0	24	24	214	143	4.4
NX – 4.1	14.5～16.0	28	24	238	164	6.0

2. NUT 型线夹（可调式）

NUT 型线夹（可调式）如图 8 – 1 – 49 所示，主要参数见表 8 – 1 – 45。

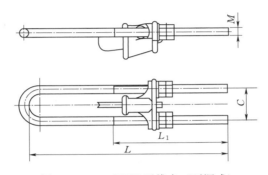

图 8 – 1 – 49　NUT 型线夹（可调式）

表 8 – 1 – 45 　　　　　　　　**NUT 型线夹（可调式）的主要参数**

型号	适用导线直径 /mm	主要尺寸/mm				破坏荷重 /kN	重量 /kg
		C	M	L	L_1		
NUT – 1	6.6～7.8	56	16	350	200	45	2.1
NUT – 2	9.0～11.0	62	18	430	250	88	3.2
NUT – 3	13.0～14.0	74	22	500	300	143	5.5
NUT – 4	15.0～16.0	82	24	580	350	164	7.2

3. 拉线 UL 型挂环

拉线 UL 型挂环如图 8 – 1 – 50 所示，主要参数见表 8 – 1 – 46。

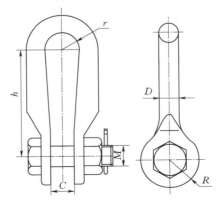

图 8 – 1 – 50　拉线 UL 型挂环

表 8 - 1 - 46   拉线 UL 型挂环的主要参数

型　号	主要尺寸/mm						破坏荷重 /kN	重量 /kg
	C	M	D	h	r	R		
UL - 7	20	16	16	120	15	15	70	0.7
UL - 10	22	18	18	140	17	17	100	1.0
UL - 12	24	22	20	140	18	18	120	1.5
UL - 16	26	24	22	140	19	19	160	1.7
UL - 20	30	27	24	160	22	22	200	2.9
UL - 1615	26	24	22	150	19	19	160	1.6
UL - 16S	28	24	20	140	16	16	160	1.1
UL - 21S	28	24	20	160	16	16	210	1.7
UL - 32S	32	30	28	160	20	20	320	3.4

4. 钢线卡子

钢线卡子如图 8 - 1 - 51 所示，主要参数见表 8 - 1 - 47。

表 8 - 1 - 47   钢线卡子的主要参数

型　号	适用导线直径 /mm	主要尺寸/mm				重量 /kg
		M	S	L	R	
JK - 1	6.6～7.8	10	22	54	5	0.2
JK - 2	9.0～11.0	10	28	72	6	0.3
JK - 1612	11.0～13.0	12	32	50	7	0.4

5. 平行挂板（PD 型）

平行挂板（PD 型）如图 8 - 1 - 52 所示，主要参数见表 8 - 1 - 48。

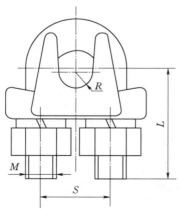

图 8 - 1 - 51　钢线卡子

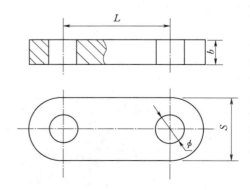

图 8 - 1 - 52　平行挂板（PD 型）

表 8 - 1 - 48　　　　　平行挂板（PD 型）的主要参数

型　号	主要尺寸/mm				破坏荷重 /kN	重量 /kg
	ϕ	b	S	L		
PD - 7	18	16	40	70	70	0.5
PD - 10	20	16	45	80	100	0.7
PD - 1020	20	16	45	200	100	1.3
PD - 12	24	16	50	100	120	1.0
PD - 1612	26	18	60	120	160	1.4
PD - 1612S	26	18	60	120	160	1.4
PD - 16	26	22	60	130	160	1.4
PD - 1614	26	22	60	140	160	2.0
PD - 16S	26	18	60	90	160	1.1
PD - 20	30	26	70	110	200	2.1
PD - 20A	39	25	72	120	200	—
PD - 2014	30	26	70	140	200	2.4
PD - 2030	30	26	70	300	200	4.9
PD - 21160S	26	20	60	160	210	1.8
PD - 2518	33	30	78	180	250	4.1
PD - 3012	39	32	80	120	300	3.9
PD - 30	39	32	92	150	300	4.6
PD - 3018	39	32	80	180	300	4.8
PD - 3215S	33	28	76	150	320	—
PD - 422400S	39	32	85	2400	420	52.2
PD - 50	45	38	110	130	500	7.0
PD - 21S	26	20	60	130	210	1.7
PD - 2114S	26	20	60	140	210	1.8
PD - 3209S	33	28	78	90	320	2.3
PD - 3214S	33	28	76	140	320	2.5
PD - 42120S	39	32	85	120	420	3.6

6. 双拉线用联板（LV 型）

双拉线用联板（LV 型）如图 8 - 1 - 53 所示，主要参数见表 8 - 1 - 49。

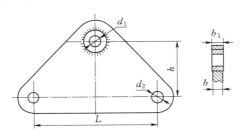

图 8 - 1 - 53　双拉线用联板（LV 型）

表 8 - 1 - 49　　　　　　　双拉线用联板（LV 型）的主要参数

型　号	主要尺寸/mm						破坏荷重 /kN	重量 /kg
	b	b_1	h	d_1	d_2	L		
LV - 0712	16	16	60	18	20	120	70	1.5
LV - 0720	18	18	100	20	24	200	70	3.0
LV - 0740	16	16	60	18	20	400	70	4.5
LV - 1012	16	16	60	20	20	120	100	1.5
LV - 1015	16	16	100	20	20	150	100	2.2
LV - 1020	16	16	60	20	20	200	100	1.6
LV - 1214	16	16	90	24	20	140	120	2.4
LV - 12	16	16	60	26	26	120	120	1.7
LV - 1220	16	16	90	24	24	200	118	2.4
LV - 1620	18	18	60	26	26	200	160	3.1
LV - 1612	18	18	100	26	26	120	160	3.2
LV - 1645	18	18	120	26	26	450	160	8.4
LV - 2040	18	18	110	20	20	400	200	5.8
LV - 2120	20	26	100	30	26	200	210	4.8
LV - 3018	18	32	120	39	26	180	300	5.9
LV - 3220S	18	28	70	33	26	200	320	3.6

拉线制作如图 8 - 1 - 54 所示。

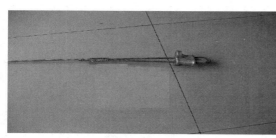

（a）拉线下把　　　　　　　　　　　（b）拉线上把

图 8 - 1 - 54　拉线制作

第二章　绝　缘　子　的　识　别

一、绝缘子的定义与作用

　　国标 GB/T 2900.8—2009《电工术语　绝缘子》对绝缘子的定义为：供处在不同电位的电气设备或导体电气绝缘和机械固定用的器件。通俗讲法即将导线绝缘地固定和悬吊在杆塔上的物件。

绝缘子是输电线路绝缘的主体，其作用是悬挂导线并使导线与杆塔、大地保持绝缘。绝缘子不但要承受工作电压和过电压作用，同时还要承受导线的垂直荷载、水平荷载和导线张力。因此，绝缘子必须有良好的绝缘性能和足够的机械性能。

二、绝缘子型号的意义

根据 GB/T 7253—2019《标称电压高于 1000V 架空线路绝缘子　交流系统用瓷或玻璃绝缘子元件　盘形悬式绝缘子元件的特性》，盘形悬式绝缘子基本型号各部分的排列及意义如下所示。

（1）型式代号：U——交流系统用盘形悬式瓷绝缘子串元件；UG——交流系统用盘形悬式玻璃绝缘子串元件。

（2）规定机电或机械破坏负荷（SFL）等级的千牛（kN）数。

（3）金属附件的联接型式；B——球头球窝联接；C——槽形联接。

（4）伞形结构：N——标准形；D——双伞形；T——三伞形；H——深下棱（钟罩）形；A——空气动力学形。

型号示例：

示例 1：产品型号 U（G）70BH 表示交流系统用盘形悬式瓷（或玻璃）绝缘子串元件，其规定机电（或机械）玻璃强度等级 70kN，球头球窝联接方式，深下棱（钟罩）形伞。

示例 2：产品型号 UG100BA 表示交流系统用盘形悬式玻璃绝缘子串元件，其规定机械破坏强度等级 100kN，球头球窝联接方式，空气动力学（草帽）形伞。

示例 3：产品型号 U550BH 表示交流系统用盘形悬式瓷绝缘子串元件，其规定机电破坏强度等级 550kN，球头球窝联接方式，深下棱（钟罩）形伞。

GB/T 1001.1—2003《标称电压高于 1000V 的架空线路绝缘子　第 1 部分：交流系统用瓷或玻璃绝缘子元件　定义、试验方法和判定准则》规定，绝缘子上应标识有规定机电或机械破坏负荷值，该负荷可以用型号中的型式代号和规定机电或机械破坏负荷（SFL）等级的千牛（kN）数标识。

三、绝缘子的种类

输电线路用绝缘子的种类很多，可以根据绝缘子的结构型式、绝缘介质、连接方式和承载能力大小分类。按结构型式分为盘形绝缘子和棒形绝缘子；按绝缘介质分有瓷质绝缘子、玻璃绝缘子、半导体釉和复合绝缘子四种；按连接方式分有球型和槽型两种；按承载能力大小分为 40kN、60kN、70kN、100kN、160kN、210kN、300kN、420kN、550kN 等多个等级。每种绝缘子又有普通型、耐污型、空气动力型和球面型等多种类型。几种常用的绝缘子及其优缺点比较如下。

1. 瓷质绝缘子

目前，瓷质绝缘子仍是电力系统中使用最广泛的绝缘子，如图 8-2-1 所示。高压绝缘子用高强瓷由石英、长石、黏土和氧化铝焙烧而成。特点是机械性能、电气性能良好，产品种类齐全，使用范围广。缺点是在污秽潮湿情况下，绝缘子在工频电压作用时绝缘性能急剧下降，常产生局部电弧，严重时会发生闪络；绝缘子串或单个绝缘子的分布电压不均匀，在电场集中的部位常发生电晕，产生无线电干扰，并容易导致瓷体老化。

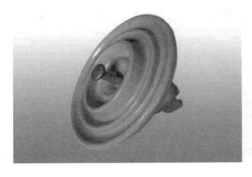 

图8-2-1 瓷质绝缘子

2. 玻璃绝缘子

玻璃绝缘子如图8-2-2所示。玻璃绝缘子具有与瓷质绝缘子相同的环境稳定性，其生产工艺简单，较易实现机械化，生产效率高。玻璃绝缘子主要成分是SiO_2、B_2O_3、Al_2O_3等酸性氧化物与Na_2O、K_2O等碱性氧化物，原料为包括这些成分的硅砂、长石、硼砂、碳酸钙，还有其他许多天然原料和工业药品。玻璃绝缘子特点是成串电压分布均匀；玻璃的介电常数为7～8，比瓷的介电常数（5～6）大一些，因而玻璃绝缘子具有较大的主电容；自洁能力好；积污容易清扫，耐污性能好；耐电弧性能好；机械强度高，钢化玻璃的机械强度可达到80～120MPa，是陶瓷的2～3倍，长期运行后机械性能稳定；由于玻璃的透明性，外形检查时容易发现细小裂纹和内部损伤等缺陷；玻璃钢绝缘子零值或低值时会发生自爆，便于发现事故隐患，无须进行人工检测；耐弧性能好，老化过程缓慢。缺点是遇外力破坏时裙件易裂，较瓷质绝缘子损坏率高，特别是早期自爆率较高，自爆后的残锤必须尽快更换，否则会因残锤内部玻璃受潮而烧熔，发生断串掉线事故。

图8-2-2 玻璃绝缘子

3. 复合绝缘子

复合绝缘子的主要结构一般包括伞裙护套、玻璃钢芯棒和端部金具三部分，如图 8-2-3 所示。其中伞裙护套一般由高温硫化硅橡胶、乙丙橡胶等有机合成材料制成；玻璃钢芯棒一般是玻璃纤维作增强材料、环氧树脂作基体的玻璃钢复合材料；端部金具一般是外表面镀有热镀锌层的碳素铸钢或碳素结构钢。玻离钢芯棒与伞裙护套分别承担机械与电气负荷，从而综合了伞裙护套材料耐大气老化性能优越及芯棒材料拉伸机械性能好的优点。硅橡胶是目前作为复合绝缘子伞群护套的最佳材料，其所特有的憎水迁移性能是硅橡胶能够成功地用于污秽区的关键所在。

复合绝缘子的特点是质量轻、体积小，质量只有瓷质绝缘子或玻璃绝缘子的 10%～15%，方便安装、更换和运输；复合绝缘子属于棒形结构，内外极间距离基本相等，一般不易发生内部绝缘击穿，也不需要零值检测；绝缘子表面具有很强的憎水性，防污效果

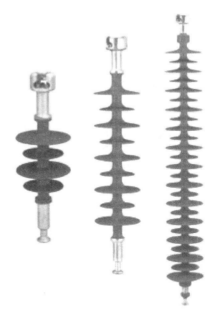

图 8-2-3 复合绝缘子

好，延长了清扫周期，大大降低了劳动强度。缺点是投运时间短，使用寿命有待确定；抗弯、抗扭性能差，承受较大横向压力时，容易发生脆断；伞盘强度低，不允许踩踏、碰撞；积污不易清扫，长期使用会逐步丧失憎水性；芯棒与护套、护套与伞盘、芯棒与金属端头、金属端头与伞盘多次形成结合面，每一个结合面空气未排干净就会留有气泡或水分，在强电场作用下会首先放电炭化，并逐步扩大直至形成贯穿通道而击穿。

4. 优缺点比较

不同类型线路绝缘子的性能比较见表 8-2-1。

表 8-2-1　　　　　　　　　　不同类型线路绝缘子的性能比较

常见故障	盘形瓷质绝缘子	盘形玻璃绝缘子	棒形复合绝缘子
雷击	闪络电压高，可能出现"零值"，概率决定于生产商，无招弧装置可能发生元件破损	闪络电压高，无招弧装置可能造成元件爆裂，概率决定于生产商	闪络电压略低，装均压环一般可使绝缘子免受电弧灼伤
污秽	耐污差，双伞型可改善自清洗性能，调爬方便	耐污差，防雾型可提高耐盐雾性能，调爬方便	表面憎水性，耐污闪性能好，一般不需调爬
鸟害	需采用防护措施	需采用防护措施	需采用防护措施
风偏	"柔性"好，风偏小	"柔性"好，风偏小	"柔性"较好，风偏大
断串	概率大小决定于生产商	概率极小	概率大小决定于生产商
劣化	劣化速率决定于生产商	基本不存在劣化	硅橡胶老化速率和芯棒"蠕变"决定于生产商和使用条件
外力	易损坏，残垂强度大	易损坏，残垂强度较大	不易损坏
现场维护检测	维护工作量大，双伞型易人工清扫，检"零"麻烦	清扫周期短、工作量大	维护简便，缺陷检测困难

综上所述，对于不同材料结构的线路绝缘子，从其材质与使用特性看，各种绝缘子各有优点，又各有不足。对于高压输电线路，三种材质的绝缘子都能满足其正常运行的需要。

四、绝缘子的参数

（1）机械破坏负荷（kN）。绝缘子在规定的试验条件下做机械破坏试验时试品所能达到的最大负荷，即绝缘子吨位。

（2）机电破坏负荷（kN）。绝缘子在规定条件下同时承受机械负荷和电压作用而不击穿时所能达到的最大机械负荷。

（3）干弧距离（mm）。正常带有运行电压的两金属部件间沿绝缘子外部空气的最短距离。

注：当绝缘子是由若干元件串联组成时，此电弧距离指上述两电极间最短距离或是各元件两端金属附件间沿元件外部空气的最短距离之和，二者中较短者。

（4）爬电距离（mm）。在两个导电部分之间，沿绝缘体表面的最短距离。

注：当绝缘体由多个元件组成时，其爬电距离由各个元件单个爬电距离之和组成，又称几何爬电比距。

（5）爬电比距（mm/kV 或 cm/kV）。电力设备外绝缘的爬电距离与设备或使用该设备的系统最高电压之比。

（6）有效爬电比距（mm）。指几荷爬电比距考虑相应的有效系数后所得的爬电比距。

$$几何爬电比距＝NL/U$$

$$有效爬电比距＝几何爬电比距×有效系数$$

$$有效系数＝绝缘子形状系数×绝缘子安装系数$$

式中：N 为绝缘子片数；L 为单片爬电比距；U 为系统额定电压有效值。

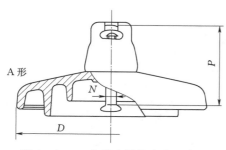

图 8-2-4　盘径和结构高度示意图
D—绝缘子盘径；P—结构高度

（7）盘径（mm）。绝缘子外绝缘件的最大直径。一般盘式绝缘子盘径有 255mm、280mm、320mm、330mm、380mm 等几种。

（8）结构高度（mm）。在绝缘子或绝缘子组装配件中重复循环的两相邻点间的距离。结构高度一般有 146mm、155mm、170mm 三种。盘径和结构高度示意图如图 8-2-4 所示。

（9）表面积（mm²）。绝缘子所有绝缘件的表面积。

注：较多用于绝缘子附盐密值测试工作。

第三章　金具、绝缘子的组装

输电线路上用的绝缘子串由于杆塔结构、绝缘子型式、导线型号、每相导线的根数及电压等级不同，将有很多不同的组装形式。但归纳起来可分为悬垂组装及耐张组装两大类型。绝缘子串不论是悬垂组装还是耐张组装都是由几个分支组成，整个组装称为"串"，其中分支称为"联"。金具与绝缘子组装时，需考虑的主要问题是绝缘子型式和联数的确定、绝缘子本身的组装形式、绝缘子串与杆塔的连接形式、绝缘子串与导线的连接等。此外，金具零件的机械强度、金具零件间的尺寸配合和方向等都需要选择正确，检查无误。常见金具与绝缘子的组装如图8-3-1～图8-3-5所示。

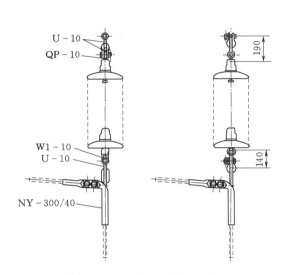

图8-3-1　单导线单联耐张串
的组装（单位：mm）

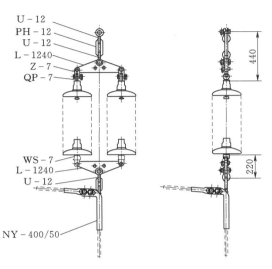

图8-3-2　单导线双联耐张串
的组装（单位：mm）

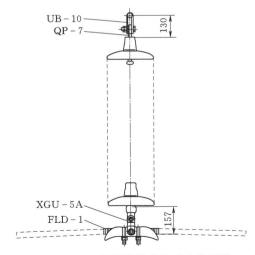

图8-3-3　单导线单联悬垂串的组装
（单位：mm）

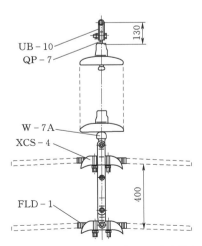

图8-3-4　双分裂导线单联悬垂串的组装
（单位：mm）

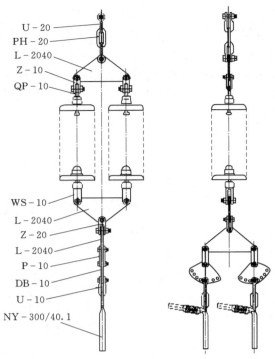

图 8 - 3 - 5　双分裂导线单联悬垂串的组装

第四章　思　考　题

一、单选题

（1）正常带有运行电压的两金属部件间沿绝缘子外部空气的（　　），称为干弧距离。

A. 最长距离　　　　　B. 有效距离　　　　　C. 安全距离　　　　　D. 最短距离

（2）有维持分裂导线的间距、防止子导线之间的鞭击、抑制次档距振荡、抑制微风振动作用的金具是（　　）。

A. 防振锤　　　　　B. 间隔棒　　　　　C. 调整板　　　　　D. 悬重锤

（3）制作拉线时，钢绞线的尾线应从（　　）穿出。

A. 凸肚侧　　　　　B. 平肚侧　　　　　C. 无特殊要求，两侧均可

（4）NUT 型线夹属于（　　）类金具。

A. 联结金具　　　　　B. 耐张线夹　　　　　C. 拉线金具　　　　　D. 接续金具

二、多选题

金具按照产品类型和用途，可分为（　　）等几类。

A. 悬垂线夹　　　　　B. 耐张线夹　　　　　C. 跳线金具　　　　　D. 联结金具

E. 保护金具　　　　　F. 接续金具　　　　　G. 拉线金具

三、判断题

（1）压缩型耐张线夹一般适用于固定中小截面导线。螺栓型耐张线夹一般适用于固定大截面导线。（　　）

（2）绝缘子不但要承受工作电压和过电压作用，同时还要承受导线的垂直荷载、水平荷载和导线张力。（　　）

[答案]

一、D　A　C

二、ABDEFG

三、×　√

第九部分

输电线路运维知识

第一章　输电线路通道、基础验收质量

一、输电线路工程验收基础知识

输电线路工程验收包括隐蔽工程验收、中间验收、竣工验收三个阶段。

（一）隐蔽工程验收

隐蔽工程验收主要由工程监理和甲方代表完成，主要检查内容为：

（1）基础坑深及地基处理情况。

（2）现浇基础中钢筋和预埋件的规格、尺寸、数量、位置、底座断面尺寸、混凝土的保护层厚度及浇筑质量。

（3）预制基础中钢筋和预埋件的规格、数量、安装位置，立柱的组装质量。

（4）岩石及掏挖基础的成孔尺寸、孔深、埋入铁件及混凝土浇筑质量。

（5）灌注桩基础的成孔、清孔、钢筋骨架及水下混凝土浇筑。

（6）液压或爆压连接接续管、耐张线夹、引流管等的检查。

（7）导线、架空地线补修处理及线股损伤情况。

（8）杆塔接地装置的埋设情况。

（二）中间验收

中间验收主要对工程原材料及加工质量、分项工程的质量控制情况及安装质量情况等内容进行检查，包括出厂验收、基础工程、杆塔组立、架线工程、接地工程进行分部工程完成后实施验收，也可分批进行。运行方面涉及分部工程验收的内容如下：

（1）出厂验收主要对工程用的材料、金具进行过程和加工工艺验收。出厂验收时应对材料进行必要的抽检，如：导线的强度（单丝拉力、节距比、金具的组合握着力试验等）、松紧度、材质等；结构是否符合运行要求（钢管杆的横担、脚钉的防滑措施等）；金具方面的防腐层质量厚度、拉力、加工工艺等。

（2）基础工程中间验收是对基础原材料、强度、外形、浇制质量、稳定情况的检查，是工程转序的一个重要环节。基础工程中间验收应对基础试浇报告、施工记录、断面尺寸等进行检查，包括：①以立方体试块为代表的现浇混凝土或预制混凝土构件的抗压强度；②整基基础尺寸偏差；③现浇基础断面尺寸；④同组地脚螺栓中心或插入式角钢形心对立柱中心的偏移；⑤回填土情况。

（3）接地工程主要对接地体规格、数量、焊接质量、接地体埋设深度、接地电阻等内容进行检查。

（三）竣工验收

竣工验收在隐蔽工程验收和中间验收全部结束后实施，是对架空送电线路投运前安装质量的最终确认，包括竣工预验收和交接验收。竣工验收一般由建设单位委托运行部门进行。

1. 竣工验收的要求

（1）竣工验收应具备的必要条件。

1）工程自检、初验、预验收查出的缺陷已消除，不存在影响安全运行的缺陷。

2）工程已按设计要求全部安装完毕，并已满足生产运行的要求。施工单位已进行三级自检，监理单位已进行初检，建设单位已进行预检且自检、初检、预检资料齐全、完整。

3）工程建设单位已提交预检（预验收）报告，预检提出的缺陷已消除或已落实整改单位、措施、时间。

4）工程建设单位已接到施工单位的三级自检报告（包括缺陷记录及在施工中存在的问题）。

5）工程监理单位已进行初检并出具工程监理报告，监理报告的内容应包括工程规模、设计变更、施工进度与质量的评价及工程遗留问题等。

6）有完整的竣工图纸（施工草图）、设备的技术资料（包括设备开箱资料和符合生产管理 PMS 系统的台账资料）、调试报告及安装记录等技术文件。

7）已对运行人员进行技术培训或交底。运行人员熟悉设备的性能、技术规范、操作工艺和注意事项。

8）按照输电运检室要求和标准格式，提供完整的竣工验收资料，包括线路施工情况说明、施工图、线路杆塔参数、基础、接地、绝缘子等明细。

（2）竣工验收程序。

1）根据工程具体情况，由省公司或市公司运维部负责组织竣工验收组，以及相关的专业验收组。

2）施工完毕，经施工单位进行三级自检、监理单位的初检、建设管理单位（业主项目部）预验收合格具备符合竣工验收必要条件以后，向竣工验收组提交各类报告和相关资料，并提出竣工验收申请。

3）建设管理单位应向省公司或市公司运维检修部上报年度投产计划和竣工验收月度工作计划。

4）竣工验收组在收到竣工验收申请以及相关竣工验收资料后，经审查符合条件后，在1～2周内组织进行竣工验收。

5）竣工验收时间安排：新建输电线路工程可根据线路长度和地形情况安排。

6）工程在竣工验收后，应将发现的缺陷进行汇总，明确处理意见；建设管理单位根据竣工验收组提出的验收意见和问题，组织工程设计、施工、运行等单位进行整改消缺；由监理复查上报整改消缺情况后，安排复检；复检合格后，向工程启动委员会提交竣工验收报告。

7）工程竣工投产后，各有关建设、施工等单位应按各专业的相关竣工验收规程或大纲的规定，按期做好工程资料的移交并符合工程档案管理的要求。

8）工程竣工安全、环保、水土保持等验收所需的资料，应按有关规定进行移交。

（3）工程质量追溯。

1）工程遗留问题和质量追溯期限内新发现的问题由工程主管部门负责联系设备制造厂商，督促相关责任单位在规定期限内处理，生产管理部门组织验收。

2）一次电气设备安装质量追溯期限为一年，土建（包括消防、线路基础、护坡、挡土墙）设施质量追溯期限为合同规定期限。

（4）竣工验收现场必须提交的资料。

1）工程竣工图纸（或草图）。

2）设计变更联系单或证明文件。

3）试验报告及安装记录。

4）隐蔽工程检查记录或照片及过程控制资料等。

5）工程设备的技术资料（包括设备开箱资料等）、工程质量验收及评定资料及安装记录等技术文件。

6）土建工程完整的工程质量验收及评定资料、原材料合格证及复试报告、技术复核资料等技术文件。

7）线路工程完整的工程质量验收及评定资料、原材料合格证及复试报告、安装记录、技术复核资料等技术文件。

8）备品备件、专用工器具移交清单。

9）按生产管理 PMS 系统台账格式的要求提供移交设备的台账资料。

（5）生产运行生产准备资料。

二、地面竣工验收的主要项目及标准

（一）基础部分

1. 本体

（1）立柱及各底座断面尺寸的负偏差不得大于 1%。

（2）保护层厚度的负偏差不得大于 5m。

（3）同组地脚螺栓中心或插入角钢形心对设计偏移不应大于 10mm。

（4）地脚螺栓露出混凝土高度允许偏差应为 -5～10mm。

（5）基础立柱表面应平整、光滑，棱角无损坏，基础无破损、水泥脱落、疏松、裂纹、露筋、下沉及基础腐蚀等现象。

2. 基面

（1）基坑应采用回填土分层夯实，回填土应足够，回填土不应低于地面。

（2）回填土应有防沉层，其上部边宽不得小于坑口边宽，有沉降的防沉层应及时补填夯实，工程移交时回填土不应低于地面。

（3）基面应平整、无积水、无堆积物。

（4）石坑应以石子与土按 3:1 的比例掺和后回填夯实。石坑回填应密实，回填过程中石块不得相互叠加，并应将石块间缝隙用碎石或砂土充实。

3. 护坡、挡墙

（1）基础护坡、挡土墙、防撞墙等应满足设计要求，无滑坡、塌方危险，塔位下边坡无施工弃土。

（2）护坡无坍塌，无水平和纵向裂缝。

（3）护坡应设置排水孔，排水孔不得堵塞，应排水畅通。

（4）护坡、挡墙应浆砌，勾缝饱满。

4. 截（排）水沟

（1）对于易发生水土流失、洪水冲刷、山体滑坡、泥石流等地段的杆塔，应采取修筑截（排）水沟、改造上下边坡等措施。

（2）排水沟应里高外低，利于排除基面的积水。上边坡在必要时也要砌筑排水沟，以排除雨水对基面的冲刷。

5. 防撞措施

分洪区和洪泛区的杆塔、处于公路边的杆塔在必要时应考虑冲刷作用及漂浮物的撞击影响，并采取相应防护措施。

（二）接地部分

（1）接地射线的长度、规格应符合设计要求。

（2）山区的接地沟应尽量沿等高线开挖，切忌顺坡向下，以免雨水将土石冲走；回填土应清除石块杂质并夯实；两接地体间的水平距离不应小于 5m；接地体敷设应平直；对于无法按照上述要求埋设的特殊地形，应与设计单位协商解决。

（3）接地体连接前应清除连接部位的浮锈，接地体间连接必须可靠。除设计规定的断开点可用螺栓连接外，其余应用焊接或液压方式。当采用搭接焊接时，圆钢的搭接长度不应小于其直径的 6 倍并应双面施焊；扁钢的搭接长度不应小于其宽度的 2 倍并应四面施焊。当采用液压连接时，接续管的壁厚不得小于 3mm，对接长度应为圆钢直接的 20 倍，搭接长度应为圆钢直径的 10 倍。接续管的型号与规格应与所连接的圆钢匹配。接地体的连接部位应采取防腐措施，防腐范围不应少于连接部位两端各 100mm；接地引下线与杆塔的连接应接触良好，紧贴保护帽和立柱，顺畅美观，并便于运行测量和检修。接地螺栓上需一平一弹（一个平垫片，一个弹簧垫片），三跨档、易偷盗区还应使用防盗螺栓。

（4）接地射线的埋设深度要达到设计要求，一般平原为 0.8m、山地为 0.6m、岩石地区为 0.3m。

（5）接地电阻值（考虑季节系数后）必须小于或等于设计值。

（三）通道部分

（1）导线对地、树木、毛竹的风偏距离应满足运行规程和验收规范要求，注意导线与树木之间的距离应考虑树木自然生长高度（各类树木的自然生长高度按照杨树 22m、松树 14m、香樟树 15m、毛竹 16m、水杉 25m 进行实测）。

（2）通道内不应有开山放炮、压矿、取土（砖厂）、加油站、炸药库及其他有可能危及线路安全运行的因素，并与收集的竣工资料文件协议对照，无协议的应作为缺陷上报（包括修房、跨越建筑物）；缺陷上报要求施工和监理提供相关协议，无协议时要求施工和监理提供相关依据。

（3）输电线路不应跨越屋顶为可燃材料的建筑物。330kV 以上输电线路不应跨越长期住人的建筑物。对耐火屋顶的建筑，如需跨越时需注意以下问题：

1）跨越距离必须满足导线与建筑物之间的最小垂直距离（最大弧垂情况下）。

2）设计文件中必须有对跨越物依法采取的技术参数、安全系数等文字说明材料。

3）应提供电磁辐射环境影响评估书。

4）与户主签订的跨房安全协议。

（四）附属设施及其他

（1）线路的防鸟设施应齐全。

（2）杆塔牌、相位牌、警示牌应齐全。

（3）巡线道等应符合线路运行的要求。

（4）对于杆塔、导、地线、金具等地面可观察验收部分，有：

1）基础踏脚板与主材连接部分应进行防腐处理。

2）八字斜材与地面间距（山区全方位塔）应满足要求；在可视范围内塔材不应缺失；最下一段塔材螺帽不应防盗，可视范围内螺栓应有防松措施。

3）导、地线线夹和绝缘子应垂直无偏移；防震锤目测不应滑移。

（5）掏挖式基础的上山坡侧不应陡峭，应有一定的斜坡避免塌方砸上塔材。

（6）边坡距离应满足设计要求。

三、验收工作的要求

在输电线路验收等工作过程中，需要遵守各项相关规定的要求，其中重点要求、注意的事项如下：

（1）严格按照《国家电网公司电力安全工作规程（线路部分）》、GB 50233—2014《110kV～750kV 架空送电线路施工及验收规范》等标准进行作业并做好各项危险点防控措施。

（2）作业人员应有强烈的责任心和认真仔细的品质以确保验收工作质量。

（3）作业人员在工作前必须掌握、了解线路的相关参数，如边坡距离、基础型式等。

（4）工作时应按"一塔六照"要求，对杆塔基础、杆号牌、塔头、大小号侧、塔身整体进行拍照记录，对发现的缺陷也应拍照记录并上报，上报时应将相应的缺陷位置与情况描述清楚以便消缺。

（5）工作中如遇到任何不妥或疑似缺陷的情况，应引起重视，必要时与班组长联系或先行拍照记录再提出讨论。

（6）缺陷描述要求：缺陷内容至少应包括缺陷的具体位置描述和缺陷的具体情况描述。

（7）缺陷拍照原则：①能清楚反映缺陷的实际情况；②能反映缺陷部位的相对位置。

（8）按照要求填写纸质多联缺陷单和电子清单，提交相应施工、监理等单位进行整改；根据验收总结会、缺陷管理等要求做好缺陷复查、跟踪等工作。

（9）竣工验收结束后，开展竣工小结的编制工作。

四、典型缺陷

（一）基础类缺陷

1. 本体缺陷

基础本体缺陷描述见表 9-1-1。

表 9-1-1　　　　　　　　　基 础 本 体 缺 陷 描 述

名称	现　象
露筋	构件内钢筋未被混凝土包裹而外露
蜂窝	混凝土表面缺少水泥砂浆而造成石子外露
夹渣	混凝土中夹有杂物且深度超过保护层厚度
孔洞	混凝土中孔穴深度和长度均超过保护层厚度
疏松	混凝土中局部不密实
裂缝	缝隙从混凝土表面延伸至混凝土内部
外形缺陷	缺棱掉角、棱角不直、翘曲不平、飞边突肋
外表缺陷	表面麻面、掉皮、起砂、沾污等

（1）露筋。

缺陷描述：××线××号塔 2 号基础立柱露筋（图 9-1-1），露筋面积约××cm²，露主筋××根，露箍筋××根。

处理要求：请设计校核出具修复方案，主要采取套浇处理方式；施工单位负责实施。

（2）蜂窝。

缺陷描述：××线××号塔 1 号基础立柱（保护帽）存在蜂窝现象（图 9-1-2）。

图 9-1-1　基础立柱露筋

图 9-1-2　基础立柱存在蜂窝现象

处理要求：修补或立柱套浇、保护帽重新浇筑。

（3）夹渣。

缺陷描述：××线××号塔 3 号基础立柱（保护帽）存在夹渣现象，夹渣物为木板（树木、塑料）等杂物（图 9-1-3）。

处理要求：清除杂物后，修补或立柱套浇、保护帽重新浇筑。

图 9-1-3　基础立柱存在夹渣

（4）孔洞。

缺陷描述：××线××号塔 2 号基础立柱（保护帽）存在较多孔洞现象，最大孔洞深××mm，面积为××mm^2（图 9-1-4）。

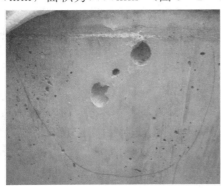

图 9-1-4　基础立柱存在孔洞

处理要求：修补或立柱套浇、保护帽重新浇筑。

（5）裂缝。

缺陷描述：××线××号塔 1 号基础保护帽混凝土表面有 2 处宽××mm、长××mm 左右的裂缝（图 9-1-5）。

图 9-1-5　基础保护帽混凝土表面存在裂缝

处理要求：裂缝程度较轻的可以用水泥浆灌浆修补，严重的应重新浇筑。

（6）破损。

缺陷描述：××线××号塔 2 号基础立柱（保护帽）表面破损（图 9 - 1 - 6），最大破损处长××mm，宽××mm，深××mm。

图 9 - 1 - 6　基础立柱表面破损

处理要求：修补或立柱套浇、保护帽重新浇筑。

（7）保护帽未浇制。

缺陷描述：××线××号塔 2 号基础保护帽未浇制（图 9 - 1 - 7）。

处理要求：重新浇筑。

（8）保护帽质量不合格。

缺陷描述：××线××号塔 2 号基础保护帽混凝土配合比不合格；保护帽比例不对，超出基础立柱，如图 9 - 1 - 8 所示。

处理要求：清理残渣、重新浇筑。

图 9 - 1 - 7　保护帽未浇制

图 9 - 1 - 8　保护帽质量不合格

（9）地脚螺栓未紧固。

缺陷描述：××线××号塔2号基础地脚螺栓未紧固到位（图9-1-9）。

处理要求：紧固到位。

（10）地脚螺栓单帽。

缺陷描述：××线××号塔2号基础地脚螺栓单帽（图9-1-10）。

图9-1-9　基础地脚螺栓未紧固到位

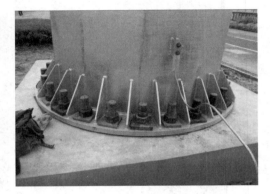

图9-1-10　地脚螺栓单帽

处理要求：双帽补装并紧固到位。

（11）踏脚板与立柱间隙过大。

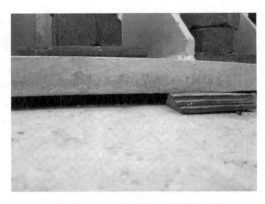

图9-1-11　踏板与立柱间隙过大

缺陷描述：××线××号塔2号基础踏脚板与立柱间隙过大，约××cm（图9-1-11）。

处理要求：加装大块垫片。

（12）基础到杆塔第一个平台之间塔材缺陷。

缺陷描述：××线××号塔3号腿第5个水平铁少一块蝴蝶板未安装；4号腿第二个水平铁由2块短铁焊接成一块长水平铁使用；4号腿一块水平铁弯曲（图9-1-12）。

处理要求：更换塔材或补装塔材。

2. 基面缺陷

（1）基面回填不到位。

缺陷描述：××线××号塔2号基础基面凹陷、低于地面，或基面回填土未分层夯实，土质严重松软、不密实、不平整（图9-1-13）。

处理要求：进行回填、夯实，确保基面密实、平整、无沉陷；基础地势较低时，还应开挖排水。

（2）基面回填过多。

图 9-1-12　基础到杆塔第一个平台之间塔材缺陷

图 9-1-13　基础回填不到位

图 9-1-14　基础立柱露头不足

1）缺陷描述：××线××号塔 2 号基础立柱露头不足（图 9-1-14），要求混凝土立柱按设计要求露出不少于 200mm，不允许土石把塔腿埋住。

处理要求：清理回填土，立柱露头不少于 200mm 以及设计规定。

2）缺陷描述：××线××号塔 2 号基础上山侧余土堆积（需说明具体位置如上山侧、下山侧、塔基内），基面未清理，余土未外运，施工废弃物堆积等（图 9-1-15）。

处理要求：将施工垃圾、废弃物清理，余土外运。

图 9-1-15　基础杂物堆积

（3）基础位于水塘。

缺陷描述：××线××号塔 2 号基础位于水塘（图 9-1-16）。

处理要求：设置巡视便桥；设置围堰，防止基础、塔材在雨季洪水时受水中飘浮物撞击。

（4）基础边坡距离满足，但立柱外露过高。

缺陷描述：××线××号塔 2 号基础边坡距离满足但立柱外露高 2m（图 9－1－17）。

图 9－1－16　基础位于水塘　　　　　　　　图 9－1－17　基础立柱外露过高

处理要求：设置爬梯。

（5）基础边坡距离不足。

缺陷描述：××线××号塔 2 号基础设计要求从立柱边缘出去××m 立柱允许露头××m，现场测量立柱露头××m，边坡距离不足（图 9－1－18）。

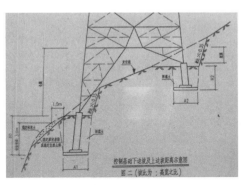

图 9－1－18　基础边坡距离不足

处理要求：设计校核后采取相应措施（回填、设置护坡）。

（6）内边坡过陡，与杆塔距离过近。

缺陷描述：××线××号塔 2 号基础内边坡过陡，高差××m，与杆塔距离××m（图 9 - 1 - 19）。

图 9 - 1 - 19　内边坡与杆塔距离过近

处理要求：劈坡处理，至少保证劈坡后山体稳定，必要情况下挂网、喷浆，山体与塔材至少保证 0.5m 距离。

3. 护坡、挡墙缺陷

（1）未按设计要求设置护坡、挡墙。

缺陷描述：××线××号塔 2 号基础用木头（袋子）支撑堆积的余土（图 9 - 1 - 20），易水土流失造成塌方。

图 9 - 1 - 20　用木头（袋子）支撑余土

处理要求：清理堆积余土，按设计要求设置护坡。

（2）基础边坡堆积余土、块石。

缺陷描述：××线××号塔 2 号基础边坡块石堆积或用块石支模（图 9-1-21）。

图 9-1-21 基础边坡堆积余土、块石

处理要求：清理余土块石或在不影响稳定情况下浆砌抹平做护壁。

（3）护坡、挡墙未设置排水孔。

缺陷描述：××线××号塔 2 号基础护坡、挡墙未设置排水孔（图 9-1-22）。

处理要求：分层开挖设置排水孔。

4．截（排）水沟缺陷

（1）未设置排水沟。

缺陷描述：××线××号塔基础高差大，上山侧雨水易冲入基础，需开排水沟，而实际未设置（图 9-1-23）。

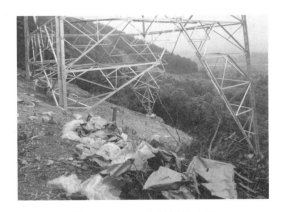

图 9-1-22 护坡、挡墙未设置排水孔　　　　图 9-1-23 未设置排水沟

处理要求：在基础上山侧离杆塔××m 处设置排水沟。

（2）未按设计要求设置排水沟。

缺陷描述：××线××号塔排水沟设置不规范（图 9-1-24），排水沟位置、尺寸与设计不符，不能有效导水。

图 9 - 1 - 24 未按设计要求设置排水沟

处理要求：按设计要求进行设置。

（3）排水沟堵塞。

缺陷描述：××线××号塔排水沟堵塞需清理（图 9 - 1 - 25）。

图 9 - 1 - 25 排水沟堵塞

处理要求：进行清理。

5. 防撞措施缺陷

缺陷描述：××线××号塔 1 号基础位于道路边，需在 1 号基础外设置×个防撞墩（图 9 - 1 - 26）。

处理要求：设置防撞墩。

（二）接地类缺陷

（1）接地电阻不合格。

缺陷描述：××线××号塔接地电阻实测值××欧姆，考虑季节系数（1.4）后，电阻××欧姆，设计接地电阻××欧姆，接地电阻超标（图 9 - 1 - 27）。

图 9-1-26 防撞措施缺失

处理要求：根据造成接地电阻超标的原因采取针对性措施。

（2）埋深不够。

缺陷描述：××线××号塔 4 号基础接地射线埋深××cm，设计为××cm，埋深不足（图 9-1-28）。

图 9-1-27 接地电阻不合格 　　　　　　图 9-1-28 埋深不足

处理要求：开挖重新敷设。

缺陷描述：××线××号塔 4 号基础接地方框外露并用元宝夹头固定（图 9-1-29）。

图 9-1-29 基础接地方框外露

图 9-1-30　基础接地连接处虚焊

处理要求：重新敷设。

（3）连接不可靠。

1）缺陷描述：××线××号塔 4 号基础接地连接处虚焊且未做防腐处理（图 9-1-30）。

处理要求：重新焊接并做防腐处理。

2）缺陷描述：××线××号塔 4 号基础接地连接采用元宝夹头，未采用焊接或液压方式（图 9-1-31）。

处理要求：按照设计要求进行连接。

（4）接地引下线工艺。

缺陷描述：××线××号塔 4 号基础接地引下线连板变形（图 9-1-32），接触不可靠；用脚钉代替螺栓。

图 9-1-31　基础接地连接采用元宝夹头

图 9-1-32　接地引下线连接板变形

处理要求：更换接地引下线连板。

缺陷描述：××线××号塔 4 号基础接地引下线施工工艺不符规范（图 9-1-33）。

处理要求：按施工工艺进行处理。接地引下线应牢固、整齐、美观，引下线弯曲应沿基础立柱、保护帽和塔腿平直敷设。

（5）接地引下线锈蚀。

缺陷描述：××线××号塔 4 号基础接地引下线锈蚀（图 9-1-34）。

处理要求：对接锈蚀地引下线进行除锈防腐或更换。

（6）接地沟未按规范要求回填。

图 9-1-33 接地引下线施工工艺不符规范

图 9-1-34 接地引下线锈蚀

缺陷描述：××线××号塔 4 号基础接地沟用块石进行回填（图 9-1-35）。

处理要求：按规范进行回填。

图 9-1-35 接地沟未按规范要求回填

（三）通道类缺陷

（1）树木隐患。

1）缺陷描述：××线××号塔4号大号侧100m处有10余棵松树与导线净空距离5m，需砍伐处理（图9-1-36）。

处理要求：砍伐处理。

2）缺陷描述：××线××号塔4号右相跳外10m处有10余棵松树与导线净空距离5m，风偏距离不足，需砍伐处理（图9-1-37）。

图9-1-36 树木与导线净空距离过近　　　图9-1-37 树木隐患

处理要求：砍伐处理。

（2）建筑物隐患。

缺陷描述：××线××号塔4～5号档中有房屋，与导线距离15m；××线××号塔4～5号档中新建公路，是否签订相关协议（图9-1-38）。

图9-1-38 建筑物隐患

处理要求：拆除或签订跨房协议。

（四）附属设施类缺陷

（1）标识牌缺失。

缺陷描述：××线××号塔杆号牌（警告牌、分相牌、闭锁装置）未安装（图9-1-39）。

处理要求：补装。尤其应注意脚钉腿均需安装警告牌以及钢管杆除闭锁装置外还需安装警告牌。

（2）杆号牌安装方向错误。

缺陷描述：××线××号塔杆号牌装在塔身大号侧，应装在小号侧（图9-1-40）。

图9-1-39　标识牌缺失

图9-1-40　杆号牌安装方向错误

处理要求：按要求重新安装。

（3）杆夹具与杆塔型式不匹配。

缺陷描述：××线××号塔杆号牌、警告牌夹具与杆塔型式不匹配，导致安装不牢靠（图9-1-41）。

处理要求：更换。

（4）分相牌相别安装位置错误。

缺陷描述：××线××号塔分相牌相别安装位置与杆号牌上的排序不一致，安装错误（图9-1-42）。

图9-1-41　杆夹具与杆塔型式不匹配

图9-1-42　分相牌相别安装位置错误

处理要求：调整。

第二章　输电线路标准化巡视

一、输电线路巡视基础知识

（一）巡视类型

输电线路巡视是为掌握线路的运行情况，及时发现线路本体、附属设施以及线路保护区出现的缺陷或隐患，并为线路检修、维护及状态评价（评估）等提供依据，近距离对线路进行观测、检查、记录的工作，以及根据不同的需要（或目的）所进行的巡视。

输电线路现场巡视一般分为正常巡视、故障巡视和特殊巡视。

1. 正常巡视

线路巡视人员按一定的周期对线路进行巡视，包括对线路设备和线路保护区所进行的巡视，如图9-2-1所示。

2. 故障巡视

运行单位为查明线路故障点、故障原因及故障情况等所组织的线路巡视，如图9-2-2所示。

图9-2-1　正常巡视

图9-2-2　故障巡视

图9-2-3　特殊巡视

3. 特殊巡视

在特殊情况下或根据特殊需要、采用特殊方法所进行的线路巡视。特殊巡视包括夜间巡视、登杆巡视以及直升机、无人机巡视等，如图9-2-3所示。

（二）基本要求

（1）作业人员基本要求。

1）经医师鉴定，无妨碍工作的病症（体格检查每两年至少一次）。

2）具备必要的安全生产知识，学会紧急救护法，特别要学会触电急救。

3）具备必要的电气知识和业务技能，且按工作性质熟悉安规相关部分，并经考试合格。

4）进入作业现场应正确佩戴安全帽，现场作业人员应穿全棉长袖工作服、绝缘鞋。

5）工作前，需确定作业人员身体状况，有无伤病，是否疲劳困乏，情绪是否异常或失态，是否适合登高、爬山等大运动量作业。

（2）交通运输基本要求：严禁无证驾驶、病车上路、疲劳和酒后驾驶、超载、超速。

（3）巡视工作基本要求。

1）巡线工作应由有电力线路工作经验的人员担任，单独巡线人员应经考试合格并经工区（公司、所）分管生产领导批准，电缆隧道、偏僻山区和夜间巡线应由两人进行。

2）汛期、暑天、雪天等恶劣天气巡线，必要时由两人进行。单人巡线时，禁止攀登杆塔和铁塔。

3）遇有火灾、地震、台风、冰雪、洪水、泥石流等灾害发生时，如需对线路进行巡视，应制订安全措施，并得到设备运行管理单位分管领导批准。巡视应至少两人一组，并与派出部门之间保持通信联络。

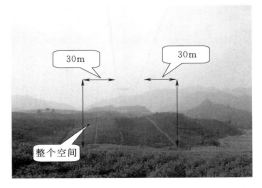

图 9-2-4　输电线路保护区（以±800kV 为例）

二、巡视标准化作业内容及要求

（一）线路通道

1. 输电线路保护区的定义及不同电压等级的保护区距离

输电线路保护区：导线边线向外侧水平延伸一定距离，并垂直于地面所形成的两平行面内的区域，如图 9-2-4 所示。

一般地区各级电压导线的边线保护区范围见表 9-2-1。

表 9-2-1　　　　　　　　一般地区各级电压导线的边线保护区范围

电压等级/kV	35、110	220	500	±800	1000
边线外距离/m	10	15	20	30	30

2. 线路保护区内巡视内容

（1）建筑物：有无违章建筑、建（构）筑物等。

（2）树木（毛竹）：与导线安全距离。

（3）施工作业：线路下方或附近有无危及线路安全的施工作业，如建房、堆土、种树等。

（4）火灾：线路附近有无烟火现象，有无易燃、易爆物堆积等。

（5）交叉跨越：有无新建或改建电力、通信线路、道路、铁路、索道、管道等。

（6）防洪、排水、基础保护设施：有无坍塌、淤堵、破损等。

（7）自然灾害：有无地震、洪水、泥石流、山体滑坡等引起的通道环境变化。

（8）道路、桥梁：巡线道、桥梁损坏等。

（9）污染源：有无新的污染源或污染加重等。

（10）采动影响区：有无裂缝、坍塌等情况。

（11）其他：线路附近是否有人放风筝，是否有危及线路安全的漂浮物，线路跨越鱼塘是否设置警示牌，是否有有采石（开矿）、射击打靶情况及藤蔓类植物攀附杆塔等。

3. 导线对地面、树木及电力线路等的安全距离

导线对地面、建筑物、树木、道路、河流、管道、索道及各种架空线路的距离，应根

图 9-2-5　树线垂直距离

据导线运行温度 40℃（若导线按允许温度 80℃设计时，导线运行温度取 50℃）情况或覆冰无风情况求得的最大弧垂计算垂直距离（图 9-2-5），根据最大风情况或覆冰情况求得的最大风偏进行校验。

计算上述距离，可不考虑由于电流、气温等引起的弧垂增大，但应计算导线架线后塑性伸长的影响和设计、施工的误差。重覆冰区的线路还应计算导线不均匀覆冰情况下的弧垂增大。

大跨越的导线弧垂应按实际能够达到的最高温度计算。

输电线路与主干铁路、高速公路交叉，应采取独立耐张段。

输电线路与标识轨距铁路、高速公路及一级公路交叉时，如交叉档距超过 200m，最大弧垂应按导线允许温度计算，导线的允许温度按不同要求取 70℃或 80℃计算。

导线对其他物体最小距离见表 9-2-2～表 9-2-5。

表 9-2-2　　　　　　　　　　　　　导线与地面的最小距离

电压等级/kV	110	220	500	±800	1000
居民区/m	7	7.5	14	22	27
非居民区/m	6	6.5	11	19	22

表 9-2-3　　　　　　　　　　　　　导线与建筑物间的最小距离

电压等级/kV	110	220	500	±800	1000
最大弧垂时垂直距离/m	5	6	9	17.5	15.5
最大风偏时净空距离/m	4	5	8.5	17（7）（水平距离）	7

表 9-2-4　　　　　　　　　　　　　导线与树木间的最小距离

电压等级/kV	110	220	500	±800	1000
最大弧垂时垂直距离/m	4	4.5	7	13.5	14
最大风偏时净空距离/m	3.5	4	7	13.5	14

表 9 - 2 - 5　　　　　　　导线与弱电线路、电力线路间的最小距离

电压等级/kV	110	220	500	±800	1000
弱电线路/m	3	4	8.5	17	18
电力线路/m	3	4	6 (8.5)	10.5 (15)	10 (16)

注：1. 括号内为跨越塔头时距离。

　　2. 线路与弱电线路交叉时，对一级、二级弱电线路交叉角应分别大于等于 45°、30°，对三级弱电线路不限制。

（二）杆塔、拉线和基础巡查

检查杆塔、拉线和基础有无下列缺陷和运行情况的变化。

1. 杆塔

（1）杆塔倾斜，横担歪扭及杆塔部件锈蚀变形、缺损、被盗；铁塔主材相邻结点间弯曲度不应超过 0.2%。

（2）杆塔螺栓松动、缺螺栓或螺帽，螺栓丝扣长度不够，铆焊处裂纹、开焊。

（3）混凝土杆出线裂纹扩展、混凝土脱落、钢筋外露、脚钉缺损。普通钢筋混凝土杆不应有纵向裂纹，横向裂纹缝隙宽度不应超过 0.2mm，预应力钢筋混凝土杆不应有裂缝。

2. 拉线

（1）拉线及部件锈蚀（图 9 - 2 - 6）、松弛、断股抽筋，缺螺栓、螺帽等，部件不应丢失和有被破坏等现象。

图 9 - 2 - 6　拉线及部件锈蚀

（2）拉线的基础变异，周围土壤突起或沉陷。

（3）拉线拉棒锈蚀后直径减少值超过 2mm。

（4）拉线张力不均匀，严重松弛。

3. 基础

（1）基础裂纹、损坏，保护帽破损、有裂纹、脱落。

（2）础保护帽上部塔材被埋入土或废弃物堆中，导致塔材锈蚀。

（3）基础周围回填土沉塌或被冲刷。

（三）导线、地线巡查

1. 检查导线、地线、光纤复合架空地线缺陷和运行情况的变化

（1）导线、地线、光纤复合架空地线锈蚀、断股、损伤或闪络烧伤。

（2）导线、地线、光纤复合架空地线弧垂变化、极分裂导线间距变化。

（3）导线、地线、光纤复合架空地线舞动、脱冰跳跃，分裂导线鞭击、扭绞、粘连。

（4）导线、地线、光纤复合架空地线接续金具过热、变色、变形、滑移。

（5）导线在线夹内滑动，释放线夹船体自挂架中脱出。

（6）跳线断股、歪扭变形；跳线与杆塔空气间隙变化，跳线间扭绞；跳线舞动、摆动过大。

（7）导线对地、对交叉跨越设施及对其他物体距离变化。

（8）导线、地线、光纤复合架空地线上悬挂有异物。

2．导线、地线驰度相关标准

（1）导线、地线弧垂不应超过设计允许偏差；110kV 及以下线路为＋6.0%、－2.5%；220kV 及以上线路为＋3.0%、－2.5%。

（2）导线相间相对弧垂值不应超过：110kV 及以下线路为 200mm；220kV 及以上线路为 300mm。

（3）相分裂导线同相子导线相对弧垂值不应超过以下值：垂直排列双分裂导线为 100mm；其他排列形式分裂导线 220kV 为 80mm，330kV 及以上线路为 50mm。

（四）绝缘子、金具巡查

1．绝缘子

（1）瓷质绝缘子伞裙不应破损，瓷质不应有裂纹，瓷釉不应有烧坏。

（2）玻璃绝缘子不应有自爆或表面有裂纹。

（3）棒形及盘形复合绝缘子伞裙、护套破损或龟裂，端头密封不应开裂、老化。

（4）钢帽、绝缘件、钢脚应在同一轴线上，钢脚、钢帽、浇装水泥不应有裂纹、歪斜、变形或严重锈蚀，钢脚与钢帽槽口间隙不应超标。

（5）盘型绝缘子绝缘电阻：330kV 及以下线路不应小于 300MΩ，500kV 及以上不应小于 500MΩ。

（6）盘型绝缘子分布电压零值或低值。

（7）锁紧销不应脱落变形。

（8）绝缘横担不应有严重结垢、裂纹，不应出现瓷釉烧坏、瓷质损坏、伞裙破损。

图 9-2-7　金具状况良好

（9）直线杆塔的绝缘子串顺线路方向的偏斜角（除设计要求的预偏外）大于 7.5°，且其最大偏移值不应大于 300mm，绝缘横担端部偏移不应大于 100mm。

（10）地线绝缘子、地线间隙不应出现非雷击放电或烧伤。

2．金具

（1）金具状况良好（图 9-2-7）本体不应出现变形、锈蚀、烧伤、裂纹，金具连接处应转动灵活，强度不应低于原值的 80%。

（2）防振锤、阻尼线、间隔棒等金具不应发生位移、变形、疲劳。

（3）屏蔽环、均压环不应出现松动、变形，均压环不得装反。

（4）OPGW 余缆固定金具不应脱落，接续盒不应松动、漏水。

（5）OPGW 预绞线夹不应出现疲劳断脱或滑移。

（6）接续金具不应出现下列任一情况：

1）外观鼓包、裂纹、烧伤、滑移或出口处断股，弯曲度不符合有关规程要求。

2）温度高于导线温度 10℃，跳线联板温度高于相邻导线温度 10℃。

3）过热变色或连接螺栓松动。

4）金具内严重烧伤、断股或压接不实（有抽头或位移）。

（五）防雷设施和接地装置巡查

1. 防雷设施

（1）放电间隙变动、烧损。

（2）避雷器、避雷针等防雷装置和其他设备的连接、固定情况。

（3）避雷器动作情况。

（4）绝缘避雷线间隙变化情况。

2. 接地装置

（1）多根接地引下线接地电阻值不应出现明显差别。

（2）接地引下线不应断开或与接地体接触不良。

（3）接地装置不应出现外露或腐蚀严重，被腐蚀后其导体截面不应低于原值的80％。

（4）检测到的工频接地电阻（已按季节系数换算）不应大于设计规定值。水平接地体的季节系数见表9-2-6。

表9-2-6　　　　　　　　　　水平接地体的季节系数

接地射线埋深/m	季节系数	接地射线埋深/m	季节系数
0.5	1.4～1.8	0.8～1.0	1.25～1.45

注：检测接地装置工频接地电阻时，如土壤较干燥，季节系数取较小值；如土壤较潮湿，季节系数取较大值。

（六）附件及其他设施巡查

检查附件及其他设施有无下列缺陷和运行情况的变化：

（1）预绞丝滑动、断股或烧伤。

（2）防振锤疲劳、移位、脱落、偏斜、钢丝断股，阻尼线变形、烧伤，绑线松动。

（3）极分裂导线的间隔棒松动、位移、折断、线夹脱落、连接处磨损和放电烧伤。

（4）光纤复合架空地线引下线、接续盒等设备损坏和异常。

（5）防鸟设施损坏、变形或缺损。

（6）均压环、屏蔽环锈蚀及螺栓松动、偏斜。

（7）导线防舞动设施（如极间间隔棒、防舞设施等）运行变化情况。

（8）标识牌、警示牌等字迹不清、缺损、丢失。

（9）各类检测装置缺损。

三、状态照片拍摄

（一）照片拍摄及命名具体要求

（1）每条线路所有杆塔图片资料应齐全，照片中拍摄主题突出、景物清晰，尤其是通道照片要突出反映被跨越物情况。

（2）每基杆塔照片不应少于6张：杆塔全景（1张）、杆塔号牌及警示牌（1张）、杆塔基础（1张）、绝缘子及金具（1张）、线路大小号通道（2张）。

（3）应用GPS相机拍摄状态照片，照片上应有拍摄时间。

（4）照片规格要求：长边不小于1600像素、短边不小于1200像素，格式采用JPG、

BMP、TIF、PSD，容量宜为1～5M，但总容量应符合PMS系统要求，一般不大于20M。杆塔基础和绝缘子及金具照片放大后应能清楚地观察到基础、绝缘子串型等实际情况。

（5）所有拍摄照片宜参考以下规范，并应正确命名，若同内容需多张照片的，则在名称后加序号"××－1""××－2"等。

1）杆塔全景：照片应能将杆塔全景摄入其中，采取在线路正面偏左（右）15°～45°内拍摄，能全面反应所拍摄杆塔的塔型特征，宜竖向拍摄，如图9-2-8所示（照片命名：××kV××线××号全塔）。

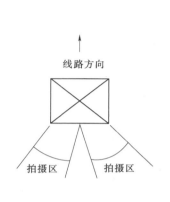

（a）拍摄区示意　　　　　　　　（b）照片样例

图9-2-8　220kV龙仙2379线66号全塔

2）杆塔号牌及警示牌：照片应能清晰显示所拍摄杆塔的杆号（线路双重名称）及警示牌所示内容，如图9-2-9所示（照片命名：××kV××线××号标识牌）。

3）杆塔基础：所拍照片能正确、清晰反应现场4个基础的实际情况（所处环境信息），原则上4个基础应在同一张照片中显示。若由于高低腿等原因无法在一张照片中将4个基础全部显示的，应拍摄好基础全景照片后，对未摄入其中的塔腿分别拍摄，如图9-2-10所示（照片命名：××kV××线××号基础）。

图9-2-9　220kV龙仙2379线66号标识牌

图9-2-10　220kV龙仙2379线66号基础

4）绝缘子及金具：照片应能正确、清晰显示所摄杆塔全塔所有绝缘子及金具组合情况，不能出现绝缘子及金具相互遮挡的现象，宜在线路侧方拍摄，遇有跳线的耐张塔，跳线情况也应能够清晰准确显示，如图9-2-11所示（照片命名：××kV××线××号塔头）。

图9-2-11 220kV龙仙2379线66号塔头

5）线路大小号通道：照片应能正确、清晰反映该档导线与通道地面的关系并突出被跨越，如图9-2-12和图9-2-13所示。拍摄时宜在主题杆塔侧后方进行，照片中需显示主题杆塔、前方杆塔、档距内导线、地表及跨越物等信息。如遇树竹、山崖遮挡等特殊情况无法拍摄通道情况时，可在横线路方向拍摄出该通道内至少两个塔头及该档距内导线与线下植被情况（照片命名：××kV××线××号大号侧通道、××kV××线××号小号侧通道）。

图9-2-12 220kV龙仙2379线66号大号侧通道　图9-2-13 220kV龙仙2379线66号小号侧通道

（二）GPS相机时间以及GPS设置

1. 时间设置

按MEMU键，显示图9-2-14所示信息，按DISP键拉至日期、时间标记，按箭头键（即FUNC SET右边键）可开启或关闭照片时间显示。

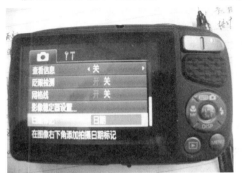

图9-2-14 时间设置界面

2. 时间调整

按MEMU键，按箭头键（即FUNC SET右边键）调整至图9-2-15所示信息，按DISP键拉至日期/时间，再按FUNC SET键可调整时间信息。

3. GPS信息设置

（1）开启GPS设置：按FUNC SET键，按AUTO键调节卫星状态显示，如图9-2-16

所示，再按箭头键（即 FUNC SET 右边键），可通过 DISP 键设置 GPS 开启和关闭。

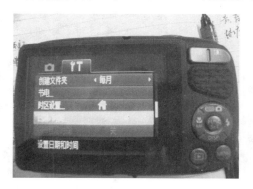

图 9-2-15 时间调整界面　　　　　　　　　图 9-2-16 GPS 信息设置

（2）拍摄时屏幕上显示卫星图案禁用状态时，拍摄的照片不带 GPS 信息，需等待至卫星图案可用时拍摄的照片才带 GPS 信息，如图 9-2-17 所示。

图 9-2-17 GPS 信息显示

（3）GPS 信息查看。拍摄完照片后，可按 MEMU 左边（红色方框标记）键见回看已拍摄照片，如图 9-2-18 所示。再按两次 DISP 键可查看已拍摄照片是否带 GPS 信息（如已带说明拍摄成功），N29°08′11″、E119°42′04″即为 GPS 信息。

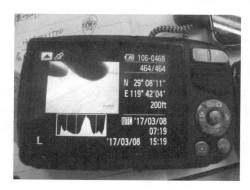

图 9-2-18 回看照片

第三章　输电线路缺陷和隐患

一、输电线路缺陷分析

（一）名词解释

不同程度的缺陷都需要人来认定，由于人的经验不同，对缺陷认定能力不同，经常发生没有及时认定的缺陷和缺陷继续恶化造成故障的情况，因此缺陷的认定对设备安全运行非常重要。

设备缺陷：凡设备在运行或备用中，出现劣化、损坏、技术性能降低，发生各种异常现象，或由于运行技术条件的改变，超过设备承载能力或额定运行参数，或外部环境的变化对设备安全运行构成潜在威胁等，均属设备缺陷。

按缺陷严重程度分为危急缺陷、严重缺陷、一般缺陷三个级别。

1. 设备危急缺陷

指缺陷已危及线路安全运行，随时可能导致线路事故的发生。此类缺陷必须尽快消除（通常不应超过 24h），或临时采取可以确保安全的技术措施进行处理，随后彻底消除。

2. 设备严重缺陷

指缺陷对线路运行有严重威胁，短期内线路尚可维持运行。此类缺陷应在短时间内消除（一般不超过一周，最多一个月），消除前须加强监视。

3. 设备一般缺陷

指线路虽有缺陷，但在一定期间内对线路的正常运行影响不大，此类缺陷应列入年度、季度检修计划中加以消除（最迟不应超过一个检修周期）。

此外，对于一经查到能立即消除的，可不作为缺陷对待，如发现个别螺丝松动，当即用扳手拧紧；若不能立即消除，应作为缺陷记录下来，并应填入记录中履行缺陷管理程序。

（二）缺陷分类

1. 按发生的部位分类

（1）线路本体，即按设计建造组成线路实体的所有构件及材料，包括杆塔（含拉线装置、爬梯）、基础、导线、地线（含 OPGW 光缆）、绝缘子、金具、接地装置等。

（2）线路通道。

（3）附属设施，包括附加在线路本体上的各类标识牌、相位牌、警示牌及各种技术监测或有特殊用途的装置，如线路避雷器、避雷针、防鸟装置、通信光缆（含 ADSS 等）和防冲撞、防拆卸、防洪水、防舞动、防覆冰、防风偏及防攀爬装置等。

2. 按责任原因分类

（1）人为原因。由于人的因素产生，检修人员的疏忽、责任心不强忘记安装有关部位或其他原因遗留的缺陷；运行人员经验不足或忽视造成的缺陷；人祸引起的缺陷，如盗窃等。

具体可分为：设计原因；施工遗留；检修质量；运行管理；人为破坏，如盗窃、非法施工和种植。

（2）产品本身原因。线路某一部件厂家材料性能不好，运行一段时间或恶劣天气产生缺陷。

具体可分为：产品材质；产品设计；产品加工；产品老化。

（3）自然环境原因。线路部件长期遭受环境的物理、化学侵蚀，丧失原有机能，线路处在特殊的地理环境中造成缺陷。

具体可分为：风力、洪水冲刷、污染、地质变化、温度变化、腐蚀、天气原因（风、雨、雷、雪、雾）、鸟巢、植物等。

（4）物理特性原因。线路各部件之间接触受力造成磨损、松动、振动产生的缺陷。

具体可分为：玻璃绝缘子自爆、磨损、振动缺件、跑位、松动、断裂、张力变化、运动、空气距离、弯曲变形。

二、输电线路典型缺陷

1. 杆塔类缺陷

（1）杆塔塔材损坏变形，如图9-3-1所示。

原因分析：此类缺陷是由于机械外力破坏、石场放炮飞石、堆土后挤压等原因造成。

图9-3-1　杆塔塔材损坏变形

处理措施：发现此类情况可向公安机关报案，对杆塔附近施工人员进行制止，同时向运维主管部门汇报，并记录受损的塔材型号。对此类隐患点要加强巡视力度，设置相应的警告牌。

（2）杆塔塔材锈蚀，如图9-3-2所示。

图9-3-2　杆塔塔材锈蚀

原因分析：杆塔长期暴露在野外，受自然因素的影响，造成塔材表面氧化生锈；另外塔材本身的质量及镀锌层质量也是造成缺陷的原因。

处理措施：对严重锈蚀的塔材要进行更换处理，轻微腐蚀采取除锈后涂刷防锈油漆处理。

（3）杆塔塔材连接处螺栓松动，如图9-3-3所示。

原因分析：杆塔在风力作用下发生振动，引起螺栓松动或缺失，造成塔材松动，使杆塔强度降低，容易引发线路倒塔故障的发生。

处理措施：巡视人员可敲击铁塔，根据塔材发出的声响来判断塔材的松紧程度（塔材松动时会发出多种频率的声音，紧固的塔材只发出一种频率的声音），并进行紧固和补强消缺。

图9-3-3　螺栓松动

（4）杆塔塔材被盗，如图9-3-4所示。

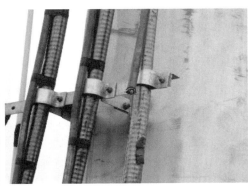

图9-3-4　杆塔塔材被盗

原因分析：多由人为破坏造成，应对缺失的塔材进行补齐，并采取防盗措施。

处理措施：发现此类情况向公安机关报案，严惩不法分子。并记录受损的塔材型号，进行修复；对此类点要加强巡视力度，设置相应的警告牌和安装相关监控、报警等装置。

（5）杆塔脚钉缺失，如图9-3-5所示。

原因分析：多由人为破坏造成。

处理措施：应对缺失的脚钉进行补齐。

（6）杆塔底部被埋发生锈蚀，如图9-3-6所示。

图9-3-5　杆塔脚钉缺失

图9-3-6　杆塔底部被埋发生锈蚀

原因分析：处于半山坡或田地里的杆塔踏脚低于地平面时，容易被积土填埋。由于保护帽质量差，水泥与塔材连接面有缝隙，当遇到雨水天气，在塔脚周围形成有水的环境，将水泥和泥土中的盐碱溶解在水中，在有氧的环境下形成化学腐蚀，踏脚逐渐发生腐蚀。锈蚀严重时将影响杆塔的受力稳定，在恶劣天气下易发生倒塌故障。

处理措施：紧急处理更换塔材，加强保护帽浇筑和塔材质量的验收工作，做好保护帽内防渗措施。

（7）杆塔基础被埋，如图9-3-7所示。

原因分析：因山体风化、滑坡引起积土，或因落土造成踏脚被埋，进而发生腐蚀。

处理措施：要求施工方对堆土要及时进行清理，落土严重的区域要修筑护坡或挡土墙等措施；对恶意破坏者报案处理，诉诸法律，要求赔偿和追究责任；加强巡视、监控。

（8）杆塔螺栓锈蚀，如图9-3-8所示。

图9-3-7　杆塔基础被埋

图9-3-8　杆塔螺栓锈蚀

原因分析：主要由杆塔螺栓镀锌防锈质量问题或因酸雨等原因造成。

处理措施：对锈蚀严重的螺栓进行更换处理。

（9）杆塔上鸟巢、蜂窝，如图9-3-9所示。

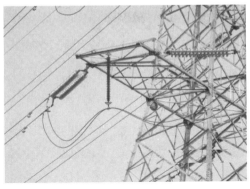

图9-3-9 杆塔上鸟巢、蜂窝

原因分析：鸟类、蜜蜂活动造成的，杆塔某些构件处有利于其筑巢。

处理措施：对于引鸟架内的鸟巢要做好统计，便于每年的1、4季度集中进行处理；对于横担头部、导线正上方的鸟巢要及时汇报并进行处理。对于蜂巢，需及时上报，处理时须穿着防蜂服。

（10）杆塔上缠绕藤条、绑线等异物，如图9-3-10所示。

图9-3-10 塔身绑有异物

原因分析：缠绕藤条主要由自然植被生长茂盛、塔基清理不及时等原因造成；绑线为人为搭挂异物至塔上造成。

处理措施：塔身异物、藤蔓等应及时清理；绑线如是电源线应谨慎处理或上报，普通绳索则立即拆除。

2. 基础类

（1）基础回填土下沉，如图9-3-11所示。

原因分析：基础回填土没有夯实回填，经过雨水湿润会发生下沉；基础周边取土导致回填土缺失；雨水冲刷导致回填土流失。

处理措施：发现此类情况，要重新外运土进行回填并夯实。

（2）基础立柱、保护帽破损，如图9-3-12所示。

图 9 - 3 - 11 基础回填土下沉

图 9 - 3 - 12 基础立柱、保护帽破损

原因分析：基础表面水泥失效、人为破坏、雨水冲刷、严寒天气时冻坏，造成立柱表面水泥层损坏，严重时发生立柱钢筋外露。

处理措施：加强巡视，梳理此类缺陷，发现时及时上报并进行大修或将保护帽敲掉重做，立柱套浇。

（3）基础护坡损坏，如图 9 - 3 - 13 所示。

原因分析：护坡由于修建质量、人为破坏、雨水冲刷造成松动、外鼓、破损、坍塌等。

处理措施：对严重损坏的护坡要及时进行修复处理，轻微损坏的应采取预防性整治措施。

3. 导线、地线类缺陷

（1）导线、地线断股，如图 9-3-14 所示。

原因分析：由于人为破坏、外力破坏、设备本身质量、恶劣天气、设备老化、施工工艺等原因引起，严重的会发生断线、倒塔事故。

图 9-3-13 基础护坡损坏

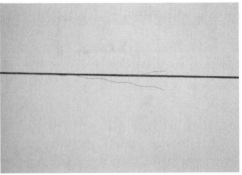

图 9-3-14 导线、地线断股

处理措施：发现此类缺陷时要及时上报并进行紧急消缺处理。

（2）导线跳线耐张线夹在根部铝股折断（无人机发现），如图 9-3-15 所示。

原因分析：由于跳线在风力作用下发生周期性过大摆动，造成导线在线夹根部疲劳折断。

处理措施：发现此类缺陷时要及时上报并进行紧急处理。

（3）导线扭绞、粘连，如图 9-3-16 所示。

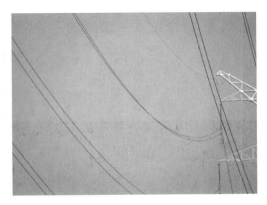

图 9-3-15 导线跳线耐张线夹在根部铝股折断　　　图 9-3-16 导线扭绞、粘连

原因分析：由于大风引起导线不规则舞动，导致松弛分裂导线扭绞；由于相间子导线张力、弧垂不均匀，在特殊气候下，发生粘连鞭击。

处理措施：发现该类问题进行跟踪观察，及时上报，根据粘连、扭绞的严重程度作出相应的紧急处理措施；秋季节性导线收缩时更易发生粘连鞭击。

（4）导线、地线上有异物（风筝、塑料布、树枝、钓鱼线等），如图9-3-17所示。

图9-3-17　导线、地线上有异物

原因分析：地膜、大棚塑料布、废旧塑料布、广告气球等固定不牢，在风力作用下刮到导线上；人为在线路附近放风筝、垂钓等时不慎把风筝、垂钓线挂到导线上，从而发生短路故障。

处理措施：发现此类缺陷要及时汇报进行紧急处理。

（5）地线锈蚀（无人机巡检拍摄），如图9-3-18所示。

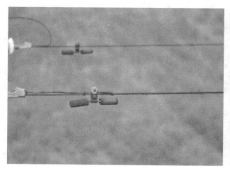

图9-3-18　地线锈蚀

原因分析：长时间运行时地线易发生锈蚀；酸雨地区、潮湿地区地线更易腐蚀。

处理措施：需及时上报并安排线路同类问题的排查工作，完毕后列入大修或检修更换处理。

4.绝缘子类缺陷

（1）玻璃绝缘子自爆，如图 9-3-19 所示。

原因分析：由于玻璃绝缘子机械特性、自然环境、人为因素等影响，发生玻璃绝缘子伞群爆裂。上报缺陷描述格式为：220kV 温莹 2U51 线 16 号小号侧 A 相内串导线数进第 7 片绝缘子自爆；C 相内串导线数进第 3 片绝缘子自爆。

处理措施：良好绝缘子片数在满足运行要求情况下，列入检修缺陷库，停电时进行消缺；不满足良好运行绝缘子片数时，立即紧急消缺。

（2）绝缘子表面脏污严重，如图 9-3-20 所示。

图 9-3-19　玻璃绝缘子自爆

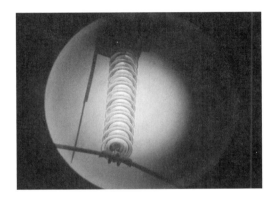

图 9-3-20　绝缘子表面脏污严重

原因分析：由于重污区污秽严重，不防尘绝缘子伞沿内部空气不易流动，容易积灰形成污垢。

处理措施：定期清扫；更换为防污绝缘子；使用复合绝缘子。

（3）绝缘子串表面覆冰，如图 9-3-21 所示。

原因分析：在雨雪天，当气温达到 0℃及以下时，会在绝缘子表面上形成覆冰，覆冰严重时会发生闪络。

图 9-3-21　绝缘子串表面覆冰

处理措施：持续巡视观察覆冰情况，严重时紧急避险拉停，列入抗冰改造计划；不严重时，持续巡视关注。

5.金具类缺陷

（1）导线、地线防振锤松动移位、缺失，如图 9-3-22 所示。

原因分析：由于安装防振锤时螺栓力矩不够，在风力作用下发生松动跑位或掉落。

处理措施：结合停电进行调整或补装，消缺前定期登塔检查线夹情况以及滑跑情况；

"三跨"线路应提前安排停电或带电消缺。

（2）金具锈蚀，如图9-3-23所示。

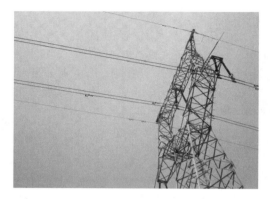

图9-3-22 导线、地线防振锤缺陷

图9-3-23 金具锈蚀

原因分析：由于环境造成的各种腐蚀及金具本身等原因，造成金具表面镀锌层失效而发生腐蚀。

处理措施：需及时上报，并安排线路同类问题的排查工作，完毕后列入大修或检修更换处理，严重时提前安排停电更换。

（3）防振锤变形，如图9-3-24所示。

原因分析：由于风振、自然的各种腐蚀、长久使用以及金具本身等原因，造成防振锤变形。

处理措施：需及时上报，并安排线路同类问题的排查工作，完毕后列入大修或检修

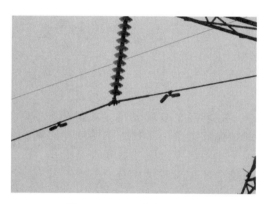

图9-3-24 防振锤变形

更换处理，严重时提前安排停电更换。

6. 接地类缺陷

（1）接地射线外露，如图9-3-25所示。

图9-3-25 接地射线外露

原因分析：由于人为开挖，或覆土经过多年的雨水冲刷，造成接地射线外露。

处理措施：发现后应及时进行回填处理。

（2）接地点螺栓松动，如图9-3-26所示。

原因分析：进行接地测试后反复拧开、恢复螺栓，或者其他原因造成螺栓紧固不到位。

处理措施：发现后立即紧固。

（3）接地引上线扁铁断裂，如图9-3-27所示。

图9-3-26　接地点螺栓松动　　　　　　　　图9-3-27　接地引上线扁铁断裂

原因分析：施工时野蛮施工，或外力破坏引起金属疲劳断裂。

处理措施：需进行更换。

（4）接地引下线入土点钢筋锈蚀，如图9-3-28所示。

图9-3-28　接地引下线生锈

原因分析：受土壤酸碱度影响，多发生在入土点附近。

处理措施：应及时防腐刷漆或者更换。

7. 通道类缺陷

（1）树（竹）木与带电导线安全距离不足，如图9-3-29所示。

原因分析：树（竹）木生长达到一定高度，与线路安全距离紧凑或不足。

处理措施：发现后应及时进行修剪或砍伐；树竹点应定期开展巡视，必要情况下缩短频次巡视（如毛竹期）；防止移栽或种植高大树种。

（2）巡线道不畅，如图9-3-30所示。

图9-3-29　树木与带电导线安全距离不足　　　　图9-3-30　巡线道不畅

原因分析：受天气和当地草木生长情况影响或长期未及时修缮等原因，造成巡线道杂草茂盛，人员难行。

处理措施：需及时安排护线员清理。

8. 附属设施缺陷

（1）杆塔杆号牌或相位牌字迹模糊、生锈、破损、缺失，如图9-3-31所示。

图9-3-31　杆塔杆号牌或相位牌模糊、生锈、破损、缺失

图像监控设备
电源箱门未锁

图9-3-32　图像监控设备电源箱门未锁

原因分析：杆塔上各种牌面在自然环境下受湿气、紫外线的腐蚀而生锈、褪色，给运行维护、检修人员核对线路标识带来困难。

处理措施：排查梳理，进行更换。

（2）图像监控设备电源箱门未锁，如图9-3-32所示。

原因分析：受风振、长期日晒雨淋、部件老化以及施工等影响，造成箱体锁出现问题。

处理措施：排查梳理，进行塔上消缺。

三、输电线路隐患分析

1. 名词解释

安全隐患是指安全风险程度较高，可能导致事故发生的作业场所、设备设施、电网运行的不安全状态、人的不安全行为和安全管理方面的缺失。

根据可能造成的事故后果，安全隐患分为重大事故隐患、一般事故隐患和安全事件隐患三个等级。

（1）重大事故隐患指可能造成以下后果的事故隐患：

1）1～4级人身事件。

2）1～3级电网和设备事件。

3）5级信息系统事件。

4）交通重大、特大事故。

（2）一般事故隐患指可能造成以下后果的事故隐患：

1）5～7级人身事件。

2）4～7级电网和设备事件。

3）6～7级信息系统事件。

4）交通一般事故。

（3）安全事件隐患指可能造成以下后果的事故隐患：

1）8级人身事件。

2）8级电网和设备事件。

3）8级信息系统事件。

4）交通轻微事故。

超出设备缺陷管理制度规定的消缺周期仍未消除的设备危急缺陷和严重缺陷，即为安全隐患。根据其可能导致事故后果的评估，分别按重大事故隐患、一般事故隐患或安全事件隐患治理。对在设备缺陷管理制度规定的一个消缺周期内的设备缺陷不纳入安全隐患管理，仍按照设备缺陷管理规定和工作流程处置。

2. 隐患分类

隐患按来源分类，大致可分为人类活动和自然环境两大类。

（1）人类活动。由于人类活动过程中使用大型机械、各种工具等作业形成隐患，具体包括建房、开挖、堆土、平基、筑路、扫墓、漂浮物、易燃易爆物、吊装苗木、鱼塘等。

（2）自然环境。通道内树木、毛竹自然生长形成隐患，具体包括树木、毛竹、山火、强降雨、冻雨等。

四、输电线路典型隐患

1. 人类活动带来的隐患

（1）建房隐患，如图9-3-33所示。

原因分析：建房类隐患确定需判断建筑物是否在架空电力线路保护区内。建房类隐患涉及资金多，一旦建筑物成型，则处理难度加大，见效变慢。

图 9-3-33　建房隐患

处理措施：需提早发现，积极沟通和做好安全宣传；联系当地政府联合处置建房隐患。

（2）开挖隐患，如图 9-3-34 所示。

原因分析：开挖类隐患多由市政施工、农业活动引起，影响范围包括杆塔基础和接地射线。

处理措施：发现后应立即制止并上报，联系相关责任人，随后需设置安全围栏、警告牌和防撞墩等。

（3）堆土隐患，如图 9-3-35 所示。

图 9-3-34　开挖隐患

图 9-3-35　堆土隐患

原因分析：堆土类隐患多由市政施工、农业活动引起。

处理措施：发现后应尽快联系当事人清理，并设置警告牌或围栏、防撞墩。

（4）平基隐患，如图 9-3-36 所示。

原因分析：平基类隐患往往伴随其他工程，比如修路、修停车场、绿化施工、建房、种植苗木等。

处理措施：发现平基迹象，应立即联系当事人，了解土地用途，签订安全协议，设置

图 9 - 3 - 36　平基隐患

安全围栏、警告牌和防撞墩等。

　　(5) 筑路 (桥) 隐患, 如图 9 - 3 - 37 所示。

图 9 - 3 - 37　筑路 (桥) 隐患

　　原因分析: 筑路 (桥) 隐患多由市政施工引起。

　　处理措施: 需联系施工单位、业主、监理等协商处理, 要求加强电力设施保护工作; 签订安全协议, 做好巡视防范、监控和蹲守等工作。

　　(6) 漂浮物隐患, 如图 9 - 3 - 38 所示。

　　原因分析: 农业生产用遮阴网、塑料布等在强对流天气可能会挂导线、地线、杆塔

图 9-3-38 漂浮物隐患

上，引起线路跳闸或人员触电。

处理措施：发现即应提醒农户做好加固，加挂宣传牌；新建大棚应当做隐患进行处置，联系户主、当地村镇部门开展保护区内违建清理工作。

（7）易燃易爆物隐患，如图 9-3-39 所示。

图 9-3-39 易燃易爆物隐患

原因分析：易燃易爆物线下随意堆积。

处理措施：发现后应联系相关责任人要求清理，并在此处设防火、禁止堆物警告牌；处理难度大的，还需提请政府部门协助处理。

（8）吊装苗木隐患，如图 9-3-40 所示。

图 9-3-40　吊装苗木隐患

原因分析：生产作业活动，造成频繁使用吊机进行移栽、移除。

处理措施：对于线路通道内各苗木点应详细了解，设置安全宣传联络牌、吊装作业警告牌；加强巡视，必要时现场监护；此外对于可能发生流动作业的区域（比如：在线路下方的空地转移苗木），需在保护区内道路边增设警告牌。

（9）鱼塘隐患，如图 9-3-41 所示。

图 9-3-41　鱼塘隐患

原因分析：部分线路跨越鱼塘，对地距离紧凑。

处理措施：需对鱼塘主进行安全宣贯，在保护区内设围栏挡住，并设钓鱼警告牌。线下新建鱼塘，按照隐患进行处置。

（10）低洼积水隐患，如图 9－3－42 所示。

原因分析：线路杆塔设计基建时地势低洼、开挖堆土造成低洼、遭受洪涝等。

处理措施：一方面设计审查时提出低洼地区不适宜竖立杆塔，另一方面及时发现开挖、堆土隐患，制止隐患，并疏导低洼处使有利于排水。

（11）烧荒或人为纵火，如图 9－3－43 所示。

图 9－3－42　低洼积水隐患　　　　　　图 9－3－43　烧荒或人为纵火

原因分析：冬季、春季翻种时易发人为烧荒隐患。

处理措施：需加强巡视制止和宣传，订立防山火牌；联合政府部门加大宣传、惩戒。

（12）人为碰撞、破坏线路，如图 9－3－44 所示。

图 9－3－44　人为碰撞、破坏线路

原因分析：人为破坏电力铁塔或车辆从塔边、塔中间穿行经过，易造成线路设备受损。

处理措施：一是及时发现并修复；二是报案查找肇事者、严惩；三是加大宣传和设置警示标志。

2. 自然生成、自然灾害隐患

(1) 线下存在众多树木、毛竹隐患，如图 9-3-45 所示。

原因分析：由于线路设计导线对地距离不宽裕，加之树木、毛竹自然生长。

处理措施：需定期巡视并进行处理；林区、山区等地新建线路时应把好设计关，采用高跨。

(2) 山火隐患，如图 9-3-46 所示。

原因分析：山火隐患时时存在，每年冬夏天干时即为山火高危期。有相当多的山火是人为因素引发。

图 9-3-45　线下存在众多树木、毛竹隐患

处理措施：防山火需争取政府部门支持，加强巡视，加强防火宣传，在各个巡线道上山口设防山火警告牌。一旦发现山火，应根据火情大小采取相应处置措施。

图 9-3-46　高温易发山火

(3) 鸟害（鸟粪、鸟窝）隐患，如图 9-3-47 所示。

原因分析：鸟类聚集区在春季尤其易引发鸟害。

处理措施：①加强巡视，关注鸟类活动区域并记录统计，安装引鸟架或防鸟、驱鸟设施；②定期开展引鸟架的清理工作；③鸟害易发期应及时发现下挂鸟窝，并紧急处理；④每年定期登塔检查鸟粪危害，结合停电计划进行相关清理工作；⑤建立数据库，完善鸟害图，为设计提供依据，提高防鸟害等级，加强设备防护。

(4) 覆冰隐患，如图 9-3-48 所示。

原因分析：恶劣冻雨天气情况下，导地线和杆塔极易覆冰，严重时会导致超过设计值，从而引发断线、倒塔。

处理措施：巡视关注变化情况；恶劣情况紧急拉停线路；抗冰改造；后期新建提出优化方案，避免重蹈覆辙。

(5) 地质灾害隐患，如图 9-3-49 所示。

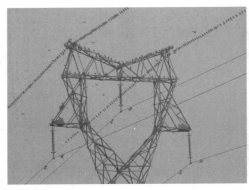

图 9 - 3 - 47 鸟害隐患

图 9 - 3 - 48 覆冰隐患

原因分析：强降雨、雨季易引发地质灾害，主要表现为基础边表层余土塌方滑坡、洪涝破坏等。

处理措施：一是设计审查时提出基础余土清理工作和费用，易塌方、易洪涝风险点要求设置挡墙护坡、围堰或另选塔基位置等；二是中间验收、竣工验收中加强现场情况验收，跟踪余土堆积隐患整治闭环；三是运行期间开展挂网植被恢复等治理工作，预防塌方隐患等。

图 9 - 3 - 49　地质灾害隐患

第十部分

高压电力电缆知识

第一章 电力电缆基本知识

一、电缆本体

电缆本体指除去电缆接头和终端等附件以外的电缆线段部分，如图 10 - 1 - 1 所示。

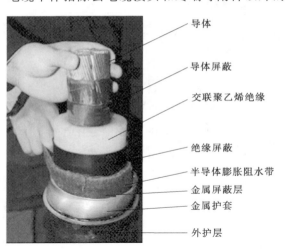

图 10 - 1 - 1 单芯电缆本体基本结构

（1）导体：为退火铜单线绞制，紧压成圆形。为减小导体的集肤效应，提高电缆的传输容量，对于大界面的导体一般采用分裂导体结构。

（2）导体屏蔽：为挤包半导体层，由挤出的交联型超光滑半导体材料均匀地包覆在导体上。表面应光滑，不能有尖角、颗粒、烧焦或擦伤的痕迹。

（3）交联聚乙烯绝缘：电缆的主绝缘由挤出的交联聚乙烯组成，采用超净料。

（4）绝缘屏蔽：亦为挤包半导体层，要求绝缘屏蔽必须与绝缘同时挤出。绝缘屏蔽是不可剥离的交联型材料，以确保与绝缘层紧密结合。

（5）半导体膨胀阻水带：这是一种纵向防水结构。

（6）金属屏蔽层：一般由疏绕软铜线组成，外表面用反向铜丝或铜带扎紧。

（7）金属护套：金属护套由铅或铝挤包成型，或用铝、铜、不锈钢板纵向卷包后焊接而成，是良好的径向防水层。

（8）外护层：包括铠装层和聚乙烯护套或由其他材料组成。无铠装层的电缆在金属护套的外面涂敷沥青化合物，然后挤上聚乙烯外护套，外护套厚度不小于其标称厚度的85％。在外护套外面再涂敷石墨涂层，作为外护套耐压试验用电极。

二、电缆附件

电缆附件是电缆终端、电缆接头等电缆线路组成部件的统称。

（1）电缆终端：安装在电缆末端，以使电缆与其他电气设备或架空输配电线路相连接，并维持绝缘直至连接点的装置。

（2）电缆接头：连接电缆与电缆的导体、绝缘、屏蔽层和保护层，以使电缆线路连续的装置。

三、附属设备

附属设备是接地装置、回流线、电缆护层过电压限制器、接地箱、交叉互联箱、供油装置、在线监测装置等电缆线路附属装置的统称。

（1）接地装置：与电缆金属屏蔽层（金属护套）相连接，将接地电流进行分流的装置。

（2）回流线：单芯电缆金属屏蔽层（金属护套）单端接地时，为抑制单相接地故障电流形成的磁场对外界的影响和降低金属屏蔽层（金属护套）上的感应电压，沿电缆线路敷设一根阻抗较低的接地线。

（3）电缆护层过电压限制器：串接在电缆金属屏蔽层（金属护套）和大地之间，用来限制在系统暂态过程中金属屏蔽层电压的装置。

（4）接地箱：用于单芯电缆线路中，为降低电缆护层感应电压，将电缆的金属屏蔽层（金属护套）直接接地或通过过电压限制器后接地的装置，有电缆护层直接接地箱、电缆护层保护接地箱两种，其中电缆护层保护接地箱中装有护层过电压限制器。

（5）交叉互联箱：用于在长电缆线路中，为降低电缆护层感应电压，依次将一相绝缘接头一侧的金属套和另一相绝缘接头另一侧的金属护套相互连接后再集中分段接地的一种密封装置，包括护层过电压限制器、接地排、换位排、公共接地端子等。

单芯电缆两端直接接地系统多用于 35kV 及以下电缆线路，如图 10-1-2 所示。

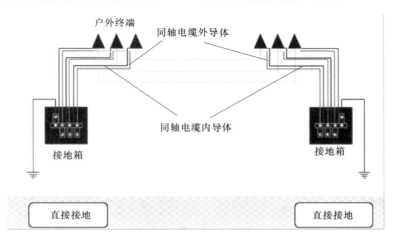

图 10-1-2　单芯电缆两端直接接地系统

单芯电缆单端接地系统如图 10-1-3 所示。

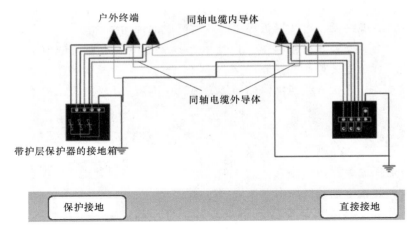

图 10-1-3　单芯电缆单端接地系统

单芯电缆中点接地系统如图 10-1-4 所示。

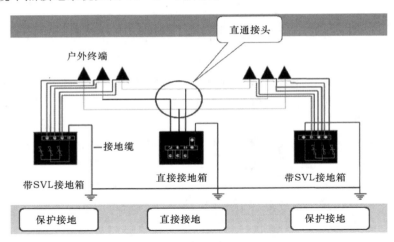

图 10-1-4　单芯电缆中点接地系统

单芯电缆交叉互连接地系统如图 10-1-5 所示。

（6）供油装置：与充油电缆相连接，保持充油电缆一定的油压，防止空气和潮气侵入电缆内部的装置。

（7）在线监测装置：在线监测装置包括本体监测和环境监测装置。本体监测装置包括在线环流、光纤测温和局部放电装置；环境监测装置包括环境温度、排水、通风、照明以及视频监控等。

四、附属设施

附属设施是电缆支架、电缆桥架、标识标牌、防火设施、防水设施、电缆终端站等电缆线路附属部件的统称。

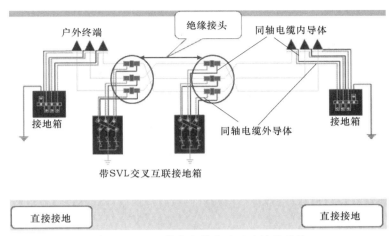

图 10 - 1 - 5 单芯电缆交叉互连接地系统

其中电缆支架是用于支持和固定电力电缆的装置；电缆桥架又名电缆托架，是由托盘或梯架的直线段、弯通、组件以及托臂（悬臂支架）、吊架等构成的具有密集支撑电缆的刚性结构系统。

五、电缆通道

电缆通道是电缆隧道、电缆沟、排管、直埋、电缆桥、电缆竖井等电缆线路的土建设施。

（1）非开挖定向钻技术是采用安装于地表的钻孔设备以相对于地面较小的入射角钻入地层形成先导孔，然后再把先导孔径度扩大到所需要的大小来铺设管道或排线的一种技术。非开挖定向钻拖拉管是通过定向钻技术敷设的电力电缆管道。

（2）综合管廊是在城市地下建造的市政公用隧道空间，将电力、通信、供水等市政公用管线根据规划的要求集中敷设在一个构筑物内，实施统一规划、设计、施工和管理。

六、电缆敷设方式

电缆敷设方式主要包括直埋敷设、隧道或电缆沟内敷设、桥架中敷设、水下敷设、排管内敷设等，如图 10 - 1 - 6 所示。

（a）排管内敷设

（b）电缆沟内敷设

图 10 - 1 - 6（一） 电缆常见敷设方式

（c）桥架中敷设　　　　　　　　　　（d）隧道内敷设

图 10-1-6（二）　电缆常见敷设方式

第二章　电力电缆验收

一、基本概念

（1）竣工验收内容：①电缆工程土建部分验收；②电缆工程电气部分验收；③竣工资料的收集。

（2）竣工验收准备。

1）资料验收、现场验收及试验。

2）编制专项验收方案，验收前应对验收人员进行交底。

3）电缆及通道竣工图纸应提供电子版、三维坐标测量成果。

4）非开挖定向钻拖拉管竣工图应提供三维坐标测量图，包括两端工作井的绝对标高、断面图、定向孔数量、平面位置、走向、埋深、高程、规格、材质和管束范围等信息。

二、土建验收

土建验收包括工井、管道、非定向拖拉管、桥架、隧道、终端塔。

1. 工井

（1）工井本体：①工井无倾斜、变形及塌陷现象，井壁立面应平整光滑，无突出铁钉、蜂窝等现象；②工井井底平整干净，无其他无关垃圾。

（2）工井盖板、止口：①盖板拉环符合设计要求，安装位置正确，取用方便，安装好的盖板拉环上表面应与盖板上平面齐平，每只井按照"隔三岔五"原则设置安装拉环；②工井盖板型式符合设计规范，盖板角铁必须进行防腐处理；③工井止口尺寸按设计要求均匀控制，没有破损现象。

（3）工井连接管孔：井内连接管孔位置布置应正确，大小侧控制适当，上管孔与盖板间距宜在 20cm 以上，管孔作倒圆处理，并进行封堵，宜采用木塞或水泥塞。

（4）接头工井：①接头工井接地体安装正确，引出接地扁铁规格符合设计要求，预留位置、长度满足敷设安全要求，接地电阻应不大于 5Ω；②接头工井一般在两侧设置过渡工井，井内设置 40cm×40cm×40cm 集水井；③如接地箱置于地面上，接头工井接地箱基础制作符合设计及安装要求，尺寸大小合适，接头工井外置防爆孔宜采用倒 U 型防爆孔，一般安装在接地箱基础边侧；④接地箱基础与接头工井之间连接方式妥当，连接管孔或现浇方孔上顶面与工井止口间距应控制在 10cm 以上。

（5）工井标识物：①工井标识标志应标注、安装到位；②露面盖板应有电压等级、联系电话等标识标注；③不露面盖板应根据周边环境条件按需设置标志标识。

（6）工井其他问题：①工井盖标高与人行道、慢车道、快车道等周边标高一致；②工井内应无其他产权单位管道穿越，对工井（沟体）施工涉及电缆保护区范围内平行或交叉的其他管道应采取妥善的安全措施。

2. 管道

管道验收内容包括：①对相邻井进行随机抽查，要求管孔无杂物，疏通检查无明显拖拉障碍；②管道径向段无明显沉降、开裂等迹象；③管道标识标志应标注、安装到位，对向井与井之间管道中点上方应根据周边环境条件按需设置标识标志；④对工井（沟体）施工涉及电缆保护区范围内平行或交叉的其他管道应采取妥善的安全措施。

3. 非定向拖拉管

非定向拖拉管验收内容包括：①两侧非定向拖拉管工井内非定向拖拉管管口应与井壁齐平，管口应倒圆并进行木塞或水泥塞封堵处理；②两侧非定向拖拉管工井内管口应预留牵引绳，并进行对应编号挂牌；③两侧非定向拖拉管工井内上非定向拖拉管管孔位置布置应正确，大小侧控制适当，上非定向拖拉管管孔与盖板间距宜在 20cm 以上；④非定向拖拉管出入口 2m 范围内应有配筋混凝土包方保护措施。

4. 桥架

桥架验收内容包括：①桥架钢材应平直，无明显扭曲、变形，并进行防腐处理，连接螺栓应采用防盗型螺栓；②沿桥架管材通过段应做好遮阳、防晒、防火等措施；③桥架两侧围栏应安装到位，宜选用不可回收的材质，并在两侧悬挂"高压危险 禁止攀登"的警告标识；④桥架两侧的连接工井与桥体管孔的连接过渡应符合设计要求，标高合适，工井墙身无开裂、沉降等现象；⑤桥架两侧基础保护帽应混凝土浇筑到位；⑥钢架桥过渡工井应根据周边环境条件按需设置标识标志；⑦电缆桥架全长均应有良好的接地。

5. 隧道

隧道验收内容包括：①隧道结构应符合设计要求，坚实牢固，无开裂或漏水痕迹；②隧道内通风、照明、排水、防火等基础设施应完好，孔洞封堵严密，无积水、杂物等；③隧道支架符合设计要求，支架表面光滑无毛刺，耐久稳固，间距均匀，无明显扭曲、变形，金属支架还应进行防腐处理；④隧道、监控系统安装到位，调试、运行正常。

6. 终端塔

终端塔验收内容包括：①终端塔电缆、避雷器支架钢材应平直，无明显扭曲，切口应无卷边、毛刺；②支架应焊接牢固，无显著变形；③各横撑间的垂直净距与设计偏差不应大于 5mm；④金属电缆支架必须进行防腐处理；⑤位于湿热、盐雾以及有化学腐蚀地区时，应根据设计做特殊的防腐处理；⑥终端塔电缆接地应独立设置，接地体安装方式正确，引出接地扁铁规格符合设计要求，预留位置、长度满足敷设安全要求，接地电阻测量数据合格；⑦终端塔无基础下沉和歪斜现象，支架与邻近物（树木、建筑物等）应保持足够的安全距离。

三、电气验收

电气验收包括本体、附件、附属设备、附属设施、通道、电气试验。

1. 本体

本体验收内容包括：①电缆敷设前应检查电缆通道畅通、排水良好，金属部分的防腐层完整，电缆型号、电压、规格应符合设计，电缆外观应无损伤、绝缘良好，当对电缆的密封有怀疑时应进行潮湿判断；②电力电缆在终端头与接头附近宜留有备用长度；③电缆各支持点的距离应符合设计规定，当设计无规定时应符合水平敷设不大于 1500mm、垂直敷设不大于 2000mm 的要求；④单芯交联聚乙烯绝缘电力电缆的最小弯曲半径为 20D；⑤电缆敷设时，电缆应从盘的上端引出，不应使电缆在支架上及地面摩擦拖拉，电缆上不得有铠装压扁、电缆绞拧、护层折裂等未消除的机械损伤；⑥电缆敷设时应排列整齐、不交叉，应加以固定，并及时装设标识牌。

2. 附件

附件验收内容包括：①电力电缆接头的布置应符合并列敷设的电缆，其接头的位置宜相互错开，电缆明敷时的接头应用托板托置固定；②电缆进入电缆沟、隧道、竖井、建筑物、盘（柜）以及穿入管子时，出入口应封闭，管口应密封；③电缆接头两侧应预留适量电缆，不应使电缆拉紧，接头的位置应相互错开，其净距应不小于 0.5m，并且留有 1.0～1.5m 的备用长度；④电缆终端套管、瓷瓶无破裂，搭头线连接正常，电缆终端各密封部位无漏油，接地良好。在污秽严重的地区，要对电缆终端套管涂上防污涂料，或者适当增加套管的绝缘等级；⑤避雷器配套在线监测安装到位，监测仪视读方便，避雷器绝缘套管无裂痕，搭头线连接正常，接地连接良好；⑥电缆终端、避雷器带电裸露部分之间及接地体的距离应符合表 10-2-1 的规定。

表 10-2-1　　　　电缆终端、避雷器带电裸露部分之间及接地体的距离　　　　单位：mm

位置	运行电压等级					
	35kV		110kV		220kV	
	相间	对地	相间	对地	相间	对地
户内	300	300	900	850	2000	1800
户外	400	400	1000	900	2000	1800

3. 附属设备

接地箱验收内容包括：①箱体应完整，门锁应完好，开、关方便；②如接地箱置于地面上，接地箱安装应与基础匹配，膨胀螺栓安装稳固；③电缆线路每只接地箱都需正确编号。

接地装置验收内容包括：①接地箱内连接应与设计相符，铜牌连接螺栓应拧紧，连接螺栓无锈蚀现象；②箱内接地电缆出线管口空隙应采用防火泥封堵；③接地箱的箱内电气连接部分应与箱体绝缘；④接地箱保护器和电缆金属护层连接线宜在 5m 内，连接线应与电缆护层的绝缘水平一致。

4. 附属设施

附属设施验收内容包括：①电缆上塔引上部分应装设电缆保护管，宜选用符合防盗要求的材质；②电缆终端塔（杆）与邻近物（树木、建筑物等）应保持足够的安全距离；③电缆终端塔（杆）上相位牌悬挂正确，线路双重命名牌悬挂到位；④电缆终端塔（杆）应按设计要求安装围栏，围栏基础牢固，底墙无开裂现象，塔底围栏内场地平整处理，四面警示牌悬挂到位；⑤对易受外部影响而着火的电缆密集场所，必须按设计要求的防火阻燃措施施工，在电力电缆接头两侧及相邻电缆 2～3m 长的区段施加防火涂料或防火包带。

5. 通道

通道验收内容包括：①标识牌的装设应符合在电缆终端头、电缆接头、拐弯处、夹层内、隧道及竖井的两端、人井内等地方，电缆上应装设标识牌，牌上应注明线路编号，无编号时应写明电缆型号、规格及起讫地点，双回路电缆应详细区分；②标识牌规格宜统一，字迹清晰，防腐不易脱落，挂装应牢固；③路径标志标识牌应根据周边环境按需设置，一般情况下，标识牌宜每隔 25m 装设 1 块，间距均匀，拐弯等路径变向处应加设；④严禁将电缆平行敷设于管道的上方和下方，特殊情况应按表 10-2-2 中的规定执行；⑤电缆与电缆或管道、道路、构筑物等相互间容许最小净距见表 10-2-2；⑥在电缆进入建筑物、隧道、穿过楼板及墙壁处，电缆应有一定机械强度的保护管或加装保护罩；⑦从沟道引至铁塔（杆）、墙外表面或屋内行人容易接近处，距地面高度 2m 以下的一段保护管埋入非混凝土地面的深度不应小于 100mm，伸出建筑物散水坡的长度不应小于 250mm，保护罩根部不应高出地面；⑧管中电缆的数量应符合设计要求，交流单芯电缆不得单独穿入钢管内。

表 10-2-2　　　　　　　　　电缆与其他管线间最小距离

电缆直埋敷设时的配置情况		平行	交叉
控制电缆间		—	0.5[a]
电力电缆之间或与控制电缆之间	10kV 及以下	0.1	0.5[a]
	10kV 以上	0.25[b]	0.5[a]
不同部门使用的电缆间		0.5[b]	0.5[a]
电缆与地下管沟及设备	热力管沟	2.0[b]	0.5[a]
	油管及易燃气管道	1.0	0.5[a]
	其他管道	0.5	0.5[a]
电缆与铁路	非直流电气化铁路路轨	3.0	1.0
	直流电气化铁路路轨	10.0	1.0
电缆建筑基础		0.6[c]	—
电缆与公路边		1.0[c]	
电缆与排水沟		1.0[c]	
电缆与树木的主干		0.7	
电缆与 1kV 以下架空线电杆		1.0[c]	
电缆与 1kV 以上架空线杆塔基础		4.0[c]	

a　用隔板分隔或电缆穿管时可为 0.25m。

b　用隔板分隔或电缆穿管时可为 0.1m。

c　特殊情况可酌减且最多减少一半值。

6. 电气试验

电气试验是电力电缆线路安装完成后，为了验证线路安装质量对电缆线路开展的各种试验。

电缆线路交接试验项目包括电缆主绝缘及外护套绝缘电阻测量、主绝缘交流耐压试验、单芯电缆外护套直流耐压试验、电缆两端的相位检查、金属屏蔽层（金属护套）电阻和导体电阻比、采用交叉互联接地电缆线路的交叉互联系统试验和局部放电检测试验。

主绝缘及外护套绝缘电阻测量：①电缆主绝缘电阻测量应采用 2500V 及以上电压的兆欧表，外护套绝缘电阻测量宜采用 1000V 兆欧表；②耐压试验前后，绝缘电阻应无明显变化，电缆外护套绝缘电阻不低于 $0.5M\Omega \cdot km$。

主绝缘交流耐压试验：①采用频率范围为 $20 \sim 300Hz$ 的交流电压对电缆线路进行耐压试验，试验电压及耐受时间按表 10-2-3 要求；②66kV 及以上电缆线路主绝缘交流耐压试验时应同时开展局部放电测量。

表 10-2-3　　　　　　　　主绝缘交流耐压试验电压及耐受时间要求

额定电压（U_0/U）/kV	试　验　电　压		时间 /min
	新投运线路（≤3）	非新投运线路	
18/30 以下	$2.5U_0$（$2U_0$）	$2U_0$（$1.6U_0$）	5（60）
21/35～64/110	$2U_0$	$1.6U_0$	60
127/220	$1.7U_0$	$1.36U_0$	
190/330			
290/550			

单芯电缆外护套直流耐压试验：对单芯电缆外护套连同接头外保护层施加 10kV 直流电压，试验时间 1min。

四、竣工资料

电缆土建竣工资料必须在电缆土建竣工验收前收集完成，并由监理盖章签字认可后，提前交给验收组织方。

电缆电气竣工资料一般要求在电缆电气竣工验收完成后一个半月内，由监理盖章签字认可后，移交给验收组织方。

电缆线路路径竣工图（比例宜为 1∶500）应包括主要的参照物、横穿马路及重要转弯处的具体管位剖面图、通道各种类型标识牌的埋设数量、各接头井的具体位置、接头井内对接头实际相位安放的位置、双回路电缆放置于沟内的区别位置及其接地箱的实际区别位置等内容的详细标注。

1. 技术资料

（1）电缆土建工程开工报告、竣工验收申请、工程竣工小结和完工报告等，电气工程开工报告、施工方案、竣工验收申请、工程竣工小结和完工报告。

（2）电缆工程监理报告、监理小结等。

（3）设计修改文件及设计审查文件等完整的设计资料。

（4）电缆线路走廊城市规划局批准文件、与市政单位的协议书、市政道路开挖申请批准表、沿线施工与有关单位的协议文件。

（5）电缆走廊验收记录、隐蔽工程验收记录。

2．土建部分

（1）管沟竣工图。

1）标注出工井的长度、宽度。

2）井与井之间管道的长度、孔数、管径。

3）通道两侧 0.75m 保护区范围内其他横穿及平行管线、具体参数、相对位置。

4）工井所处环境位置、露面情况、覆土深度等。

5）管道所处环境位置、覆土深度等。

6）周边大环境主要固定参照物（道路、楼房、河流等名称标注）。

7）图纸拼接线标注等。

（2）桥架竣工图：桥架结构图、基础图、平面位置图、管孔排列图、遮阳防晒方式等。

（3）隧道竣工图：隧道结构图、基础图、隧道各类配套设施包括监控、通信、消防等设备位置配置图纸。

（4）非定向拖拉管竣工图。

1）穿越周边大环境主要固定参照物（道路、楼房、河流等名称标注）。

2）数据导向表。

3）隐蔽工程试通记录。

4）两侧管位剖面图、对应编号记录。

5）出入点对应位置。

6）路面走向轨迹标志位置、设计变更联系单等。

（5）具体施工工井、管位剖面图：操作工井、接头工井、转弯工井、排管、电缆敷设管孔等的正面、侧面的剖面图纸及相对道路的埋设深度。

（6）其他资料：标志牌埋设位置、数量，工井盖板的路面情况、接头工井接地方式、防爆孔的选型等资料。

3．电气部分

（1）电缆及附件的订货技术文件，包括技术保证书、订货合同和订货清单、出厂试验报告、技术规格说明、备品清单等。

（2）电缆敷设施工记录、电缆终端、中间接头及其附件安装工艺说明书和施工记录，电缆档案卡、接地箱档案卡、避雷器档案卡等。

（3）电缆竣工试验方案，各种竣工验收记录，其中包括：电缆主绝缘、外护套、对地电容、交流参数，避雷器绝缘电阻、泄漏电流，交叉互联系统试验等。

（4）电缆及附件结构图，电缆设备开箱进仓验收单及附件装箱单。

（5）电缆线路设备变更申请单、电缆线路送电启动方案、各种会议纪要等，电缆线路施工方案、工程竣工小结和完工报告。

第三章　电力电缆运行维护

一、电缆线路巡视

1. 巡视检查一般要求

（1）运维单位对所辖电缆及通道均应指定专人巡视，同时明确其巡视的范围、内容和安全责任，并做好电力设施保护工作。

（2）运维单位应编制巡视检查工作计划，计划编制应结合电缆及通道所处环境、巡视检查历史记录以及状态评价结果。

（3）运维单位对巡视检查中发现的缺陷和隐患进行分析，及时安排处理并上报上级生产管理部门。

（4）运维单位应将预留通道和通道的预留部分视作运行设备，使用和占用应履行审批手续。

（5）巡视检查分为定期巡视、故障巡视、特殊巡视三类。

1）定期巡视包话对电缆及通道的检查，可以按全线或区段进行。巡视周期相对固定，并可动态调整。电缆和通道的巡视可按不同的周期分别进行。

2）故障巡视应在电缆发生故障后立即进行，巡视范围为发生故障的区段或全线。对引发事故的证物、证件应设法取回并妥为保管，对事故现场应进行记录、拍摄，以便为事故分析提供证据和参考。具有交叉互联的电缆跳闸后，应同时对电缆上的交叉互联箱、接地箱进行巡视，还应对给同一用户供电的其他电缆开展巡视工作以保证用户供电安全。

3）特殊巡视应在气候剧烈变化、自然灾害、外力影响、异常运行和对电网安全稳定运行有特殊要求时进行，巡视的范围视情况可分为全线、特定区域和个别组件。对电缆及通道周边的施工行为应加强巡视，已开挖暴露的电缆线路应缩短巡视周期，必要时安装移动视频监控装置进行实时监控或安排人员看护。

（6）巡视周期的确定原则：运维单位应根据电缆及通道特点划分区域，结合状态评价和运行经验确定电缆及通道的巡视周期；同时依据电缆及通道区段和时间段的变化，及时对巡视周期进行必要的调整。

常规定期巡视周期：

1）110(66)kV 及以上电缆通道外部及户外终端巡视为每半个月巡视一次。

2）35kV 及以下电缆通道外部及户外终端巡视为每 1 个月巡视一次。

3）发电厂、变电站内电缆通道外部及户外终端巡视为每 3 个月巡视一次。

4）电缆通道内部巡视为每 3 个月巡视一次。

5）电缆巡视为每 3 个月巡视一次。

6）35kV 及以下开关柜、分支箱、环网柜内的电缆终端结合停电巡视检查一次。

7）单电源、重要电源、重要负荷、网间联络等电缆及通道的巡视周期不应超过半个月。

8）对通道环境恶劣的区域，如易受外力破坏区、偷盗多发区、采动影响区、易塌方区等应在相应时段加强巡视，巡视周期一般为半个月。

9）水底电缆及通道应每年至少巡视一次。

10）对于城市排水系统泵站供电电源电缆，在每年汛期前进行巡视。

11）电缆及通道巡视应结合状态评价结果，适当调整巡视周期。

（7）电缆巡视应沿电缆逐个接头、终端建档进行并实行立体式巡视，不得出现漏点（段）。

（8）通道巡视应对通道周边环境、施工作业等情况进行检查，及时发现和掌握通道环境的动态变化情况。

（9）在确保对电缆巡视到位的基础上宜适当增加通道巡视次数，对通道上的各类隐患或危险点安排定点检查。

（10）对电缆及通道靠近热力管或其他热源、电缆排列密集处，应进行电缆环境温度、土壤温度和电缆表面温度监视测量，以防环境温度或电缆过热对电缆产生不利影响。

2. 电缆巡视

（1）电缆本体：①是否变形；②表面温度是否过高。

（2）外护套：是否存在破损情况和龟裂现象。

（3）电缆终端。

1）套管外绝缘是否出现破损、裂纹，是否有明显放电痕迹、异味及异常响声，套管密封是否存在漏油现象，瓷套表面不应严重结垢。

2）套管外绝缘爬距是否满足要求。

3）电缆终端、设备线夹、与导线连接部位是否出现发热或温度异常现象。

4）固定件是否出现松动、锈蚀、支撑瓷瓶外套开裂、底座倾斜等现象。

5）电缆终端及附近是否有不满足安全距离的异物。

6）支撑绝缘子是否存在破损情况和龟裂现象。

7）法兰盘尾管是否存在渗油现象。

8）电缆终端是否有倾斜现象，引流线不应过紧。

9）有补油装置的交联电缆终端应检查油位是否在规定的范围，检查GIS筒内有无放电声响，必要时测量局部放电。

（4）电缆接头。

1）是否浸水。

2）外部是否有明显损伤及变形，环氧外壳密封是否存在内部密封胶向外渗漏现象。

3）底座支架是否存在锈蚀和损坏情况，支架是否稳固、是否存在偏移情况。

4）是否有防火阻燃措施。

5）是否有铠装或其他防外力破坏的措施。

（5）避雷器。

1）避雷器是否存在连接松动、破损，连接引线断股、脱落，螺栓缺失等现象。

2）避雷器动作指示器是否存在图文不清、进水和表生破损、误指示等现象。

233

3）避雷器均压环是否存在缺失、脱落、移位现象。

4）避雷器底座金属表面是否出现锈蚀或油漆脱落现象。

5）避雷器是否有倾斜现象，引流线是否过紧。

6）避需器连接部位是否出现发热或温度异常现象。

（6）供油装置。

1）供油装置是否存在渗、漏油情况。

2）压力表计是否损坏。

3）油压报警系统是否运行正常，油压是否在规定范围之内。

（7）接地装置。

1）接地箱箱体（含门、锁）是否缺失、损坏，基础是否牢固可靠。

2）交叉互联换位是否正确，母排与接地箱外壳是否绝缘。

3）主接地引线是否接地良好，焊接部位是否做防腐处理。

4）接地类设备与接地箱接地母排及接地网是否连接可靠，是否松动、断开。

5）同轴电缆、接地单芯引线或回流线是否缺失、受损。

（8）在线监测装置。

1）在线监测硬件装置是否完好。

2）在线监测装置数据传输是否正常。

3）在线监测系统运行是否正常。

（9）电缆支架。

1）电缆支架是否稳固，是否存在缺件、锈蚀、破损现象。

2）电缆支架接地是否良好。

（10）标识牌。

1）电缆线路铭牌、接地箱（交叉互联箱）铭牌、警告牌、相位标识牌是否缺失、清晰、正确。

2）路径指示牌（桩、砖）是否缺失、倾斜。

（11）防火设施。

1）防火槽盒、防火涂料、防火阻燃带是否脱落。

2）变电所或电缆隧道出入口是否按设计要求采取防火封堵措施。

3. 通道巡视

（1）直埋。

1）电缆相互之间，电缆与其他管线、构筑物基础等最小允许间距是否满足要求。

2）电缆周围是否有石块或其他硬质杂物以及酸、碱强腐蚀物等。

（2）电缆沟。

1）电缆沟墙体是否有裂缝，附属设施是否故障或缺失。

2）竖井盖板是否缺失、爬梯是否锈蚀、损坏。

3）电缆沟接地网接地电阻是否符合要求。

（3）隧道。

1）隧道出入口是否有障碍物。

2）隧道出入口门锁是否锈蚀、损坏。

3）隧道内是否有易燃、易爆或腐蚀性物品，是否有引起温度持续升高的设施。

4）隧道内地坪是否倾斜、变形及渗水。

5）隧道墙体是否有裂缝，附属设施是否故障或缺失。

6）隧道通风亭是否有裂缝、破损。

7）隧道内支架是否锈蚀、破损。

8）隧道接地网接地电阻是否符合要求。

9）隧道内电缆位置正常，无扭曲，外护层无损伤，电缆运行标识清晰齐全；防火墙、防火涂料、防火包带应完好无缺，防火门开启正常。

10）隧道内电缆接头有无变形，防水密封良好；接地箱有无锈蚀，密封、固定良好。

11）隧道内同轴电缆、保护电缆、接地电缆外皮无损伤，密封良好，接触牢固。

12）隧道内接地引线无断裂，紧固螺丝无锈蚀，接地可靠。

13）隧道内电缆固定夹具构件、支架应无缺损、无锈蚀，应牢固无松动。

14）现场检查有无白蚁、老鼠咬伤电缆。

15）隧道投料口、线缆孔洞封堵是否完好。

16）隧道内其他管线有无异常状况。

17）隧道通风、照明、排水、消防、通信、监控、测温等系统或设备是否运行正常，是否存在隐患和缺陷。

（4）工作井。

1）接头工作井内是否长期存在积水现象，地下水位较高、工作井内易积水的区域敷设的电缆是否采用阻水结构。

2）工作井是否出现基础下沉、墙体坍塌、破损现象。

3）盖板是否存在缺失、破损、不平整现象。

4）盖板是否压在电缆本体、接头或者配套辅助设施上。

5）盖板是否影响行人、过往车辆安全。

（5）排管。

1）排管包封是否破损、变形。

2）排管包封混凝土层厚度是否符合设计要求，钢筋层结构是否裸露。

3）预留管孔是否采取封堵措施。

（6）电缆桥架。

1）电缆桥架电缆保护管、沟槽是否脱开或锈蚀，盖板是否有缺损。

2）电缆桥架是否出现倾斜、基础下沉、覆土流失等现象，桥架与过渡工作井之间是否产生裂缝和错位现象。

3）电缆桥架主材是否存在损坏、锈蚀现象。

（7）水底电缆。

1）水底电缆管道保护区内是否有挖砂、钻探、打桩、抛锚、拖锚、底拖捕捞、张网、养殖或者其他可能破坏海底电缆管道安全的水上作业。

2）水底电缆管道保护区内是否发生违反航行规定的事件。

3）临近河（海）岸两侧是否有受潮水冲刷的现象，电缆盖板是否露出水面或移位，河岸两端的警告牌是否完好。

（8）其他。

1）电缆通道保护区内是否存在土壤流失，造成排管包封、工作井等局部点暴露或者导致工作井、沟体下沉、盖板倾斜。

2）电缆通道保护区内是否修建建筑物、构筑物。

3）电缆通道保护区内是否有管道穿越、开挖、打桩、钻探等施工。

4）电缆通道保护区内是否被填埋。

5）电缆通道保护区内是否倾倒化学腐蚀物品。

6）电缆通道保护区内是否有热力管道或易燃易爆管道泄漏现象。

7）终端站、终端塔（杆、T接平台）周围有无影响电缆安全运行的树木、爬藤、堆物及违章建筑等。

二、运维技术要求

1. 电缆本体

（1）电缆的敷设符合以下要求：

1）原则上66kV以下与66kV及以上电压等级电力电缆宜分开敷设。

2）电力电缆和控制电缆不应配置在同一层支架上。

3）同通道敷设的电缆应按电压等级的高低从下向上分层布置，不同电压等级电缆间宜设置防火隔板等防护措施。

4）重要变电站和重要用户的双路电源电缆不宜同通道敷设。

5）通信光缆应布置在最上层且应设置防火隔槽等防护措施。

6）交流单芯电缆穿越的闭合管、孔应采用非铁磁性材料。

（2）电缆固定应满足以下要求：

1）垂直敷设或超过45°倾斜敷设时电缆刚性固定间距应不大于2m。

2）桥架敷设时电缆刚性固定间距应不大于2m。

3）水平敷设的电缆，在电缆首末两端及转弯、电缆接头的两端处。

4）当对电缆间距有要求时每隔5～10m处。

5）交流单芯电缆的固定夹具应采用非铁磁性材料。

6）裸铅（铝）套电缆的固定处应加软衬垫保护。

（3）电缆的机械强度保护。

1）在电缆进入建筑物、隧道、穿过楼板及墙壁处应有一定机械强度的保护管或加装保护罩。

2）从沟道引至铁塔（杆）、墙外表面或屋内行人容易接近处，距地面高度2m以下的一段保护管埋入非混凝土地面的深度应不小于100mm。

3）伸出建筑物散水坡的长度应不小于250mm，保护罩根部不应高出地面，电缆外护套表面上应有耐磨的型号、规格、码长、制造厂家、出厂日期等信息。

（4）电缆进入电缆沟、隧道、竖井、建筑物、盘（柜）以及穿入管子时，出入口应封堵，管口应密封。

（5）有防水要求的电缆应有纵向和径向阻水措施。电缆接头的防水应采用铜套，必要时可增加玻璃钢防水外壳。

（6）有防火要求的电缆，除选用阻燃外护套外，还应在电缆通道内采取必要的防火措施。

（7）电缆的金属护套或屏蔽层接地方式的选择。

1）三芯电缆应在线路两终端直接接地，如在线路中有电缆接头，应在电缆接头处另加设接地。

2）单芯电缆的金属护套或屏蔽层，在线路上至少有一点直接接地，且在金属护套或屏蔽层上任一点非接地处的正常感应电压应符合：①未采取能防止人员任意接触金属护套或屏蔽层的安全措施时，满载情况下不得大于 50V；②采取能防止人员任意接触金属护套或屏蔽层的安全措施时，满载情况下不得大于 100V。

3）长距离单芯水底电缆线路应在两岸的接头处直接接地。

2. 电缆附件

（1）电缆终端、设备线夹、与导线连接部位不应出现温度异常现象，电缆终端套管各相同位置部件温差不宜超过 2K；设备线夹、与导线连接部位各相相同位置部件温差不宜超过 20%。

（2）终端预留电缆要求。

1）电缆终端法兰盘（分支手套）下应有不小于 1m 的垂直段，且刚性固定应不少于 2处。电缆终端处应预留适量电缆，长度不小于制作一个电缆终端的裕度。

2）并列敷设的电缆，其接头的位置宜相互错开。

3）电缆明敷时的接头应用托板托置固定；电缆接头两端应刚性固定，每侧固定点不少于 2 处；直埋电缆接头盒外面应有防止机械损伤的保护盒（环氧树脂接头盒除外）；电缆接头处宜预留适量裕度，长度不小于制作一个接头的裕度。

3. 附属设备

（1）避雷器技术要求。

1）避雷器外绝缘爬距应满足所在地区污秽等级要求。

2）避雷器连接法兰、连接螺栓外观不应存在严重锈蚀或油漆脱落现象。

3）避雷器底座绝缘电阻应根据 Q/GDW 454—2010《金属氧化物避雷器状态评价导则》附录 A："测量值不小于 100MΩ"的要求进行判别。

4）避雷器连接端子及引流线热点温度不应超过 80℃，相对温差不应超过 20%。

5）避雷器安装位置应便于在线监测，配套在线监测仪应安装到位，监测仪视读方便。

6）计数器上引线应绝缘良好，前后两次测量值不应明显下降。

（2）接地装置技术要求。

1）接地箱、交叉互联箱内连接应与设计相符，铜牌连接螺栓应拧紧，连接螺栓无锈蚀现象。箱体完整，门锁完好，开关方便。

2）接地箱、交叉互联箱内电气连接部分应与箱体绝缘。箱体本体不得选用铁磁材料，并应密封良好，固定牢固可靠，满足长期浸水要求，防护等级不低于 IP68。

3）电缆护层过电压限制器配置选择应符合 GB 50217—2018《电力工程电缆设计标准》的要求。限制器和电缆金属护层连接线宜在 5m 内，连接线应与电缆护层的绝缘水平一致。

4）如接地箱、交叉互联箱置于地面上，接地箱、交叉互联箱安装应与基础匹配，膨胀螺栓安装稳固，箱内接地缆出线管口空隙应进行防火泥封堵。

5）接地箱、交叉互联箱箱体正面应有不锈钢设备铭牌，铭牌上应有换位或接地示意图、额定短路电流、生产厂家、出厂日期、防护等级等信息。

6）接地箱和交叉互联箱应有运行编号。

7）外护层电流绝对值应小于 100A，或外护层电流/负荷比值小于 20%，或外护层电流相间最大值/最小值比值小于 3。

（3）在线监测装置技术要求。

1）在线监测装置应能实现被监测设备状态参量的自动采集、信号调理、模数转换和数据的预处理功能；实现监测参量就地数字化和缓存；监测结果可根据需要定期上传。

2）在线监测装置运行后应能正确记录动态数据，装置异常等情况下应能够正确建立事件标识。应有数据存储功能，不应因电源中断、快速或缓慢波动及跌落丢失已记录的动态数据；不应因外部访问而删除动态记录数据，不提供人工删除和修改动态记录数据的功能；按任意一个开关或按键，不应丢失或抹去已记录的信息。

3）在线监测装置应具备报警功能，对各种异常状态发出报警信号，报警功能限值可修改。

4）在线监测装置应具备自诊断功能，并能根据要求将自诊断结果远传。

5）在线监测装置应具备数据传送功能，能响应上位机召唤传送记录数据，断开装置的通信网络连接，应正确报出通信中断。

6）在线监测装置应有防雨、防潮、防尘、防腐蚀措施。外壳的防护性能应符合 GB/T 4208—2017《外壳防护等级（IP 代码）》规定的 IP68 级要求。电源应有可靠的保护措施，应避免因电源故障对电缆造成损伤。采集单元应小型轻便，避免影响电缆的电气性能和安全性能。

7）在线监测装置采集单元的电源应能保证长期连续供电的要求。

4. 附属设施

（1）电缆支架技术要求。

1）110(66)kV 及以上电缆应采用金属支架，35kV 及以下电缆可采用金属支架或抗老化性能好的复合材料支架。

2）支架应平直、牢固、无扭曲，各横撑间的垂直净距与设计偏差不应大于 5mm。

3）支架应满足电缆承重要求。金属电缆支架应进行防腐处理，位于湿热、盐雾以及有化学腐蚀地区时，应根据设计做特殊的防腐处理。复合材料支架寿命应不低于电缆使用年限。

4）电缆支架的层间允许最小距离，当设计无规定时，可采用 Q/GDW 512—2010

《电力电缆及通道运维规程》中表 4 的规定，但层间净距不应小于 2 倍电缆外径加 10mm，35kV 及以上高压电缆不应小于 2 倍电缆外径加 50mm。

5）电缆支架应安装牢固，横平竖直，托架支吊架的固定方式应按设计要求进行。各支架的同层横档应在同一水平面上，其高低偏差不应大于 5mm。托架支吊架沿桥架走向左右的偏差不应大 10mm。

6）在有坡度的电缆沟内或建筑物上安装的电缆支架应有与电缆沟或建筑物相同的坡度。

7）金属电缆支架全线均应有良好的接地。

8）分相布置的单芯电缆，其支架应采用非铁磁性材料。

（2）终端站、终端塔（杆、T 接平台）技术要求。

1）终端站、终端塔（杆、T 接平台）接地应独立设置。接地体安装方式正确，引出接地扁铁规格符合设计要求，预留位置、长度满足敷设安全要求，接地电阻应符合设计要求。

2）终端站、终端塔（杆、T 接平台）无基础下沉和歪斜现象，支架与邻近物（树木、建筑物等）应保持足够的安全距离。

3）终端站、终端塔（杆、T 接平台）应设置围墙或围栏，终端站宜采取防盗、报警措施。内部地坪应采用水泥硬化。

4）电缆上塔引上部分应装设电缆保护管，宜选用符合防盗要求的材质。

5）终端站、终端塔（杆、T 接平台）上相位牌悬挂应正确，铭牌应规范悬挂。

6）海缆终端站的标高应高于历史最高潮位时的海浪泼溅高度，同时也应高于周围的建设物的标高（一般以超过 0.5m 为宜）。

7）在海浪可触及的海缆终端站，四周的围墙一般应高于 2.5m，面向大海的一侧围墙应采用实体围墙，并适当采用弧形（向外）结构，高度应高于 3.5m。

（3）电缆终端、避雷器带电裸露部分之间及接地体的距离要求见表 10-2-1。

（4）标识牌和警示牌技术要求。

1）在电缆终端头、电缆接头、拐弯处、夹层内、隧道及竖井的两端、工作井内等地方应装设标识牌，标识牌上应注明线路编号，当无编号时，应写明电缆型号、规格及起讫地点，双回路电缆应详细区分。

2）标识牌和警示牌规格宜统一，字迹清晰，防腐不易脱落，挂装应牢固。

3）标识牌和警示牌宜选用复合材料等不可回收的非金属材质。

4）在电缆终端塔（杆、T 接平台）、围栏、电缆通道等地方应装设警示牌。

5）电缆通道的警示牌应在通道两侧对称设置，警示牌型式应根据周边环境按需设置，沿线每块警示牌设置间距一般不大于 50m，在转弯工作井、定向钻进拖拉管两侧工作井、接头工作井等电缆路径转弯处两侧宜增加埋设。

6）在水底电力电缆敷设后，应设立永久性标识牌和警示牌。

7）接地箱标识牌宜选用防腐、防晒、防水性能好、使用寿命长、黏性强的粘胶带材制作，包含电压等级、线路名称、接地箱编号、接地类型等信息。

8）电缆隧道内应设置出入口指示牌。

9）电缆隧道内通风、照明、排水和综合监控等设备应挂设铭牌，铭牌内容包括设备名称、投运日期、生产厂家等基本信息。

（5）防火设施技术要求。

1）在电缆穿过竖井、变电站夹层、墙壁、楼板或进入电气盘、柜的孔洞处，应做防火封堵。

2）在隧道、电缆沟、变电站夹层和进出线等电缆密集区域应采用阻燃电缆或采取防火措施。

3）在重要电缆沟和隧道中有非阻燃电缆时，宜分段或用软质耐火材料设置阻火隔离，孔洞应封堵。

4）未采用阻燃电缆时，电力电缆接头两侧及相邻电缆 2~3m 长的区段应采取涂刷防火涂料、缠绕防火包带等措施。

5）在封堵电缆孔洞时，封堵应严实可靠，不应有明显的裂缝和可见的缝隙，孔洞较大者应加耐火衬板后再进行封堵。

5. 电缆通道

（1）一般规定。

1）电缆通道在道路下方的规划位置，宜布置在人行道、非机动车道及绿化带下方。设置在绿化带内时，工作井出口处高度应高于绿化带地面不小于 300mm。

2）穿越河道的电缆通道应选择河床稳定的河段，埋设深度应满足河道冲刷和远期规划要求。

3）新建电缆通道应与现状电缆通道连通，连通建设不应降低原设施建设标准。

4）根据规划需求，应在规划路口、线路交叉地段，合理设置三通井、四通井等构筑物进行接口预留、线路交叉。

5）直埋、排管敷设的电缆上方沿线土层内应铺设带有电力标识的警示带。

6）直埋电缆不得采用无防护措施的直埋方式。

7）电缆通道与煤气（或天然气）管道临近平行时，应采取有效措施及时发现煤气（或天然气）泄漏进入通道的现象并及时处理。

8）110(66)kV 变电站及以上主网电缆进出线口以及进出线电缆沟宜与 10kV 配网电缆出线口分开设置。

9）电缆通道采用钢筋混凝土型式时，其伸缩（变形）缝应满足密封、防水、适应变形、施工方便、检修容易等要求，施工缝、穿墙管、预留孔等细部结构应采取相应的止水、防水措施。

10）电缆通道所有管孔（含已敷设电缆）和电缆通道与变、配电站（室）连接处均应采用阻水法兰等措施进行防水封堵。

（2）与其他管线间最小距离见表 10-2-2。

（3）直埋技术要求。

1）直埋电缆的埋设深度：一般由地面至电缆外护套顶部的距离不小于 0.7m，穿越农田或在车行道下时不小于 1m。在引入建筑物、与地下建筑物交叉及绕过建筑物时可浅埋，但应采取保护措施。

2）敷设于冻土地区时，宜埋入冻土层以下。当无法深埋时可埋设在土壤排水性好的干燥冻土层或回填土中，也可采取其他防止电缆受损的措施。

3）电缆周围不应有石块或其他硬质杂物以及酸、碱强腐蚀物等，沿电缆全线上下各铺设100mm厚的细土或沙层，并在上面加盖保护板，保护板覆盖宽度应超过电缆两侧各50mm。

4）直埋电缆在直线段每隔30～50m处、电缆接头处、转弯处、进入建筑物等处，应设置明显的路径标志或标桩。

（4）电缆沟技术要求。

1）电缆沟净宽不宜小于Q/GDW 512—2010《电力电缆及通道运维规程》附录E的规定。

2）电缆沟应有不小于0.5%的纵向排水坡度，并沿排水方向适当距离设置集水井。

3）电缆沟应合理设置接地装置，接地电阻应小于5Ω。

4）在不增加电缆导体截面且满足输送容量要求的前提下，电缆沟内可回填细砂。

5）电缆沟盖板为钢筋混凝土预制件，其尺寸应严格配合电缆沟尺寸。盖板表面应平整，四周应设置预埋件的护口件，有电力警示标识。盖板的上表面应设置一定数量的供搬运、安装用的拉环。

（5）隧道技术要求。

1）隧道应按照重要电力设施标准建设，应采用钢筋混凝土结构；主体结构设计使用年限不应低于100年；防水等级不应低于二级。

2）隧道的净宽不宜小于Q/GDW 512—2010《电力电缆及通道运维规程》附录E的规定。

3）隧道应有不小于0.5%的纵向排水坡度，底部应有流水沟，必要时设置排水泵，排水泵应有自动启闭装置。

4）隧道结构应符合设计要求，坚实牢固，无开裂或漏水痕迹。

5）隧道出入通行方便，安全门开启正常，安全出口应畅通。在公共区域露出地面的出入口、安全门、通风亭位置应安全合理，其外观应与周围环境景观相协调。

6）隧道内应无积水、无严重渗漏水，隧道内可燃、有害气体的成分和含量不应超标。隧道配套各类监控系统安装到位，调试、运行正常。

7）隧道工作井人孔内径应不小于800mm，在隧道交叉处设置的人孔不应垂直设在交叉处的正上方，应错开布置。

8）隧道三通井、四通井应满足最高电压等级电缆的弯曲半径要求，井室顶板内表面应高于隧道内顶0.5m，并应预埋电缆吊架，在最大容量电缆敷设后各个方向通行高度不低于1.5m。

9）隧道宜在变电站、电缆终端站以及路径上方每2km适当位置设置出入口，出入口下方应设置方便运行人员上下的楼梯。

10）隧道内应建设低压电源系统，并具备漏电保护功能，电源线应选用阻燃电缆。

11）隧道宜加装通信系统，满足隧道内外语音通话功能。

12）隧道上电力井盖可加装电子锁以及集中监控设备，实现隧道井盖的集中控制、远程开启、非法开启报警等功能，井盖集中监控主机应安装在与隧道相连的变电站自动化室内。

（6）工作井技术要求。

1）工作井应无倾斜、变形及塌陷现象。井壁立面应平整光滑，无突出铁钉、蜂窝等现象。工作井井底平整干净，无杂物。

2）工作井内连接管孔位置应布置合理，上管孔与盖板间距宜在 20cm 以上。

3）工作井盖板应有防止侧移措施。

4）工作井内应无其他产权单位的管道穿越，对工作井（沟体）施工涉及电缆保护区范围内平行或交叉的其他管道应采取妥善的安全措施。

5）工作井尺寸应考虑电缆弯曲半径和满足接头安装的需要，工作井高度应使工作人员能站立操作，工作井底应有集水坑，向集水坑泄水坡度不应小于 0.5％。

6）工作井井室中应设置安全警示标识标牌。露面盖板应有电力标志、联系电话等；不露面盖板应根据周边环境条件按需设置标识标志。

7）井盖应设置二层子盖，并符合 GB/T 23858—2009《检查井盖》的要求，尺寸标准化，具有防水、防盗、防噪声、防滑、防位移、防坠落等功能。

8）井盖标高与人行道、慢车道、快车道等周边标高一致。

9）除绿化带外不应使用复合材料井盖。

10）工作井应设独立的接地装置，接地电阻不应大于 10Ω。

11）工作井高度超过 5.0m 时应设置多层平台，且每层设固定式或移动式爬梯。

12）工作井顶盖板处应设置 2 个安全孔。位于公共区域的工作井，安全孔井盖的设置宜使非专业人员难以开启，人孔内径应不小于 800mm。

13）工作井应采用钢筋混凝土结构，设计使用年限不应低于 50 年；防水等级不应低于三级，隧道工作井按隧道建设标准执行。

（7）排管技术要求。

1）排管在选择路径时，应尽可能取直线，在转弯和折角处应增设工作井。在直线部分，两工作井之间的距离不宜大于 150m，排管连接处应设立管枕。

2）排管要求管孔无杂物，疏通检查无明显拖拉障碍。

3）排管管道径向段应无明显沉降、开裂等迹象。

4）排管的内径不宜小于电缆外径或多根电缆包络外径的 1.5 倍，一般不宜小于 150mm。

5）排管在 10％以上的斜坡中，应在标高较高一端的工作井内设置防止电缆因热伸缩而滑落的构件。

6）35～220kV 排管和 18 孔及以上的 6～20kV 排管方式应采取（钢筋）混凝土全包封防护。

7）排管端头宜设工作井，无法设置时，应在埋管端头地面上方设置标识。

8）排管上方沿线土层内应铺设带有电力标识警示带，宽度不小于排管。

9）用于敷设单芯电缆的管材应选用非铁磁性材料。

10）管材内部应光滑无毛刺，管口应无毛刺和尖锐棱角，管材动摩擦系数应符合 GB

50217—2018《电力工程电缆设计标准》规定。

（8）非开挖定向钻拖拉管技术要求。

1）220kV 及以上电压等级不应采用非开挖定向钻进拖拉管。

2）非开挖定向钻拖拉管出入口角度不应大于 15°。

3）非开挖定向钻拖拉管长度不应超过 150m，应预留不少于 1 个抢修备用孔。

4）非开挖定向钻拖拉管两侧工作井内管口应与井壁齐平。

5）非开挖定向钻拖拉管两侧工作井内管口应预留牵引绳，并进行对应编号挂牌。

6）对非开挖定向钻拖拉管两相邻井进行随机抽查，要求管孔无杂物，疏通检查无明显拖拉障碍。

7）非开挖定向钻拖拉管出入口 2m 范围，应有配筋混凝土包封保护措施。

（9）电缆桥架技术要求。

1）电缆桥架钢材应平直，无明显扭曲、变形，并进行防腐处理，连接螺栓应采用防盗型螺栓。

2）电缆桥架两侧围栏应安装到位，宜选用不可回收的材质，并在两侧悬挂"高压危险 禁止攀登"的警告牌。

3）电缆桥架两侧基础保护帽应混凝土浇筑到位。

4）当直线段钢制电缆桥架超过 30m、铝合金或玻璃钢制电缆桥架超过 15m 时，应有伸缩缝，其连接宜采用伸缩连接板，电缆桥架跨越建筑物伸缩缝处应设置伸缩缝。

5）电缆桥架全线均应有良好的接地。

6）电缆桥架转弯处的转弯半径不应小于该桥架上的电缆最小允许弯曲半径的最大者。

7）悬吊架设的电缆与桥梁架构之间的净距不应小于 0.5m。

（10）桥梁技术要求。

1）敷设在桥梁上的电缆应加垫弹性材料制成的衬垫（如沙枕、弹性橡胶等），墩两端和伸缩缝处应设置伸缩节，以防电缆由于桥梁结构胀缩而受到损伤。

2）敷设于木桥上的电缆应置于耐火材料制成的保护管或槽盒中，管的拱度不应过大，以免安装或检修管内电缆时拉伤电缆。

3）露天敷设时应尽量避免太阳直接照射，必要时加装遮阳罩。

4）桥梁敷设电缆不宜选用铅包或铅护套电缆。

（11）综合管廊电缆舱位技术要求。

1）电缆舱应按电缆通道型式选择及建设原则，满足国家及行业标准中电力电缆与其他管线的间距要求，综合考虑各电压等级电缆敷设、运行、检修的技术条件进行建设。

2）电缆舱内不得有热力、燃气等其他管道。

3）通信等线缆与高压电缆应分开设置，并采取有效防火隔离措施。

4）电缆舱具有排水、防积水和防污水倒灌等措施。

5）除按国标设有火灾、水位、有害气体等监测预警设施并提供监测数据接口外，还需预留电缆本体在线监测系统的通信通道。

（12）水底电缆技术要求。

1）水底电缆应是整根电缆。当整根电缆超过制造厂制造能力时，可采用软接头连接。

如水底电缆经受较大拉力时，应尽可能采用绞向相反的双层钢丝铠装电缆。

2）通过河流的电缆应敷设于河床稳定及河岸很少受到冲损的地方。应尽量避开在码头、锚地、港湾、渡口及有船停泊处。

3）水底电缆敷设应平放水底，不得悬空。条件允许时，应尽可能埋设在河床下，浅水区的埋深不宜小于 0.5m，深水航道的埋深不宜小于 2m。不能深埋时，应有防止外力破坏措施。

4）水底电缆平行敷设时的间距不宜小于最高水位水深的 2 倍，埋入河床（海底）以下时，其间距按埋设方式或埋设机的工作活动能力确定。

5）水底电缆引到岸上的部分应采取穿管或加保护盖板等保护措施，其保护范围，下端应为最低水位时船只搁浅及撑篙达不到之处，上端应直接进入护岸或河堤 1m 以上。

三、安全防护

1. 一般要求

（1）电缆及通道应按照《电力设施保护条例》及其实施细则有关规定，采取相应防护措施。

（2）电缆及通道应做好电缆及通道的防火、防水和防外力破坏。

（3）对电网安全稳定运行和可靠供电有特殊要求时，应制订安全防护方案，开展动态巡视和安全防护值守。

（4）地下电力电缆保护区的宽度为地下电力电缆线路地面标桩两侧各 0.75m 所形成两平行线内区域。

2. 保护区域及要求

（1）江河电缆保护区的宽度为：敷设于二级及以上航道时，为线路两侧各 100m 所形成的两平行线内的水域；敷设于三级及以下航道时，为线路两侧各 50m 所形成的两平行线内的水域。

（2）海底电缆管道保护区的范围，按照下列规定确定：沿海宽阔海域为海底电缆管道两侧各 500m 所形成的水域；海湾等狭窄海域为海底电缆管道两侧各 100m 所形成的水域；海港区内为海底电缆管道两侧各 50m 所形成的水域。

（3）电缆终端和 T 接平台保护区根据电压等级参照架空电力线路保护区执行。

3. 防火与阻燃

（1）防火重点部位的出入口应按设计要求设置防火门或防火卷帘。

（2）改、扩建工程施工中，对于贯穿已运行的电缆孔洞、阻火墙，应及时恢复封堵。

（3）明敷充油电缆的供油系统应装设自动报警和闭锁装置，多回路充油电缆的终端设置处应装设专用消防设施，有定期检验记录。

（4）电缆接头应加装防火槽盒或采取其他防火隔离措施，变电站夹层内不应布置电缆接头。

（5）运维部门应保持电缆通道及夹层整洁、畅通，消除各类火灾隐患，通道沿线及其内部不得积存易燃易爆物。

（6）电缆通道临近易燃或腐蚀性介质的存储容器、输送管道时，应加强监视，及时发现渗漏情况，防止电缆损害或导致火灾。

（7）电缆通道接近加油站类构筑物时，通道（含工作井）与加油站地下直埋式油罐的安全距离应满足 GB 50156—2012《汽车加油加气站设计与施工规范》的要求，且加油站建筑红线内不应设工作井。

（8）在电缆通道、夹层内使用的临时电源应满足绝缘、防火、防潮要求，工作人员撤离时应立即断开电源。

（9）在电缆通道、夹层内动火作业应办理动火工作票，并采取可靠的防火措施。

（10）变电站夹层宜安装温度、烟气监视报警器，重要的电缆隧道应安装温度在线监测装置，并应定期传动、检测，确保动作可靠、信号准确。

（11）严格按照运行规程规定对电缆夹层、通道进行巡检，并检测电缆和接头运行温度。

4. 外力破坏防护

（1）对于在电缆及通道保护区范围内的违章施工、搭建、开挖等违反《电力设施保护条例》和其他可能威胁电网安全运行的行为，应及时进行劝阻和制止，必要时向有关单位和个人送达隐患通知书。对于造成事故或设施损坏者，应视情节与后果移交相关执法部门依法处理。

（2）允许在电缆及通道保护范围内施工的，运维单位必须严格审查施工方案，制订安全防护措施，并与施工单位签订保护协议书，明确双方职责。施工期间，安排运维人员到现场进行监护，确保施工单位不得擅自更改施工范围。

（3）对临近电缆及通道的施工，运维人员应对施工方进行交底，包括路径走向、埋设深度、保护设施等，并按不同电压等级要求提出相应的保护措施。

（4）对临近电缆通道的易燃易爆等设施应采取有效隔离措施，防止易燃易爆物渗入，最小净距按照相关标准执行。

（5）临近电缆通道的基坑开挖工程，要求建设单位做好电力设施专项保护方案，防止土方松动、坍塌引起沟体损伤，且原则上不应涉及电缆保护区。若为开挖深度超过 5m 的深基坑工程，应在基坑围护方案中根据电力部门提出的相关要求增加相应的电缆专项保护方案，并组织专家论证会讨论通过。

（6）市政管线、道路施工涉及非开挖电力管线时，建设单位应邀请具备资质的探测单位做好管线探测工作，且召开专题会议讨论确定实施方案。

（7）因施工应挖掘而暴露的电缆，应该由运维人员在场监护，并且告知施工人员有关施工注意事项和保护措施。对于被挖掘而露出的电缆应加装保护罩，需要悬吊时，悬吊间距应不大于 1.5m。工程结束覆土前，运维人员应检查电缆及相关设施是否完好，安放位置是否正确，待恢复原状后，方可离开现场。

（8）禁止在电缆沟和隧道内同时埋设其他管道。管道交叉通过时最小净距应满足附录 D 要求，有关单位应当协商采取安全措施达成协议后方可施工。

（9）电缆路径上应设立明显的警示标志，对可能发生外力破坏的区段应加强监视，并采取可靠的防护措施；对处于施工区域的电缆线路，应设置警告标志牌，标明保护范围。

（10）水底电缆线路应按水域管理部门的航行规定划定一定宽度的防护区域，禁止船只抛锚，并按船只往来频繁情况，必要时设置瞭望岗哨或安装监控装置，配置能引起船只注意的设施。

（11）在水底电缆线路防护区域内发生违反航行规定的事件，应通知水域管辖的有关部门，尽可能采取有效措施，避免损坏水底电缆事故的发生。

5. 其他防护

（1）重点变电站的出线管口、重点线路的易积水段定期组织排水或加装水位监控和自动排水装置。

（2）工作井正下方的电缆应采取防止坠落物体损伤电缆的保护措施。

（3）电缆隧道放线口在非放线施工的状态下应做好封堵，或设置防止雨、雪、地表水和小动物进入室内的设施。

（4）电缆隧道人员出入口的地面标高应高出室外地面，应按百年一遇的标准满足防洪、防涝要求。

（5）电缆隧道的布置应与城市现状及规划的地下铁道、地下通道、人防工程等地下隐蔽性工程协调配合。

（6）对盗窃易发地区的电缆及附属设施应采取防盗措施，加强巡视。

（7）对通道内退运报废电缆应及时清理。

（8）在特殊环境下，应采取防白蚁、鼠啮和微生物侵蚀的措施。

第十一部分

输变电工程导线及地线压接技术

第一章　导线及地线的连接方法和适用范围

导线和地线的连接是架线工程中的主要分项工作之一，也是输配电线路施工中的主要隐蔽工程，它直接关系到输配电线路的质量和今后的安全运行。所以操作人员必须经过专门培训，并经考试合格后，方可胜任该项工作，操作时应有指定的质量检查人员在场进行监督。

根据施工作业方法和使用工具的不同，输配电线路的导线及地线的连接方法有钳压、液压和爆压。钳压连接，是将导线插入钳接管（椭圆形接续管内）用钳压器或导线压接机压接而成的一种施工工艺。液压连接，是用液压机和相匹配的钢模把接续管与导线或地线连接起来的一种施工工艺。爆压连接，是利用炸药爆炸的压力来施压于接续管，将导线或地线连接起来的一种施工工艺。其适用范围如下：

（1）钳压连接一般适用于 LJ－16～LJ－185 型铝绞线和 LGJ－10～LGJ－240 型钢芯铝绞线。

（2）液压连接和爆压连接一般适用于镀锌钢绞线和较大截面的钢芯铝绞线及铝合金绞线。

爆压不需要机械，事先可以准备，现场操作快，在二十世纪八十年代初曾经在国内部分省区广泛使用，但是爆压的质量检查困难，炸药运送、储存都需要办理审批手续和安全监督。爆压的巨响更是居民区环保和山区生态平衡的公害，而液压机械近几年有了新的发展，轻便快速操作的液压机已经在市场上出现，液压压接技术也已被国内外所公认并广泛应用，所以现在液压方式渐占优势。但在交通不便的山区，爆压方式仍然保留其地位。

第二章　导线及地线压接的主要设备

导线和地线连接用的液压设备生产产地、型号、规格较多，不论是进口还是国产设备，一般都能满足压接的技术质量要求，在操作上也基本相同。比较而言，国产设备的费用低，但工艺粗糙，易发生故障；进口设备费用较高，但质量较好。

一、压接设备组成

导线及地线的压接设备，不论是国产设备还是进口设备，都主要由压模、压机和原动机等部分组成。压模用优质碳素钢材制作,外形与所用压机相配;压机有液压钳和液压机之分;原动机有电动、机动和手动等类型,机动又有汽油机和柴油机之分。

目前,国外还有全自动连续压机,如日本东京电力公司和藤仓电线公司对压接管滚压技术进行研究,并已在线路上正式使用全自动连续压机进行导线压接。

图11-2-1(a)所示为滚压法的工作原理,图11-2-1(b)所示为压机结构。用两个滚轮对导线进行压接,滚轮之间呈正六边形,滚轮在液压缸的压力下对压接管产生径向压力,同时滚轮在液压马达的作用下转动,使压接管轴向移动,压接过程一次成型。自动滚压机核心部分如图11-2-2所示。

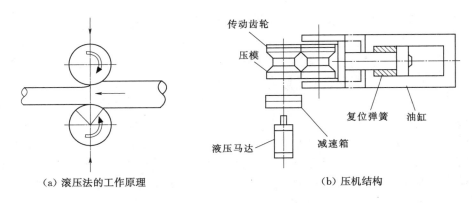

（a）滚压法的工作原理　　　　　　　　　（b）压机结构

图11-2-1　滚压法的工作原理及压机结构

滚压法的优点是:可以减小液压缸的压力,加快压接速度(8~9倍),提高压接质量。

二、YQ系列导线液压钳

(一)用途

YQ系列导线液压钳是输配电线路施工和日常电力线路维修时常用的压接工具。主要用于各种导线和钢绞线的接续、补强及接线端子的压接成形。

液压钳的工作源由相应输出压力的高压液压泵站提供。

(二)主要技术参数

主要技术参数见表11-2-1。

(三)液压钳结构简图

液压钳结构简图如图11-2-3所示。

(四)操作使用方法

1. 使用前准备

液压钳与配合使用的高压液压泵站在使用前必须擦拭干净,并检查外观完整,应无损坏、无油液泄漏。

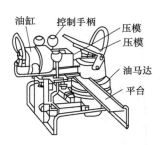

图11-2-2　自动滚压机
核心部分

表 11-2-1　　　　　　　　　　　　　主 要 技 术 参 数

型号	输出力/kN	额定压力/MPa	实用合模压/MPa	卸荷压力/MPa	工作行程/mm	适用压管外径/mm	质量/kg	结构型式
YQ630	630	94	70~80	2~5	20	14~52	23	转铁式
YQ1250	1250				25	14~60	38	
YQ2000	2000					22~80	86	
YQ1000	1000	94	70~80	2~5	32	14~58	38	绞链式

注：正常压接时，液压泵压力表指示在 70（铝）~80（钢）MPa 即已合模达到压接要求。

2. 连接液压钳与高压液压泵之间的液压管路

将高压液压泵两根输出高压胶管上的卡套式接头分别插入液压钳主体上下两接头内，拧紧外套，并用力将胶管向外拉拔，检查接头间隙不能太大。

3. 安装压接模具

（1）根据所用压接管外径及材料选择压接模具。

（2）将钳上转铁提环转动 90°，取出转铁（转铁及安全盖）。

（3）任取一块压模置入钳体模腔，压模底部定位销必须放入活塞杆头部定位孔内。

（4）将另一压模装入转铁缺口就位，提起转铁及上压模一起装入钳体上部开口，任意旋转 90°，模具即安装完毕。

4. 启动高压液压泵站

操作液压泵换向阀，使液压钳活塞上下往复几个行程。检查液压泵工作正常，高压胶管及接头、液压钳各密封均无泄漏，活塞上下运动平稳无异常，方可压接。

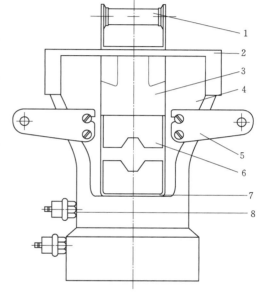

图 11-2-3　液压钳结构简图
1—提环；2—安全盖；3—转铁；4—钳体；5—抬手；
6—压模；7—活塞；8—卡套式管接头

5. 压接

先使液压钳活塞复位，将液压泵换向阀手柄置中间卸荷状态，将转铁及上压模一起取出，放入压接工件及金具，装复转铁及上压模，操作换向阀使活塞上升，进行压接。

（五）注意事项

（1）液压钳在实际压接时，应注意观察与之相连的液压泵输出压力，达到 70~80MPa 时，被压工件即已达到压接要求，一般不要超压使用。

（2）液压钳活塞复位下降时，观察压力表指示应很小（一般小于 5MPa）。如复位压力大于 5MPa，应将换向阀拨至中间卸荷状态，以防损坏机件。当复位压力升到 10~20MPa 时，活塞不能上升或下降，应立即停止工作。检查液压泵换向阀、卡套式管接头及液压钳油缸活塞，排除故障后方可重新工作。

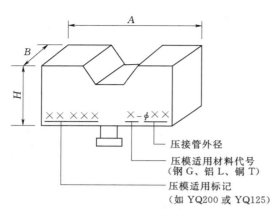

图 11 - 2 - 4　压模结构图

（3）液压钳转铁上部安全盖不得随意拆除。

（4）液压钳工作油液同高压液压泵用油液为 32 号液压油或机械油，不得用其他液体或油液作为液压钳的工作油液。

（六）压接模具

1. YQ 系列导线液压钳配用压模结构

压模结构如图 11 - 2 - 4 所示，不同型号压模外形尺寸见表 11 - 2 - 2。

2. 压模分类及标记

压模根据压接工件材料可分为：

（1）钢压模，用于压接钢绞线或导线钢芯压管，代号 G。

表 11 - 2 - 2　　　　　　　　不同型号压模外形尺寸

压模适用标记	配用液压钳型号	外形尺寸/mm		
		长 A	宽 B	高 H
YQ200	YQ2000	113	90	60
YQ125	YQ1250	93	90	55
YQ63	YQ630	92	60	48
YQ100	YQ1000	90	80	50

（2）铝压模，用于压接铝导线或钢芯铝绞线的铝股压管，代号 L。

（3）铜压模，用于压接铜导线压管或铜端子，代号 T。

3. 常用压模规格系列（压模规格按压接管外径标注）

常用压模规格见表 11 - 2 - 3。

表 11 - 2 - 3　　　　　　　　常 用 压 模 规 格　　　　　　　　单位：mm

压模品种	常用压模规格系列
钢压模（G）	$\phi14$　$\phi16$　$\phi18$　$\phi20$　$\phi22$　$\phi24$　$\phi26$　$\phi28$　$\phi30$　$\phi32$
铝压模（L）	$\phi26$　$\phi32$　$\phi34$　$\phi36$　$\phi38$　$\phi40$　$\phi45$　$\phi48$　$\phi50$　$\phi52$　$\phi55$　$\phi60$　$\phi65$　$\phi70$　$\phi80$
铜压模（T）	$\phi11$　$\phi12$　$\phi13$　$\phi14$　$\phi15$　$\phi16$　$\phi18$　$\phi20$　$\phi22$　$\phi23$　$\phi25$　$\phi27$

4. 压模适用于导线、地线范围对照表

导线及压缩型耐张线夹对照表见表 11 - 2 - 4。

表 11 - 2 - 4　　　　　　　　导线及压缩型耐张线夹对照表　　　　　　　　单位：mm

型　号	74 标准		80 标准		83.85 标准		
	铝模	钢模	铝模	钢模	型号	铝模	钢模
LGJ - 95	26	14			＊NY95/55（LGJ95/55）	34	22
LGJ - 120	26	16			＊NY95/140（LGJ95/140）	45	30

续表

型　号	74 标准		80 标准		83.85 标准		
	铝模	钢模	铝模	钢模	型号	铝模	钢模
LGJ－150	32	16					
LGJ－185	34	18	32	18			
LGJJ－185	34	20	32	20			
LGJ－240	38	22	36	20	LGJ－240/30	36	16
LGJJ－240	38	24	36	22	LGJ－240/40	36	16
					LGJ－240/55	36	20
LGJQ－300	40	22	40	22	LGJ－300/15	40	14
LGJ－300	40	24	40	24	LGJ－300/20	40	14
LGJJ－300	45	26	40	24	LGJ－300/25	40	14
					LGJ－300/40	40	16
					LGJ－300/50	40	18
					LGJ－300/70	40	22
LGJQ－400	45	24	45	24	LGJ－400/20	45	14
LGJ－400	45	26	45	26	LGJ－400/25	45	14
LGJJ－400	50	30	45	26	LGJ－400/35	45	16
					LGJ－400/50	48	20
					LGJ－400/55	48	22
					LGJ－400/25	48	14
LGJQ－500	50	26	50	26	LGJ－500/35	52	16
					LGJ－500/45	52	18
					LGJ－500/65	52	22
LGJQ－600	55	30	55	30	LGJ－630/45	60	18
					LGJ－630/55	60	20
					LGJ－630/80	60	24
					LGJ－800/55	65	20
					LGJ－800/70	65	22
					LGJ－800/100	65	26
LGJQ－700			60	32			
1400（浙）	76	42					

钢绞线对照表见表 11－2－5。

表 11－2－5　　　　　　钢　绞　线　对　照　表

管子直径/mm	钢绞线	管子直径/mm	钢绞线
14	GJ－25	26	GJ－100
16	GJ－35	28	GJ－120
18	GJ－50	30	GJ－130
22	GJ－70	35	GJ－165

三、CY 系列导线压接机

(一) 用途

主要用于大截面导线、地线的压接、切线、剥线作业。可用手动泵和机动泵供压，采用快速接头连接，密封可靠，装拆方便，适用于室内和野外作业。

(二) 技术参数

CY 系列导线压接机技术参数见表 11-2-6。

表 11-2-6　　　　　　　　　　CY 系列导线压接机技术参数

型号	工作压力 /MPa	输出力 /kN(t)	工作行程 /mm	压接范围	切、剥线范围	重量 /kg
CY-25		250 (25)	35	LGJ-240 以下	LGJ-240 以下	5
CY-50	76	500 (50)	30	$\phi 14 \sim \phi 50$	LGJ-600 以下	18
CY-100		1000 (100)	35	$\phi 14 \sim \phi 58$		35

(三) 结构简图

CY 系列导线压接机结构简图如图 11-2-5 和图 11-2-6 所示。

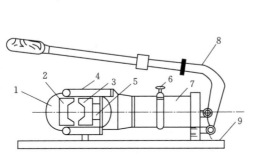

图 11-2-5　CY-25 型导线压接机

1—后座；2—后压钢模；3—前压钢模；4—钢环；
5—活塞杆；6—放油螺杆；7—机身；
8—操纵杆；9—底板

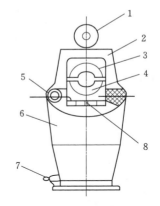

图 11-2-6　CY-50 型、C-100 型
导线压接机

1—提环；2—轭铁；3—上钢模；4—下钢模；
5—轭铁销钉；6—机身；7—油管接头；
8—活塞杆

(四) 操作

CY-25 型导线压接机的操作方法是：先打开钢环，拧紧放油螺杆，压出活塞；然后将前压钢模放入活塞杆槽内，放松放油螺杆；再将后压钢模放入后座，并将待压接的钳接管或接续管（均穿入被连接的导线）放入前后钢模之间，扣上倒环；拧紧放油螺杆，就可操作操纵杆进行加压；待前后钢模合模后，放松放油螺杆，活塞复位，即完成一模压接。按上述程序便可完成一模一模的压接。

四、JYB100 型机动液压泵

（一）概述

JYB100 型机动液压泵操作简单、工作可靠、输出压力高，且维护方便。与相应的液压钳及相应模具配套使用，可进行各种规格导线、钢绞线的压接、补强、切割作业，是输变电线路建设施工时必不可少的重要工作机具。该泵作为独立液压工作源，也适用于其他型式的液压执行元件。

（二）主要技术参数

JYB100 - QCD 型主要技术参数见表 11 - 2 - 7。

表 11 - 2 - 7　　　　　　　JYB100 - QCD 型主要技术参数

额定工作压力	80MPa	油箱储油量	8L
最高输出压力	100MPa	工作油液温度	$t<80℃$
额定工作流量	1.6L/min	齿轮箱油液	同工作油液
额定输入功率	1.5kW	配套动力	Q - 国产 165F/4HP 汽油机或进口 5.5HP 汽油机；C - 170F/4HP 柴油机；D - 1.5kW 电动机
适用环境温度	$-5℃≤t≤45℃$	重量	Q - 85/80kg；C - 100kg；D - 90kg
工作油液	32 号液压油或机械油〔GB 7631.2—2003《润滑剂、工业用油和相关产品（L 类）的分类第 2 部分：H 组（液压系统）》〕	外形尺寸（长×宽×高）/mm	Q - 800×400×620；C - 900×400×600；D - 750×400×580

（三）结构简图

机动液压泵结构简图如图 11 - 2 - 7 所示。

（四）使用和操作

1. 启动前检查

（1）机动液压泵在启动运转之前，必须单独检查原动力装置是否正常，如：电动机必须接线良好；汽油机或柴油机必须按生产制造厂说明书规定项目检查并确认正常。

（2）检查液压泵外观应完整；转动部分无卡阻转动灵活；相关部分连接可靠；固定部分无松动。

（3）检查油箱油位应正常；密封部分无泄漏；机械润滑良好。

以上应确认正常或处理至正常状态。

2. 启动前准备

（1）旋转动力拖板手轮，调松传动三角胶带，确保原动力机在无载或轻载状态下启动。

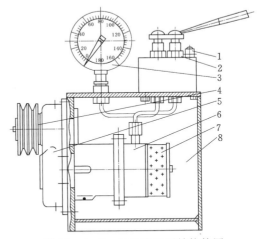

图 11 - 2 - 7　机动液压泵结构简图
1—安全阀；2—换向阀；3—压力表；4—皮带轮；5—齿轮箱；6—油泵体；7—滤油器；8—油箱

（2）操作三位四通 H 换向阀手柄，使其处于中位回油状态。

（3）旋松油箱上放气加油螺塞。

（4）在换向阀进出油口上接好高压胶管，并与配用液压钳可靠连接。

（5）液压泵如与单作用活塞杆油式液压钳配用，也可在换向阀上接单根高压胶管。另一孔则必须拧上 M10 螺栓及加组合垫密封。

3．启动和操作

（1）空载或轻载启动原动机，调正传动三角胶带松紧至合适状态，液压泵启动。

（2）液压泵控制阀处于中位回油状态下，运转 1～2min。

（3）操作控制阀手柄向一方转动，使配用液压钳活塞向上运动。进行压接并观察压力表指示在正常工作区域内（即压力表在 0～80MPa 红线区域内）。

（4）待液压钳上下模合模后，手柄至中位回油位置。随后将手柄向另一方转动，待液压钳活塞向下运动至压接起始位置时，将手柄转至中位回油位置，做下一次压接准备。

4．工作结束

（1）调松传动三角胶带，原动力机卸载，关闭原动力机。

（2）旋紧放气加油螺钉，避免搬运时产生漏油。

（3）高压油管加盖保护帽，防止污物进入。

（五）注意事项

（1）液压泵工作时应按标牌规定的额定工作压力使用。当输出压力达 70～80MPa 时，被压工件已达到压接要求，即应卸压，避免超压使用。

（2）液压泵输出压力超过 80MPa（压力表红线外）为超压区域，不允许长时间使用。

（3）液压泵工作时，油箱内油泵体绝对不能露出油面，以免泵体断油发热损坏机器。

（4）液压泵所装安全阀为常闭型，在超压达到定值时，即行打开泄压，以保护液压泵。安全阀出厂已调正，一般不要轻易变动。现场若需调正，应由熟悉和有经验的人员进行。

（5）油箱内的工作油液，不同品种或牌号不得混用。

（6）液压泵使用中，若无重大缺陷，不可随意拆装。

五、液压操作安全要求

（1）在使用液压设备前应检查所有部件必须齐全完好，油压表必须经校核且性能正确可靠。

（2）机动或电动液压油泵必须有足够的与所使用钢模相匹配的出力。根据要求将压力值核定后，不得随意调整，不得随意松紧溢流阀。

（3）操作人员在施压过程中要随时注意压力表数值，不得超过规定值，当上、下钢模已经合拢而压力值未达规定时，应立即停止施压，进行全面检查，如有故障，应停止使用。

（4）施压人员在操作液压钳时，应避开高压油管和钳体顶盖，防止爆裂，冲击伤人。

（5）使用手动液压机时，操作人员不得手扶液压机盖和保险片，施压时不可用力过猛。操作手柄上不能两人同时施压，更不得将手柄加长使用。

（6）手摇钳压器适用于 LGJ－240 及以下导线连接，操作时压钳要固定在架子上或道木上，放置平稳，防止压钳翻倒。

（7）导线、地线压接设备要放置平稳，不得在高处作业点垂直下方操作，以防高处落物伤人。

（8）切割导线、地线时，应在断线处两端用小铁丝绑扎，切割时用人力固定住导线、地线，防止回弹伤人。

（9）使用电力作动力的压接设备，应用绝缘良好的电缆线作电源线，设备外壳应接地。

（10）不得在发动机运行或仍然很热时加注汽油。

（11）不得在有汽油溢出、四周汽油味或其他爆炸气体味道很浓时启动发动机（应将发动机从汽油溢出地点移走）。

第三章　导线及地线的连接工艺及要求

一、导线及地线连接的一般技术要求

无论采用哪种方法进行导线、地线的连接，都应符合以下技术要求，以保证线路安全运行。

（1）不同金属、不同规格和不同绞制方向的导线、地线不得在一个耐张段内同一相（极）导线、地线接续压接。

（2）使用的接续管、耐张线夹及补修管的型号和尺寸必须与被连接的导线、地线规格相匹配。

（3）在一个档距内每根导线或地线只允许有一个接头和三个补修管，而且各类管之间（包括耐张线夹）的距离不宜小于15m。

（4）直线接续管或补修管与悬垂线夹的距离一般不小于10m，直线接续管或补修管与间隔棒的距离不宜小于0.5m。

（5）连接的导线、地线应平整完好，不得有断股、缺股、折叠、腐蚀等缺陷。

（6）对设计规定不允许压接的部位，不得进行压接。

二、钳压操作方法及注意事项

LJ-16～LJ-185型铝绞线和LGJ-10～LGJ-240型钢芯铝绞线适用钳压连接。

（一）钳压连接的方法

（1）用钢丝刷子将导线连接部分的表面污垢清除干净，再用汽油清洗擦干，清洗长度为钳接续管长的1.2倍，如连接的钢芯铝绞线涂有防腐油时，还应将防腐油用汽油清洗干净。

（2）用汽油将钳接续管内壁清洗干净，并在管外壁按规定划好压模施压位置。

（3）将净化的导线连接部分的外层铝线股涂一层801电力脂，再用细钢丝刷子清除导线表面的氧化膜，导线上涂的801电力脂不必清除。

（4）将两导线相对穿入钳接续管内，管的两端分别露出导线30mm。当连接钢芯铝绞线时，在钳接续管内两导线之间还应穿入铝衬垫，以保护连接强度。

（5）压接前应检查：钳接管是否与导线同一规格；钳接管有无裂纹、毛刺，其弯曲度不得超过 1%；钢模是否与导线同一规格；钳接管两端插入导线的方向是否正确，衬垫及导线露出的长度是否符合要求。

（6）一切就绪后，将穿好的钳接续管放入钳压器的钢模内，按规定顺序进行钳压。

（7）钳压时每模压下后停 20～30s 才可松去压力，然后再开始压下一模。

（8）钳压最后一模必须位于导线切端的一侧，以免线股松散。

（二）钳压压模的顺序、位置和尺寸要求

1. 钳压压模的顺序

（1）钳压铝绞线时压模的顺序。钳压铝绞线时，压模顺序从一端开始依次向另一端上下交错进行施压，如图 11-3-1 所示。

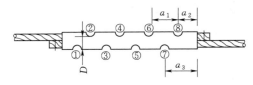

图 11-3-1　铝绞线的钳压顺序

（2）钳压钢芯铝绞线时压模的顺序。钳压 LGJ-185 型及以下钢芯铝绞线时，用一根钳接续管，其压模顺序自管中央开始向两端交错施压，如图 11-3-2（a）所示。钳压 LGJ-240 型钢芯铝绞线时，使用两根钳接续管，首尾串联，其施压顺序如图 11-3-2（b）所示。

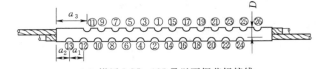

（a）钳压 LGJ-185 及以下钢芯铝绞线

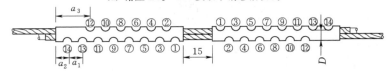

（b）钳压 LGJ-240 钢芯铝绞线

图 11-3-2　钢芯铝绞线钳压顺序

2. 钳压位置和尺寸要求

（1）钳压连接后的压模位置，压后尺寸和压口数应符合表 11-3-1 和表 11-3-2 的规定。

表 11-3-1　　　　　　　　　　钳压压口数及压后尺寸　　　　　　　　　　单位：mm

导线型号		钳压部位尺寸			压后尺寸 D	压口数
		a_1	a_2	a_3		
铝绞线	LJ-16	28	20	34	10.5	6
	LJ-25	32	20	36	12.5	6
	LJ-35	36	25	43	14.0	6
	LJ-50	40	25	45	16.5	8
	LJ-70	44	28	50	19.5	8
	LJ-95	48	32	56	23.0	10

导线型号		钳压部位尺寸			压后尺寸 D	压口数
		a_1	a_2	a_3		
铝绞线	LJ－120	52	33	59	26.0	10
	LJ－150	56	34	62	30.0	10
	LJ－185	60	35	65	33.5	10
钢芯铝绞线	LGJ－16	28	14	56	12.5	12
	LGJ－25	32	15	63	14.5	14
	LGJ－35	34	42.5	93.5	17.5	14
	LGJ－50	38	48.5	105.5	20.2	16
	LGJ－70	46	54.5	123.5	25.0	16
	LGJ－95	54	61.5	142.5	29.0	20
	LGJ－120	62	67.5	160.5	33.0	24
	LGJ－150	64	70	166	36.0	24
	LGJ－185	66	74.5	173.5	39.0	26
	LGJ－240	62	68.5	161.5	43.0	2×14

表 11－3－2　　　　不同截面的钢芯铝绞线钳压压口数及压后尺寸　　　　单位：mm

导线型号		钳压部位尺寸			压后尺寸 D	压口数
		a_1	a_2	a_3		
钢芯铝绞线	LGJ－10/2	28	8.0	50	11.0	10
	LGJ－16/3	28	14	56	12.5	12
	LGJ－25/4	30	22.5	67.5	14.5	14
	LGJ－35/6	34	42.5	93.5	17.5	14
	LGJ－50/8	38	48.5	105.5	20.5	16
	LGJ－70/10	46	54.5	123.5	25.0	16
	LGJ－95/15	54	61.5	142.5	29.0	20
	LGJ－95/20	54	61.5	142.5	29.0	20
	LGJ－120/7	74	66.5	177.5	30.5	20
	LGJ－120/20	62	67.5	160.5	33.0	24
	LGJ－150/8	64	70	166	33.0	24
	LGJ－150/20	64	70	166	33.6	24
	LGJ－150/25	64	70	166	36.0	24
	LGJ－185/10	72	70	178.0	36.5	24
	LGJ－185/25	66	74.5	173.5	39.0	26
	LGJ－185/30	66	74.5	173.5	39.0	26
	LGJ－210/10	68	76	178	39.0	26
	LGJ－210/25	68	76	178	40.0	26
	LGJ－210/35	68	76	178	41.0	26
	LGJ－240/30	62	68.5	161.5	43.0	14×2
	LGJ－240/40	62	68.5	161.5	43.0	14×2

（2）压后尺寸的允许偏差为：铝绞线钳接续管为±1.0mm，钢芯铝绞线钳接续管为±0.5mm。

（3）钳压后导线端头露出长度不应小于20mm。

（4）压接后的接续管弯曲度不应大于管长的2%，有明显弯曲时应校直。

（三）注意事项

（1）切割导线时应与轴线垂直，并将导线用细铁线绑扎2～3圈，以防松散。穿管时应按导线扭绞方向穿入，防止松股。向铝管内插线应防止线头伤人。

（2）在施压前应复检钳接续管压模位置划印标记，确认无误后方可进行。

（3）钳压用的钢模，上模（定模）和下模（动模）有固定方向时不得放错，液压钳放置应平稳牢靠，操作人员不得处于液压钳顶盖上方或前方（卧式液压钳）。在压接过程中应防止手指伸入压模内。

（4）钳压时应将钳接续管两侧的导线端平，以防压完后钳接续管弯曲或开裂；压后或校直后的接续管不应有裂纹。钳压最后一模必须于导线切端的一侧，以免线股松散。

（5）压完每一模后，应用卡尺检查钳压深度是否满足要求，合格后方可继续操作。

（6）导线两端头绑线应保留，接续管两端附近的导线不应有"灯笼""抽筋"等现象。

（7）钳压后，接续管两端出口处、合缝处及外露部分应涂刷电力复合脂。

（四）钳接续管规格

钳压连接导线时，采用的接续管（钳接管）为椭圆形，如图11-3-3～图11-3-5所示，其规格见表11-3-3～表11-3-5。

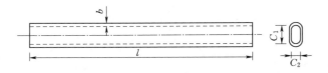

图11-3-3 铝绞线用的钳接管示意图

表11-3-3　　　　　　　　　　铝绞线用的钳接管规格

型号	适用导线		b/mm		C_1/mm		C_2/mm		l/mm		重量/kg
	型号	外径/mm	尺寸	公差	尺寸	公差	尺寸	公差	尺寸	公差	
JT-16L	LJ-16	5.10	1.7		12.0		6.0		110		0.02
JT-25L	LJ-25	6.36	1.7		14.0	±0.5	7.2	±0.45	120		0.03
JT-35L	LJ-35	7.50	1.7		17.0		8.5		140		0.04
JT-50L	LJ-50	9.00	1.7		20.0		10.0		190		0.05
JT-70L	LJ-70	10.65	1.7	+0.4 −0.2	23.2		11.6		210	±4	0.07
JT-95L	LJ-95	12.50	1.7		26.8		13.1		280		0.10
JT-120L	LJ-120	14.00	2.0		30.0	±0.1 −0.9	15.0	±0.5	300		0.15
JT-150L	LJ-150	15.75	2.0		34.0		17.0		320		0.16
JT-185L	LJ-185	17.50	2.0		38.0		19.0		310		0.20

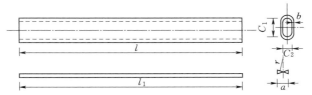

图 11－3－4 现行标准钢芯铝绞线用的钳接管示意图

表 11－3－4 现行标准钢芯铝绞线用的钳接管规格

型号	适用导线		a /mm	b/mm		C_1/mm		C_2/mm		r/mm	l/mm	l_1/mm	重量 /kg
	型号	外径/mm		尺寸	公差	尺寸	公差	尺寸	公差				
JT－35	LGJ－35	8.40	8.0	2.1	+0.4 -0.2	19	±0.45	9.0	±0.45	12	340	350	0.17
JT－50	LGJ－50	9.60	9.5	2.3		22		10.5		13	420	430	0.23
JT－70	LGJ－70	11.40	11.5	2.6		26		12.5		14	500	510	0.34
JT－95	LGJ－95	13.68	14.0	2.6		31		15.0		15	690	700	0.52
JT－120	LGJ－120	15.20	15.5	3.1	+0.5 -0.3	35	+0.4 -0.9	17.0	±0.5	15	910	920	0.91
JT－150	LGJ－150	16.72	17.5	3.1		39		19.0		17.5	940	950	1.05
JT－185	LGJ－185	19.20	19.5	3.4		43		21.0		18	1040	1060	1.42
JT－240	LGJ－240	21.28	22.0	3.9		48		23.5		20	540	550	1.00

注：用于 LGJ－240 钢芯铝绞线时，每个接续点用两个 JT－240 钳接管。

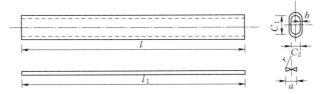

图 11－3－5 83 版标准钢芯铝绞线用钳压接续管示意图

表 11－3－5 83 版标准钢芯铝绞线用钳压接续管规范

型 号	适用导线		主要尺寸/mm							钳压		重量 /kg
	型 号	外径 /mm	a	b	C_1	C_2	r	l	l_1	凹深 /mm	模数	
JT－10/2	LGJ－10/2	4.50	4.0	1.7	11.0	5.0	－	170	180	11.0	10	0.05
JT－16/3	LGJ－16/3	5.55	5.0	1.7	14.0	6.0	－	210	220	12.5	12	0.07
JT－25/4	LGJ－25/4	6.96	6.5	1.7	16.6	7.8	－	270	280	14.5	14	0.08
JT－35/6	LGJ－35/6	8.16	8.0	2.1	18.6	8.8	12.0	340	350	17.5	14	0.17
JT－50/8	LGJ－50/8	9.60	9.5	2.3	22.0	10.5	13.0	420	430	20.5	10	0.23
JT－70/10	LGJ－70/10	11.40	11.5	2.6	26.0	12.5	14.0	500	510	25.0	10	0.34
JT－95/15	LGJ－95/15	13.61	14.0	2.6	31.0	15.0	15.0	690	700	29.0	20	0.52
JT－95/20	LGJ－95/20	13.87	14.0	2.6	31.5	15.2	15.0	690	700	29.0	20	0.55
JT－120/7	LGJ－120/7	14.50	15.0	3.1	33.0	16.0	15.0	910	920	30.5	20	0.60
JT－120/20	LGJ－120/20	15.07	15.5	3.1	35.0	17.0	15.0	910	920	33.0	24	0.91

续表

型　号	适用导线		主要尺寸/mm							钳压		重量 /kg
	型　号	外径 /mm	a	b	C_1	C_2	r	l	l_1	凹深 /mm	模数	
JT－150/8	LGJ－150/8	16.00	16.0	3.1	36.0	17.5	17.5	940	950	33.0		1.05
JT－150/20	LGJ－150/20	16.67	17.0	3.1	37.0	18.0	17.5	940	950	33.6	24	1.10
JT－150/25	LGJ－150/25	17.10	17.5	3.1	39.0	19.0	17.5	940	950	36.0	24	1.15
JT－185/10	LGJ－185/10	18.00	18.0	3.4	40.0	19.5	18.0	1040	1060	36.5	24	1.40
JT－185//25	LGJ－185/25	18.90	19.5	3.4	43.0	21.0	18.0	1040	1060	39.0	26	1.42
JT－185/30	LGJ－185/30	18.88	19.5	3.4	43.0	21.0	18.0		1060	39.0	26	1.50
JT－210/10	LGJ－210/10	19.00	20.0	3.6	43.0	21.0	19.5	1070	1090	39.0		1.52
JT－210//25	LGJ－210/25	19.98	20.0	3.6	44.0	21.5	19.5	1070	1090	40.0	26	1.58
JT－210/35	LGJ－210/35	20.38	20.5	3.6	45.0	22.0	19.5	1070	1090	41.0	26	1.62
JT－240//30	LGJ－240/30	21.60	22.0	3.9	48.0	23.5	20.0	540	550	43.0	14	1.00
JT－240/40	LGJ－240/40	21.66	22.0	3.9	48.0	23.5	20.0	540	550	43.0	14	1.00

三、液压连接前的操作

液压连接的主要工序包括：清洗导线、地线和接续管，划印、割线和穿管等。

（一）清洗导线、地线和接续管

清洗接续管、导线、地线的方法和要求如下：

（1）压接前，首先去除压接管和线夹穿管飞边、毛刺及表面不光滑部分，然后用清洗剂（汽油等）清洗接续管及耐张线夹内壁的油垢，并清除管内壁锌疤和焊渣，清洗后短期不使用时，应将管口临时封堵并包装或置于清洁处以免受污。

（2）用棉纱擦去镀锌钢绞线液压部分的泥土，如有油垢则用汽油清洗干净，其清洗长度不少于穿管长度的1.5倍，汽油清洗后应放置干燥后再进行穿管。

（3）对钢芯铝绞线，则用汽油清除其表面氧化膜，清洗长度为：先套入铝管的一根不应短于铝管套入部位，另一根应不短于半管长的1.5倍。防腐钢芯铝绞线的清洗方法为：首先用棉纱蘸汽油擦净导线表面的油垢，然后割断铝股，露出钢芯，再用汽油清洗干净钢芯上的防腐剂。

（4）导线清洗干净后，在被压接的导线上涂一层801电力脂，并用细钢丝刷子沿线轴方向擦刷。对已运行的旧导线应先用钢丝刷子刷掉导线表面灰黑色物质，待露出银白色铝质后再涂801电力脂。

（5）用补修管补修导线时，可将导线表面用干净棉纱将泥土擦干净，如有断股则应在断股两侧涂少量801电力脂。

（二）液压钢绞线划印和穿管

液压钢绞线（地线）直线接续管的划印和穿管按图11-3-6所示。自导线端部向内量取20mm，划绑扎标记于P，且绑扎牢固。自O点量1/2接续管长，在钢绞线上用红铅笔作标记A点，然后按图11-3-6所示，将两钢绞线对头穿入接续管内，管口应与钢绞线上的标记A点重合，说明两线端恰好处于接续管中央。

液压钢绞线（地线）的耐张线夹时，可不划印，而是将钢绞线按图 11-3-7 所示，直接穿入耐张线夹的钢管中，线头应露出管底 5mm。

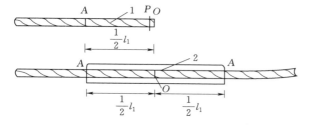

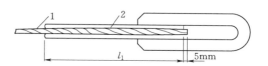

图 11-3-6　钢绞线直线接续管的划印和穿管
1—钢绞线；2—直线接续管

图 11-3-7　钢绞线耐张线夹穿管
1—钢绞线；2—耐张线夹钢管；l_1—钢管长度

（三）液压钢芯铝绞线的直线接续管的划印、割线穿管

钢芯铝绞线对接连接时，其划印、割线、穿管的方法如图 11-3-8 所示。自线端 O 点量距 $l_1/2 + \Delta l_1$ 得 N 点，并用红铅笔标出。图 11-3-8（a）为导线的划印、割线图，图中 l 为铝管长，l_1 为钢管长，Δl_1 为钢管液压时预留长度，该值通过试验确定，使钢管压好后，钢管不碰到铝股，空隙又不大于 10mm 为宜，一般预留 15～20mm。

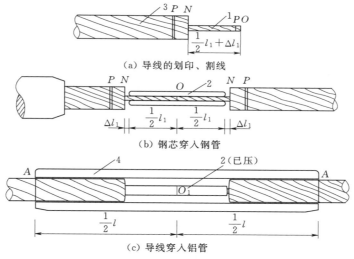

（a）导线的划印、割线

（b）钢芯穿入钢管

（c）导线穿入铝管

图 11-3-8　钢芯铝绞线对接连接划印、割线、穿管
1—钢芯；2—钢管；3—铝股线；4—铝管；P—绑线位置；N—割线位置

划印之后，距 N 点 20mm 处用细绑线将导线扎紧，然后松开钢芯铝绞线端头的绑线 P，为了防止铝股剥开后钢芯松散，在松开绑线后先在端头打开一段铝股，将露出的钢芯端头用绑线扎牢。然后用切割器（或手锯）在印记 N 处切断外层及中层铝股。在切割内层铝股时，只割到每股直径的 3/4 处，然后将铝股逐股掰断。

将导线穿入铝管并将管暂放置在一侧，然后将导线的钢芯相对穿入钢管（穿管前将钢芯上的细绑线去掉），钢管端距 N 点均为 Δl_1 时说明两钢芯端处于钢管中央，这时开始压接钢管。图 11-3-8（b）为钢芯穿入钢管图。

待钢管压接完毕后找出钢管压后的中点 O_1，自 O_1 向两端铝线上各量铝管全长的一半，即 $l/2$（l 为铝管实际长度），

在该处画印记 A，将导线一侧的铝管移到两导线上，管端与 A 点重合后施压铝管，图 11-3-8（c）为导线穿入铝管图。

（四）液压钢芯铝绞线的耐张线夹时的划印、割线和穿管

目前钢芯铝绞线有两种标准，即 GB 1179—74 和 GB 1179—83，将来前一种标准逐步过渡到后一种标准。这两种标准导线使用的压接式耐张线夹不同，所以其划印、割线、穿管也有所不同。

（1）GB 1179—74 标准的钢芯铝绞线与耐张线夹压接时，导线划印、割线和穿管如图 11-3-9 所示。其操作步骤如下：

1）首先将铝管套在导线上并暂放在一侧，然后自线端量距 $l_1+\Delta l+5\text{mm}$ 得 N 点并用红铅笔在导线上标出，距 N 点 20mm 处将导线用细线绑扎。

2）自 N 点量距 L_Y+f（L_Y 为铝线液压长度，其值见液压规程 SDJ 226—87 附录二）得 A 点，用红铅笔标在导线上。

3）自 N 点开始将铝股线割掉露出钢芯，并距钢芯端 O 点约 10mm 的 P 点处用细线绑扎以防钢芯松股。切割铝股的方法同直线接续管。图 11-3-9（a）为导线的划印和割线图。

4）将钢芯穿入耐张线夹的钢锚中，线端露出钢锚 5mm，然后开始施压钢锚。图 11-3-9（b）为钢芯穿入钢锚图。

5）待钢锚施压完毕后，将铝管移到钢锚上，管口与导线上划印的 A 点重合后施压铝管。图 11-3-9（c）为铝管套入导线和钢锚图。

（2）GB 1179—83 标准的钢芯铝绞线与耐张线夹压接时，导线划印、割线和穿管如图 11-3-10 所示。其操作步骤如下：

1）首先将铝管套在导线上并暂时移到一侧。自线端 O 点量距 $l_2+\Delta l$ 得 N 点并用红

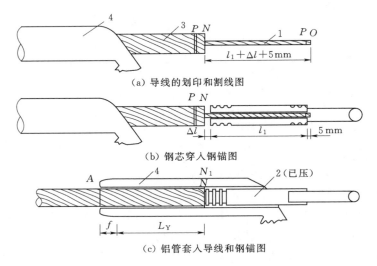

(a) 导线的划印和割线图

(b) 钢芯穿入钢锚图

(c) 铝管套入导线和钢锚图

图 11-3-9 GB 1179—74 标准的钢芯铝绞线与耐张线夹压接时的划印、割线和穿管

1—钢芯；2—钢锚；3—铝股线；4—铝管；L_Y—铝管压接长度；l_1—钢锚长度

铅笔在导线上标出。自 N 点开始割掉铝股线露出钢芯，自线端约 $10mm$ 处 P 点用细线绑扎以防钢芯松散。切割铝股的方法同直线接续管。图 11-3-10（a）为导线的划印和割线图。

2）自 A 点量铝管全长 l 处得 C 点并标记在导线上，这时将铝管移到钢锚上，铝管底口与 A 重合为止。如图 11-3-10（c）所示，图中 L_Y 为铝管施压长度。

3）线夹铝管的引流板在铝管尾部时（输电线路上的耐张线夹一般都采用这种型式），可按图 11-3-10（d）所示，自导线标记 N 点量距 L_Y+f 得 C 点，这时将铝管移到钢锚上，铝管口与 C 点重合后施压铝管，其中 L_Y 为铝管施压长度。

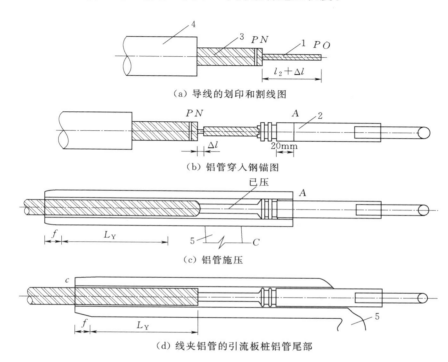

(a) 导线的划印和割线图

(b) 铝管穿入钢锚图

(c) 铝管施压

(d) 线夹铝管的引流板桩铝管尾部

图 11-3-10 GB 1179—83 标准钢芯铝绞线与耐张线夹压接时导线划印、割线和穿管

1—钢芯；2—钢锚；3—铝股线；4—铝管；5—引流板

四、液压操作方法及注意事项

（一）液压操作方法

液压连接导线、地线的施压顺序，根据施压对象不同，其施压顺序也不相同，各种液压连接时的施压顺序应符合以下规定：

（1）液压钢绞线地线直线接续管时，其施压顺序应按图 11-3-11 所示进行。施压时第一模应与钢管中央重合然后依次向管口施压，图中数字表示施压顺序，以下均同。

（2）地线耐张线夹的施压顺序如图 11-3-12 所示，施压时第一模自 U 形拉环端头开始，逐渐向管口方向依次施压。

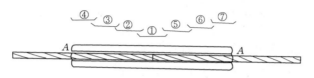

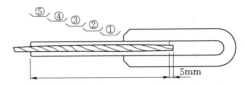

图 11-3-11　钢绞线直线接续管施压顺序　　　　　图 11-3-12　地线耐张线夹施压顺序

（3）钢芯铝绞线直线连接，钢芯对接连接时，钢管的施压顺序如图 11-3-13（a）所示，施压时第一模自钢管中央开始逐渐向左施压然后向右施压。钢管施压完毕后，将铝管套在钢管和导线上，自 N 点逐次向左和向右施压，在钢管长度范围内，即 $N_1 \sim N_1$ 区间的铝管不得施压，如图 11-3-13（b）。

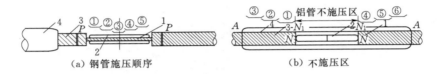

（a）钢管施压顺序　　　　　　　　　（b）不施压区

图 11-3-13　钢芯铝绞线钢芯对接连接时钢管和铝管的施压顺序
1—钢芯；2—钢管；3—铝线；4—铝管

（4）钢芯铝绞线直线连接，钢芯搭接连接时，钢管的施压顺序如图 11-3-14（a）所示，自管中央向管口方向依次施压。待钢管施压完毕后，铝管移到钢管和导线上，自铝管中央依次向两侧管口施压。整个铝管全长全部进行施压，如图 11-3-14（b）所示。

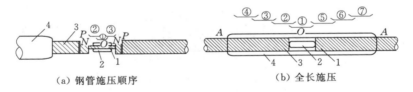

（a）钢管施压顺序　　　　　　　　　（b）全长施压

图 11-3-14　钢芯铝绞线钢芯搭接连接时钢管和铝管的施压顺序
1—钢芯；2—钢管；3—铝线；4—铝管

（5）GB 1179—74 标准的钢芯铝绞线用耐张线夹，其钢锚的施压顺序如图 11-3-15（a）所示，施压时自拉环端头开始向钢锚口方向依次施压，钢锚的凹槽部分不予施压。待钢锚施压完毕后，将铝管移到钢锚和导线上，第一模从钢锚凹槽位置施压，然后依次向铝管口方向施压，最后在管尾部施压一模，如图 11-3-15（b）所示。

（6）GB 1179—83 标准的钢芯铝绞线用耐张线夹，其钢锚的施压顺序如图 11-3-16（a）所示，施压时自钢锚凹槽前端开始，依次向钢锚口方向施压。铝管有如下两种型式：

1）引流板自铝管身部伸出。这种铝管的施压顺序如图 11-3-16（b）所示，施压前待铝管移到钢锚和导线上之后，自管口端 C 处量 $f+L_Y$，得 N_1 点，然后自 N_1 点开始依次向管口方向施压。最后一模自管尾端施压，其施压长度对两个凹槽的钢锚最小为 60mm，对三个凹槽的钢锚最小为 62mm。其他为铝管不施压区。在压铝管时，如引流板

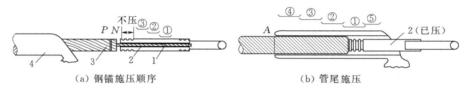

（a）钢锚施压顺序　　　　　　　　　　　（b）管尾施压

图 11-3-15　GB 1179—74 标准的钢芯铝绞线用耐张线夹的施压顺序
1—钢芯；2—钢锚；3—铝线；4—铝管

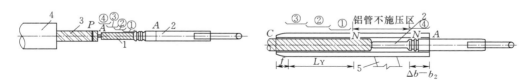

（a）钢锚施压顺序　　　　　　　　　（b）铝管施压顺序（引流板自铝管身部引出）

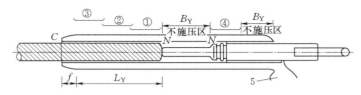

（c）铝管施压顺序（引流板自铝管尾部伸出）

图 11-3-16　GB 1179—83 标准的钢芯铝绞线用耐张线夹的施压顺序
1—钢芯；2—钢锚；3—铝线；4—铝管；5—引流板

卡液压机油缸，不能按以上要求进行时，可将引流板转向上方施压。

2）引流板自铝管尾部伸出。这种铝管的施压顺序如图 11-3-16（c）所示，如前所述，待铝管穿好后，自管口 C 处量 $L_Y + f$ 得 N 点，自 N 点开始依次向管口施压，最后一模自钢锚凹槽前端开始施压，其他为铝管不施压区。

说明：如铝管上未画有起压印记 N 时，可自管口向底端量 $L_Y + f$ 处画印记 N，L_Y 值见表 11-3-6。

表 11-3-6　　　　　　　　　　　　　L_Y　　　值

条件	$k \geqslant 14.5$	$k = 11.4 \sim 7.7$	$k = 6.15 \sim 4.3$
L_Y 值	$\geqslant 7.5d$	$\geqslant 7.0d$	$\geqslant 6.5d$

注：k—钢芯铝绞线铝、钢截面积比；d—钢芯铝绞线外径，mm；f—管口拔梢部分长度，mm。

【例】　LGJ400/35 钢芯铝绞线的铝截面为 390.88mm²，钢截面为 34.36mm²，外径为 26.82mm，求 L_Y 值。

解：查表得　$L_Y \geqslant 7.0d = 7 \times 26.82 = 187.74$（mm）。

（7）钢芯铝绞线耐张线夹引流管施压顺序如图 11-3-17 所示，施压时从管底开始依次向管口方向施压。

（8）液压补修管时，先以导线损伤处为中心，向两侧量 $l/2$（l 为补修管长）在导线上得 A 点，然后用汽油清洗干净补修管的内壁，套在导线损伤处，管口两端与 A 重合，按图 11-3-18 所示的顺序施压。

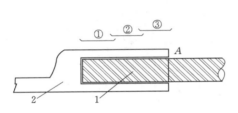

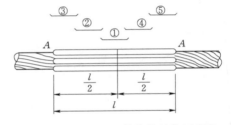

图 11-3-17　钢芯铝绞线耐张线夹引流管施压顺序　　图 11-3-18　液压补修管的施压顺序

1—铝线；2—引流管

（二）注意事项

为保证连接质量，液压导线、地线时，需注意以下事项：

（1）切割导线时应与轴线垂直，并将导线用细线绑扎 2～3 圈以防松散，待穿管时拆除绑线。穿管时应按导线、地线扭绞方向穿入，防止松股。

（2）切割铝股线时不得伤及钢芯。

（3）导线划印后应立即复查，确保尺寸无误，并作出标记。

（4）液压用的钢模，上模与下模有固定方向时，不得放错，液压机的缸体应垂直地面，并放置平稳牢靠，操作人员不得处于液压机顶盖上方。

（5）液压时操作人员应扶好导线、地线，与接续管保持水平并与液压机轴心相一致，以免接续管弯曲。

（6）液压机的操作必须使每模都达到规定的压力，而不能以合模与否作为压好的标准。铝压接管压接时液压系统的额定工作压力不低于 63MPa，钢压接管压接时液压系统的额定工作压力不低于 80MPa，施压时应使每模达到额定工作压力后维持 3～5s。

（7）当第一模施压后应检查压接后对边距，符合标准后继续压接操作。

（8）施压时钢管相邻两模重叠压接不少于 5mm，铝管相邻两模重叠压接不少于 10mm。

（9）钢模应定期检查，发现有变形现象时应停止或修复后使用。

（10）液压机应装有压力表和顶盖，否则不准使用。

（11）管子压完后如有飞边、毛刺，应将飞边、毛刺锉掉。铝管锉成圆弧形。对500kV 线路除锉掉飞边外，还必须用细砂纸将锉过处磨光，以免发生电晕放电。当管子每模压完后因飞边过大使对边距离尺寸大于规定值时，应将飞边锉掉后重新施压。

（12）钢管施压后，凡锌皮脱落者，应涂以富锌漆，以防生锈。

（13）液压机用的工作油液应清洁，不得含有砂泥等脏物，工作前要充满液压油。

第四章　导线、地线压接质量要求和检测方法

一、试件的握着力

导线、地线的液压连接质量可按以下进行检查：

（1）将工程实际使用的导线、地线及相应的接续管、耐张线夹按前述规定制做试件，

每种型式不少于 3 根试件。对试件进行检查，试件的握着力均不应小于导线及地线设计使用拉断力的 95％（一般导线参数表上注明的是设计使用拉断力）。

对于 GB 1179—83 规格的导线的保证计算拉断力是设计使用拉断力的 95％。GB 1179—74 规格导线的保证计算拉断力等于设计使用拉断力。

（2）如有一根试件握力未达到要求时，应查明原因，改进后应加倍取样，进行复验。

二、液压管的压后对边距尺寸 *S*

各种液压管的压后对边距尺寸 S 如图 11-4-1 所示，其最大允许值为

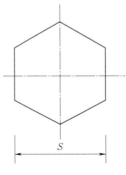

图 11-4-1　液压后管对边距

$$S = 0.866kD + 0.2$$

式中：D 为压接管管外径，mm；k 为压接管六边形的压接系数，钢芯、镀锌钢绞线、720mm^2 及以下导线、地线压接管 $k = 0.993$，720mm^2 以上导线、地线压接管 $k = 0.997$。

三个对边只允许有一个达到最大值，超过此规定时应更换钢模重新液压。

三、平直度

压接后的压接管不应有扭曲变形，其弯曲变形应小于压接管长度的 2％，有明显弯曲变形时应校直，校直过程中不应出现裂纹或应力集中，否则应重新压接。

四、最后一模尺寸检查

压接管压接后的最后一模与钢管退刀槽间的尺寸不应小于标准值 0.5cm，不得大于标准值 2cm，否则应重新压接。

以 NY-300/25 型耐张管为例，穿管图如图 11-4-2 所示。

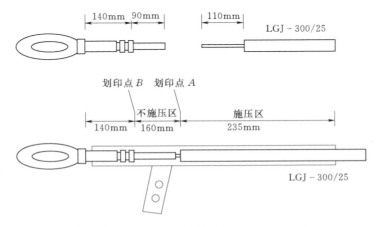

图 11-4-2　NY-300/25 型耐张管穿管图

导线压接完成后，量取压接最后一模与钢管退刀槽间的尺寸。由图 11 - 4 - 2 可以看出 NY - 300/25 型耐张管压接最后一模与钢管退刀槽间的尺寸标准值为 140mm。标准压接实物图如图 11 - 4 - 3 所示。

五、填好压接施工记录

各压接管压接过程中，应认真做好记录。经压接操作人员自检合格、质检人员检查合格后，在管子指定部位（线夹关口、接续管牵引侧管口）打上标识，并在记录表上签名。

六、电阻值测量

施工规程已无此项要求，但运行规程仍要求导线连接器需测试。

（1）施工线路测量接头电阻值可照图 11 - 4 - 4 所示的方式进行接线。整个连接管接头的测量电阻值不应大于等长导线的电阻值，即比值不得大于 1。

测量时要求迅速复测两次，读数一致即可，并作好测量记录。

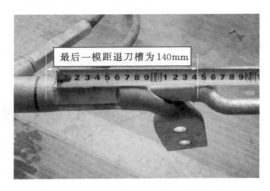

图 11 - 4 - 3　NY - 300/25 型耐张管压
标准压接实物图

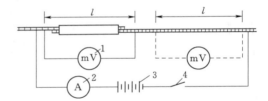

图 11 - 4 - 4　测量接头电阻接线图
1—毫伏表（0～100mV）；2—电流表（0～20A）；
3—电池；4—开关

（2）整个连接管电阻分布要均匀，两半管的电阻值应相等，比值不得大于 115%。测量半管电阻值的方法与上法相同，即将毫伏表放在半管合处，两次测得两个半管值，即得半管电阻比。

（3）运行线路的测量方法是用一种特制的检验器进行，如图 11 - 4 - 5 所示。把接触

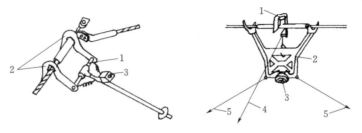

图 11 - 4 - 5　特制检验器
1—控制杆连接器；2—接触钩；3—毫安表；4—提升绳；5—控制绳

钩压在运行中的导线上时，毫伏表读数就是两钩之间导线上的电压降；把接触钩压在连接器的两端，毫伏表读数就是连接器的电压降。导线连接器与同样长度导线的电压降或电阻比值应小于等于1；大于1.2、小于2.0时应加强监视和检测；当大于2.0时，应更换或作其他处理。

采用这种方法测量接头电阻从理论上是可行的，但由于导线表面有一层氧化层，测量的引线或接触钩与导线表面的接触电阻较大，故影响准确度，目前已很少采用，而是用红外线测温仪测量连接器温度来检验导线连接器。

导线、地线直线液压管施工检查及评级记录见表11-4-1。

表11-4-1　　　　　　　　　导线、地线直线液压管施工检查及评级记录

耐张段桩号		号至　　　号		耐张段塔号		号至　　　号			导地线规格		施工日期	
压接管桩号	相别	线别	压前铝管		压前钢管		压后铝管		压后钢管	外观检查	压接人	钢印代号	评级
			外径	需压长度	外径	需压长度	对边距	压接长度	对边距	压接长度			
			最大	最小	最大	最小	最大	最小	1	2	最大	最小	

	备注	外观检查包括管弯曲、裂纹等项目。 压后推荐值，钢管为　　mm， 　　　　　　　铝管为　　mm

现场技术负责人　　　　　　　质检员　　　　　　施工负责人　　　　检查人

填写说明：

(1) 压接管所在桩号，填施工桩号、塔号填运行塔号。

(2) 每相中子导线的方向以线路的前进方向或规定的正方向为准，线别按附图规定的线号填写。

(3) 压前尺寸：L 为管长，d 为外径，ϕ 为内径，应根据实测数据填写。

(4) 压后尺寸：l 为管长，d、d' 均为外径，且 d' 为 d 90°方向的位置测得，栏内均填写实测外径数值。

(5) 外观检查的检查内容包括管的弯曲、烧伤等，栏内应填无缺陷，若有缺陷应如实填写。

(6) 压接人、钢印代号应如实填写。

(7) 评级栏内填"优良"或"合格"且应每个管都评级，导线、地线压接管分别填写，导线填在上边，地线填在下边。

第十二部分

输电运检室竣工图纸及竣工资料查阅方法

第一章 目 的

（1）为了提高青工、新进员工的业务素质和技能水平，为输电运检室做好人才储备。

（2）了解输电线路竣工图纸及竣工资料概况。

（3）能够查阅线路各参数（元件、杆塔重量、相位图、导地线、绝缘子、基础等参数）。

第二章 概 况

一、竣工图纸内容

1. 设计说明书（综合部分）

（1）设计说明书如图 12-2-1 所示，通用代号：第一卷第一册（A0101，8203-001 或 8210-001）。

（2）设计说明书主要内容：线路设计依据和范围、工程概况、线路路径、气象条件、电气部分（导地线与交叉跨越、线路绝缘、相位布置、绝缘子串及金具、防振锤、防雷与接地、空气间隙等）杆塔与基础、对电信线路的影响及保护、附件。

（3）了解线路设计概况、线路各元件的说明和要求。

2. 材料清单

（1）材料清单通用代号：第一卷第二册（A0102，8203-002）。

（2）材料清单主要内容：杆塔各种型号、基数、重量；导地线型号、长度、重量；绝缘子型号、片（支）数；金具型号、重量等。

（3）了解线路所需的主要材料型号、规格、数量等。

3. 杆塔明细表

（1）杆塔明细表，如图 10-2-2 所示，通用代号：第二卷第一册（A0201，8211-001，包括杆塔明细表。

（2）杆塔明细表主要内容：杆型、呼高、档距、耐张段长度及代表档距、转角度数、导地线金具组装图图号、跳线图号、防振锤安装距离、交叉跨越等。

（3）了解线路基本杆型、耐张段长度、代表档距、金具串图号等。

S031S-A0101-01

220kV 义乌雪峰西路四回共杆输电线路工程

施工图设计

设计说明书

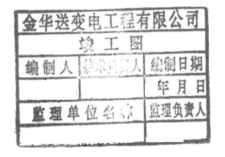

杭州交联电力设计咨询有限公司

证书编号: 120631-sy

二00六年四月

图 12-2-1　竣工图设计说明书封面

4. 平断面定位图

（1）平断面定位图如图 12-2-3 所示，通用代号：第二卷第二册（A0202，8211-002，包括线路路径图。

（2）平断面定位图主要内容：①线路杆塔经过的地理平面图；②线路中心线的纵断面各点标高及塔位标高；③沿线路走廊的平面情况；④平面上交叉跨越点及交叉角；⑤线路转角方向和转角度数；⑥线路里程；⑦杆塔形式及档距、代表档距等；⑧平断面图的纵、横比例。

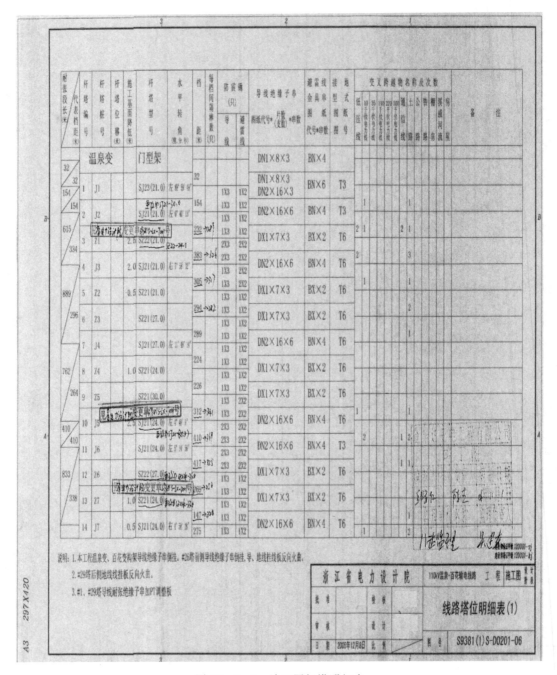

图 12-2-2　竣工图杆塔明细表

（3）了解线路沿线地理平面情况、交叉跨越、累距、标高。

5. 机械特性曲线及安装曲线表（电气部分）

（1）机械特性曲线及安装表如图 12-2-4 和图 12-2-5 所示，通用代号：第三卷第一册（D0301，8212-001）。

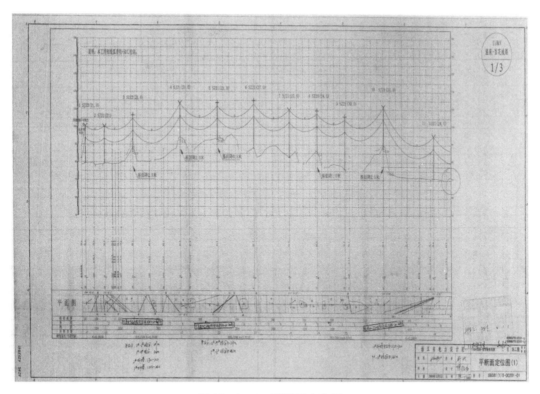

图 12－2－3　平断面定位图

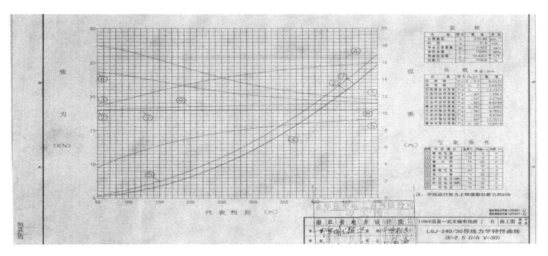

图 12－2－4　竣工图机械特性曲线表

（2）机械特性曲线及安装曲线表主要内容：机械特性曲线表，安装曲线表。

（3）了解线路各种气象条件下的导线、地线弧垂，根据代表档距查阅相对应的导线、地线弧垂，根据安装曲线表查阅安装弧垂，为现场架线提供技术支撑。

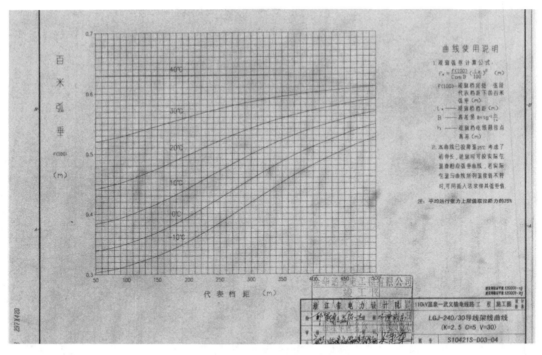

图 12-2-5　竣工图安装曲线表

6. 绝缘子串金具组装图

(1) 绝缘子串金具组装图如图 12-2-6 所示，通用代号：第三卷第二册（D0302，8213-001）。

(2) 绝缘子串金具组装图主要内容：①导线耐张绝缘子串；②导线直线绝缘子串；③导线跳线串；④地线耐张串；⑤地线直线串。

(3) 通过绝缘子串金具组装图了解金具与绝缘子连接方式、各金具、绝缘子型号、用途等。

7. 接地装置图及相位图

(1) 接地装置图如图 12-2-7 所示，通用代号：第三卷第三册（D0303，8212-002，包括线路相位图）。

(2) 接地装置图主要内容：①风车型接地；②深埋式接地。

(3) 通过接地装置图及相位图了解接地形式、埋适深度、接地电阻值、相位布置等。

8. 杆塔组装图（结构部分）

(1) 杆塔组装图如图 12-2-8 所示，通用代号：第四卷第一册开始（T0401，8221-001）。

(2) 杆塔组装图主要内容：①混凝土杆、铁塔、钢管杆、窄基塔、特殊塔（变形金刚）；②直线杆（塔），包括直线转角；③耐张（转角）杆塔；④跨越塔；⑤分支塔；⑥终端塔。

(3) 了解各类杆塔类型、型号、呼称高等。

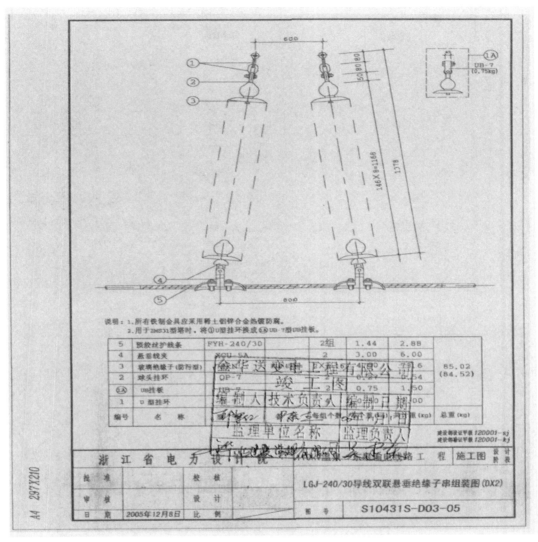

图 12 - 2 - 6 绝缘子串金具组装图

9. 基础施工图

（1）基础施工图如图 10 - 2 - 9 所示，通用代号：第五卷第一册开始（T0501，8223 - 001）。

（2）基础施工图主要内容：①基础明细表、基础施工图等；②重力式基础；③板式基础；④岩石基础；⑤掏挖式基础；⑥全方位基础；⑦灌注桩基础等。

（3）了解基础代号、类型、用途等。

10. OPGW 复合光缆

（1）OPGW 复合光缆施工图通用代号：第七卷第一册开始（T0701，8203 - 003 等）。

（2）OPGW 复合光缆主要内容：OPGW 复合光缆设计说明书、材料设备清单、安装明细表、机械特性表、金具组装图等。

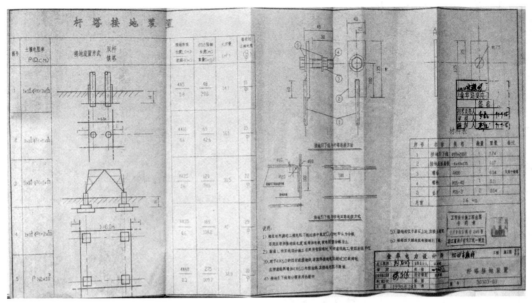

图 12 - 2 - 7　竣工图接地装置图

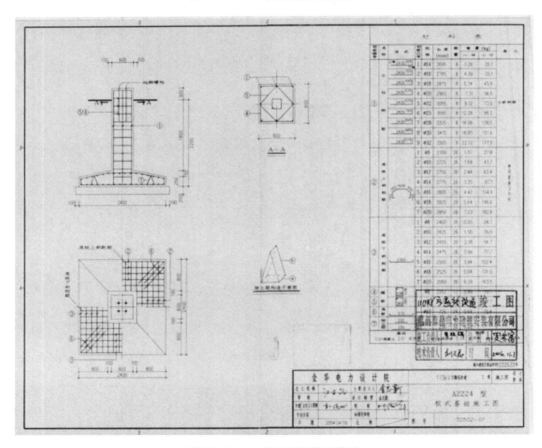

图 12 - 2 - 8　竣工图杆塔组装图

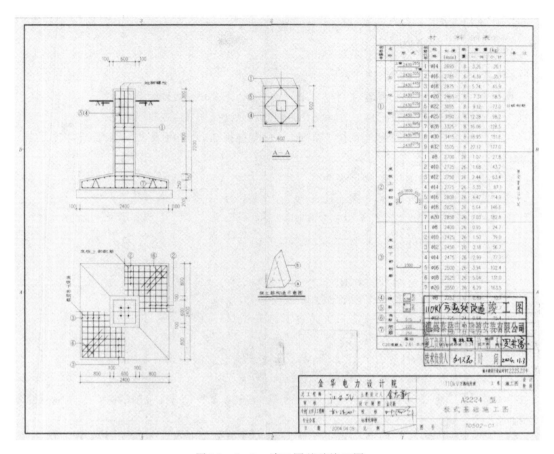

图 12 - 2 - 9 竣工图基础施工图

（3）了解 OPGW 复合光缆行型号、安装说明、连接方式等。

11. 电缆施工图

（1）电缆施工图通用代号：第十一卷第一册开始（1101，8303 - 001）。

（2）电缆施工图主要内容：电缆设计说明书、电缆材料设备清单、电缆工井明细表、电缆路径图、电缆敷设安装图、相位图、电缆沟井施工图等。

（3）了解电缆的型号、明细、安装方式等。

二、竣工资料的主要内容及要求

1. 竣工资料的主要内容

（1）政策处理费用凭证、协议。

（2）项目管理实施规划及其报审表。

（3）工程变更执行报验单及设计变更审批。

（4）基础施工、铁塔组立、架线施工、OPGW 光缆架设、导地线液压连接方案。

（5）运行杆号与施工杆号对照表。

（6）基础工程开口报审表、线路复测报审表及记录、基础分坑及开挖检查记录表。

（7）基础开挖签证记录。

（8）钢筋安装签证记录。

（9）基础混凝土浇筑签证记录。

（10）杆塔组立开工报审表、自立式铁塔组立检查及评级记录。

（11）水泥跟踪表管理记录、水泥检测报告、质量证明文件及报审表。

（12）砂石跟踪表管理记录及检测报告、水检查报告及报审表、混凝土配合比报告及报审表。

（13）凝土强度检测报告及报审表。

（14）钢筋跟踪管理记录、钢筋检测报告及报审表。

（15）铁塔开箱检查记录、铁塔进场报审及检测报告。

（16）导线、地线展放施工检查及评级记录，紧线施工检查及评级记录，交叉跨越检查及评级记录。

（17）附件安装检查及评级记录。

（18）导线耐张液压管施工检查及评级记录。

（19）导线、地线直线液压管施工检查及评级记录。

（20）接地装置检查及评级记录。

（21）OPGW 光缆展放、紧线、附件安装施工检查评级记录。

（22）线路防护设施检查及评级记录。

（23）导线、地线、金具、绝缘子、光缆等的开箱检查记录、进场报审、导地线握力试验报告。

（24）技改初检验收、中间验收、工频参数测试方案及报告、竣工报告。

（25）施工总结。

（26）工程照片。

（27）铁塔质量证明文件。

（28）导线、地线质量证明文件。

（29）金具、绝缘子质量证明文件。

（30）OPGW 光缆及金具质量证明文件。

2. 要求

了解线路施工过程中线路元件的各种记录、各种协议书、设备材料的出厂证明、设计联系单等。

第三章　图档管理系统

针对图纸管理的问题，引入图档管理系统，通过图档管理系统大大提高了图档管理的效率，同时避免了图档资料的遗失风险。图档管理系统主要包含以下工作：

（1）根据运行线路清单，将历年来开口、改造的图纸，按顺序进行排列并扫描成电子版，将各个时期的图纸通过表、图、有关说明等组合在一起。

（2）通过整合，将缺少、残缺的图纸逐步补齐，完善线路图纸资料。

（3）将整理完的运行线路竣工图纸分成竣工图纸代号、竣工资料代号、线路对照表、线路接线图、线路运行手册、线路主要参数六大类，并将成套线路资料上传至图档管理系统数据库中。

以 110kV 灵桃 1490 线为例，包括：

1）110kV 灵桃 1490 线（110kV 汪金输电线、110kV 金兰 1175 线开口输电线、云海 1681 线开口工程、110kV 云海 1681 线开口环入改造、110kV 开断环入白龙桥、110kV 上华变 T 接云桃 1683 线输电线路、110kV 陶源—上华开口环入灵洞输电线路）工程竣工图纸。

2）110kV 灵桃 1490 线（110kV 汪金输电线、110kV 金兰 1175 线开口输电线、云海 1681 线开口工程、110kV 云海 1681 线开口环入改造、110kV 开断环入白龙桥、110kV 上华变 T 接云桃 1683 线输电线路、110kV 陶源—上华开口环入灵洞输电线路）工程竣工资料。

3）110kV 灵桃 1490 线对照表（表 12-3-1）。

表 12-3-1 110kV 灵桃 1490 线对照表

序号	110kV 汪金输电线路施工号	原汪金 1173 线运行号	110kV 汪金输电线路开口施工号	原海兰 1175 线运行号	110kV 海兰 1175 线（金兰 1175 线）开口施工号
0	0	0	—	—	—
1	124	124	—	—	—
2	125	125	—	—	—
3	126	126	—	—	—
4	127	127	—	—	—
5	128	128	—	—	—
6	129	129	—	—	—
7	130	130	—	—	—

4）110kV 灵桃 1490 线接线图（图 12-3-1）。

5）110kV 灵桃 1490 线运行手册：包括线路基本概况（线路长度、气象区、导线型号、地线型号、运行号）、同塔架设情况、线路开口、改造情况、相位布置图、杆塔明细表等。

6）110kV 灵桃 1490 线主要参数：

a. 包括线路基本概况、导地线技术参数、OPGW 复合光缆技术参数、污秽等级、相位布置、耐张塔数量、直线转角数量、主要金具参数。

b. 查阅资料：设计说明书、平断面定位图、杆塔明细表、机械特性曲线及安装表、绝缘子串金具组装图、接地装置图及相位图、杆塔组装图、基础施工图、OPGW 复合光缆施工图、电缆施工图等。

c. 历史变迁：线路的演变历史。

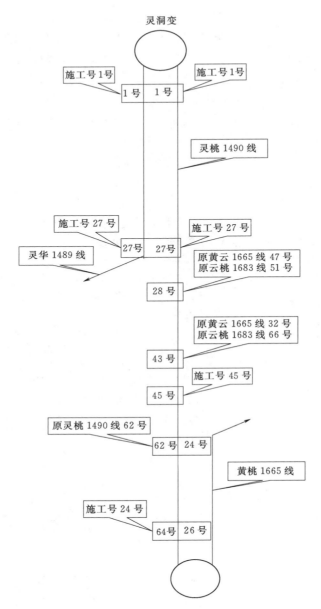

图 12-3-1 灵桃线接线图

d. 有关参数：每次线路演变时的有关参数。

（4）作业人员根据授予的图档管理系统账号，并安装相应软件后，就可使用自己的工作电脑查阅线路图纸。

第四章 查询流程

（1）根据电压等级进入相应的电压等级文件夹。

（2）根据某条线路对照表，确定该线路杆号及区段对应的某套竣工图纸。

（3）结合竣工图纸表格查出某套图纸的相应的内容。

（4）如对本线路不是很熟悉，则可查阅对照表、接线图等进行比对，也可根据工区图纸查阅清单进行查询。

（5）输电运检室资料室中：5－2－A中的5－2表示柜号，A表示第一层（共分五层）；1本表示第一本。

【例】　查阅220kV龙田2374线44号塔基础情况。

（1）首先在龙田2374线文件夹中查阅对照表，在对照表中44号塔对应的是双龙-乾西220kV双回输电线路竣工图纸施工号X3G号（14本）。

（2）在14本（第五卷第二册）基础明细表中查出基础型式。

（3）结合基础型式在基础施工图中查出相应的基础情况。